高职高专通信技术专业系列教材

通信原理

（第三版）

朱海凌　编著

西安电子科技大学出版社

内 容 简 介

本书以现代通信系统为背景，全面介绍通信系统的一般模型和通信技术的基本原理。全书共 8 章，内容包括通信原理概述、信号分析、模拟信号的调制与解调、模拟信号的数字化、数字信号的基带传输、数字信号的频带传输、差错控制编码和同步原理。

本书内容简练，理论联系实际，对基本原理的分析深入浅出，并配有大量的习题，便于自学。

本书可作为高职高专通信工程专业和电子类相关专业的教材，也可供相关工程技术人员阅读和参考。

图书在版编目(CIP)数据

通信原理/朱海凌编著. --3 版. --西安：西安电子科技大学出版社，2023.8
ISBN 978 - 7 - 5606 - 6889 - 5

Ⅰ. ①通… Ⅱ. ①朱… Ⅲ. ①通信原理 Ⅳ. ①TN911

中国国家版本馆 CIP 数据核字(2023)第 094650 号

策　　划　马乐惠
责任编辑　武翠琴
出版发行　西安电子科技大学出版社(西安市太白南路 2 号)
电　　话　(029)88202421　88201467　　邮　　编　710071
网　　址　www.xduph.com　　电子邮箱　xdupfxb001@163.com
经　　销　新华书店
印刷单位　咸阳华盛印务有限责任公司
版　　次　2023 年 8 月第 3 版　2023 年 8 月第 1 次印刷
开　　本　787 毫米×1092 毫米　1/16　印　张　15
字　　数　351 千字
印　　数　1～3000 册
定　　价　35.00 元
ISBN 978 - 7 - 5606 - 6889 - 5/TN

XDUP 7191003 - 1

前　言

本书自2009年出版以来，受到了广大教师和学生的青睐，同时也收到了读者提出的中肯意见和建议。为适应新时期通信及信息技术发展的需要，作者对第二版进行了修订。

本书结合高职高专教育的特点，本着“必需、够用”的原则组织内容，既注重基础，又突出应用。在内容上，本书将基础理论部分进行适当简化、合并，避免过多的理论推导，并以图形方式替代传统的数学推导，力求简明扼要、通俗易懂；在结构上，每章开始均给出本章学习目标、本章内容、本章重点、本章难点以及本章学时，每章最后均都配有本章知识点小结和习题，有些章还配有与本章内容相关的实训，力求理论和实践紧密地联系在一起。全书共8章，包括通信原理概述、信号分析、模拟信号的调制与解调、模拟信号的数字化、数字信号的基带传输、数字信号的频带传输、差错控制编码和同步原理等内容。

本次再版主要是在第二版的基础上对部分文字表述和图片进行了修正和删减，以求文字表述的准确性和图片呈现的简洁性；对部分章节的内容进行了增删，以便更系统地描述通信原理；同时在每章结尾对本章内容做了较为详细的小结，使本章的知识点更清晰明了。

本次修订工作由朱海凌、李滢滢、林琪负责，朱海凌对全书进行了统稿。

由于作者水平有限，书中难免存在疏漏，敬请读者批评指正。

2023年1月
编　者

目　录

第 1 章　通信原理概述

本章学习目标

(1) 理解通信和通信系统的一般概念。
(2) 了解信号和通信系统的分类方式。
(3) 掌握通信系统的性能指标及其表示方法。

本章内容

- 通信系统的组成
- 通信系统的分类及通信方式
- 通信系统的性能指标

本章重点

- 通信的基本概念、通信系统的组成和分类、通信方式
- 通信系统的性能指标

本章难点

- 通信的工作原理
- 通信系统的性能指标及其表示方法

本章学时
4 学时

从 20 世纪 80 年代发展至今，移动通信系统经历了五代的变迁。第一代移动通信系统(1G)只能进行语音通信，是模拟通信系统。第二代移动通信系统(2G)是数字通信系

统，其在第一代移动通信系统的基础上增加了接收数据的功能。第三代移动通信系统(3G)与前两代移动通信系统的主要区别是在传输声音和数据的速度上进行了提升，能够在全球范围内实现无缝漫游，并可以处理图像、音乐、视频流等多种媒体形式，提供包括浏览网页、电话会议、电子商务等在内的多种信息服务。第四代移动通信系统(4G)集3G与WLAN于一体，能传输高质量视频图像，数据传输速率超过100 Mb/s。第五代移动通信系统(5G)具有数据传输速率高(大于10 Gb/s)、延迟低(低于1 ms)、耗能低、频谱利用率高等特点。

人类早期是利用烟火、鼓声等方式进行信息传递的。后来，随着印刷术和电报的发明，人类的通信方式开始有了革命性的变化。20世纪初，电话和无线电技术的出现使得人们可以更快速、更直接地进行通信。20世纪中叶，计算机和互联网的发明推动了通信技术的快速发展，使得人们可以更方便、更广泛地进行信息交流。现在的通信系统是一个庞大、复杂的系统，如何理解和分析通信概念、通信系统和通信系统的性能指标是一个多学科综合课题。

本章将从人们熟知的全球移动通信系统(GSM)、无线广播通信系统、FM收音机通信系统入手，引入通信系统的概念、通信系统的组成、信号的分类、通信系统的分类，根据信号的传输特性讨论常用的通信方式，针对不同的通信系统引入评价通信系统好坏的常用性能指标，即有效性和可靠性，为本课程和后续专业课程的学习打下基础。

1.1 引　　言

通信(Communication)是指不在同一地点的双方或多方之间进行的迅速、有效的信息传递。在现代社会中，通信已无处不在。例如，电视、广播、电话、短信、微信交流及用网络收发信件等都属于通信。我国古代的烽火传警、击鼓作战、鸣金收兵以及古希腊人用火炬的位置表示字母等，都是人类利用光和声音进行通信的实例。通信中的信息有很多种形式，如符号、文字、话音、图像、视频、数据等，可以通过电通信和光通信的方式传递信息。

在各种各样的通信方式中，利用电磁波和光波传递各种信息的通信方式就是通常所说的电信(Telecommunication)。电信具有信息传递迅速、准确、可靠，而且几乎不受时间和空间距离的限制等特点，因此电信技术得到飞速发展和广泛应用。现在我们所说的“通信”在通常意义上是指“电信”，本书也是如此。因此，现代通信就是利用光或电技术手段，借助光波或电磁波，实现从一地向另一地迅速而准确的信息传递。

日常生活中最常见的通信方式莫过于用手机打电话了。新一代无线通信系统——长期演进(Long Term Evolution，LET)通信系统是通过电路交换网络来进行电话通信的。下面以GSM系统为例来分析整个电话通信的过程。

全球移动通信系统(Global System for Mobile Communication，GSM)由网络交换子系统(NSS)、基站子系统(BSS)和移动台(MS)构成，如图1.1.1所示。

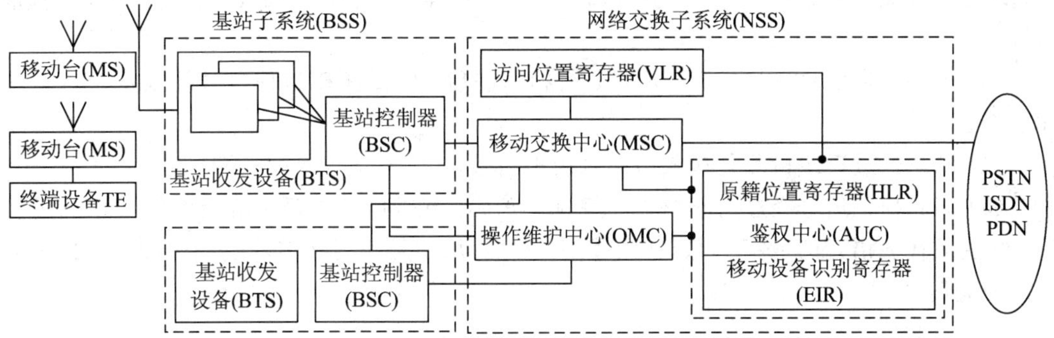

图 1.1.1　GSM 的结构

网络交换子系统(NSS)处于市话网与基站控制器之间，主要由移动交换中心(MSC)(也称移动电话交换局(MTSO))构成，其具有系统交换功能和数据库功能，数据库中存有用户数据及移动性、安全性管理所需的数据，在系统中对移动用户之间的通信以及移动用户与其他通信用户之间的通信起管理作用。NSS 内各功能实体之间和 NSS 与 BSS 之间通过 No.7 信令协议互相通信。

基站子系统(BSS)包括基站控制器(BSC)和基站收发设备(BTS)，其通过无线接口与移动台相连，完成无线发送、接收以及无线资源管理。每个基站的有效覆盖范围就是我们通常所说的一个无线小区。与此同时，BSS 又和 NSS 中的 MSC 以 2.048 Mb/s 的速率与 PCM 数字传输链路相连，使移动用户之间、移动用户和固定用户之间可以随时随地地进行通信联络。

基站是一些固定的站点，包括收信机、发信机、接收天线和发射天线等设备，用于和移动台进行无线通信联络与控制。移动台是系统的终端设备，在网络中处于移动使用状态，使用地点不固定，包括收信机、发信机和天馈线等。

整个通信系统可分为若干个部分，每个部分又可视为一个小的通信系统。例如，手机和基站之间便可以看成一个较小的通信系统。在手机和基站通信的全过程中，手机相当于信源和发送设备，基站相当于信宿和接收设备，而空气则在手机和基站通信的过程中扮演了信道的角色。手机与基站之间的通信系统模型如图 1.1.2 所示。

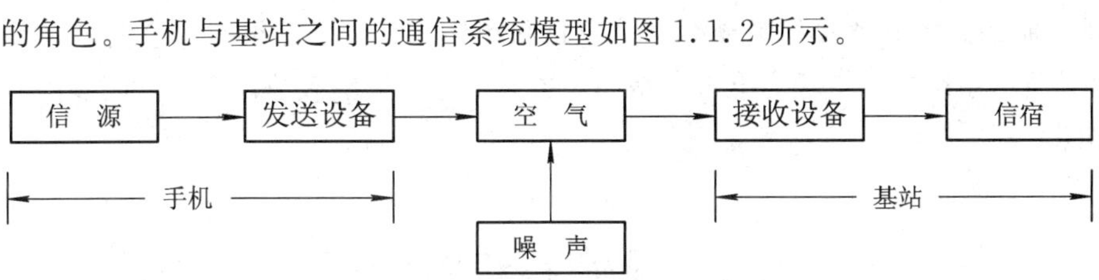

图 1.1.2　手机与基站之间的通信系统模型

当用户通过手机进行语音通话时，手机与基站之间的通信过程如图 1.1.3 所示。具体描述如下：

(1) 用户首先把语音送入移动台的受话器，模拟的语音信号经过 A/D 转换后，变成数字的语音编码信号。

(2) 在语音编码信号发送前，要对信号进行信道编码，即在传输的信息中加入冗余比特，以有效地减少差错和误码。信息经过交织、同步等转换后，变成数字信息，即数字基带信号。

(3) 数字基带信号经过扩频、加扰、射频调制后，以高频模拟信号的形式从手机天线发射出去。

(4) 基站通过天线检测并接收该高频模拟信号。

(5) 高频模拟信号经过射频解调、解扰、解扩、基带解调、解码解交织等一系列过程后，恢复成代表语音的数字信息，其中数字信息会增加是因为在传输过程中加上了用于同步的相关信息。

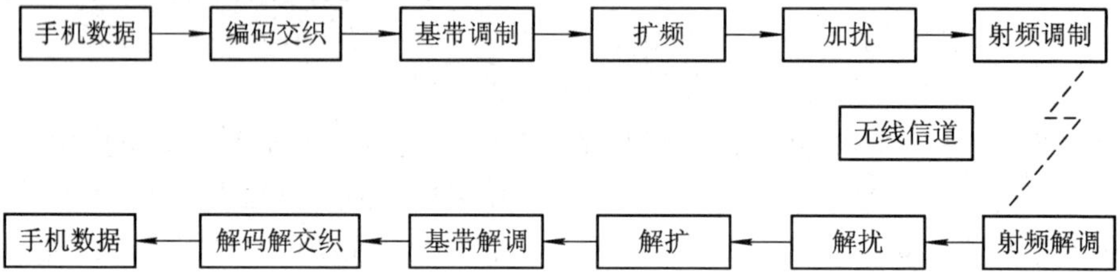

图 1.1.3 手机与基站之间的通信过程

本书对通信过程中的部分基本技术进行了详细的讲解。在学习时可以联系 LTE 通信系统中的实际案例，理解不同的技术在实际通信中的应用。在本书的各章内容中，第 1 章是通信原理概述，主要讲解通信系统的组成、分类及性能指标；第 2 章是信号分析，主要讲解确知信号和随机信号的分析、信道与噪声、信息及其信息量；第 3 章是模拟信号的调制与解调，主要讲解模拟信号的线性调制和非线性调制、线性调制信号的解调与线性调制系统的抗噪声性能、调频信号的解调与调频系统的抗噪声性能；第 4 章是模拟信号的数字化，主要讲解脉冲幅度调制、脉冲编码调制、增量调制和模拟信号的量化；第 5 章是数字信号的基带传输，主要讲解数字基带传输的基本码型和数字基带传输系统无码间串扰的传输条件；第 6 章是数字信号的频带传输，主要讲解二进制幅度键控、二进制频移键控、二进制相移键控、二进制键控调制系统的性能比较、多进制数字键控调制和现代数字调制方式；第 7 章是差错控制编码，主要讲解差错控制编码的基本原理、差错控制编码的工作方式、差错控制编码的分类及相关概念、检错码和纠错码、线性分组码、卷积码以及信道编码在 LTE 通信系统中的应用；第 8 章是同步原理，主要讲解载波同步、位同步、帧(群)同步、网同步。

1.2 通信系统的组成

通信系统(Communication System)是指为完成通信任务所需要的一切技术设备和传输媒介所构成的总体。

现在我们来看看无线广播通信系统是怎样工作的。首先播音员的语音信号通过麦克风传至发送设备，并将其调制到发送所需的模式和频率，然后通过天线发送出去；接收机将接收到的非常微弱的中频或高频信号解调成音频信号，并通过放大由扬声器播放出来。一个普通的无线广播通信系统的广播过程如图 1.2.1 所示。图 1.2.2 所示是一个调频(FM)收音机的工作原理框图，从天线接收的信号经过混频、中放、检波解调为音频信号，该信号经功放放大后由扬声器输出。调频收音机是无线广播通信系统的一个实例，其中 AGC 为自动增益控制电路。

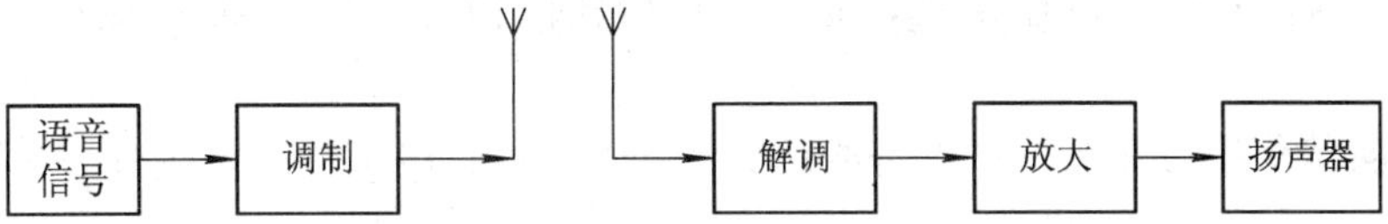

图 1.2.1　无线广播通信系统的广播过程

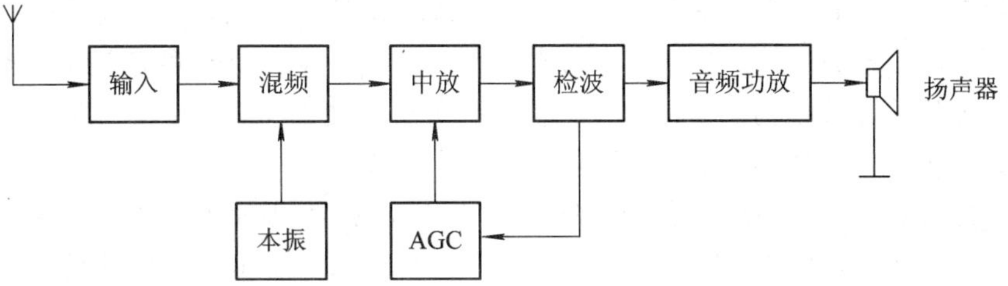

图 1.2.2　调频(FM)收音机的工作原理框图

我们知道，信号不一定只是语音信号，也可以是符号、文字、音乐、数据、图片、活动图像等，这些原始信号统统用一个名称来命名：信源。这些信号通常具有较低的频谱分量，我们称这种信号为基带信号。

无线广播通信系统中的调制是将基带信号附加到合适的载波信号上，以便在信道上进行传输。针对不同的系统，调制有不同的处理方式。例如，无线广播通信系统中的调制是由发送设备完成的。

由于信号有许多不同的类型以及不同的传输方法，因此产生了种类繁多的通信系统。为了分析信息传输的实质，可以把各类通信系统的共性及基本组成概括为一个一般模型。不管何种通信系统，信息总是由发送设备(发送端)通过信道传输到接收设备(接收端)的，因此，通信系统的一般模型为图 1.2.3 所示的形式。

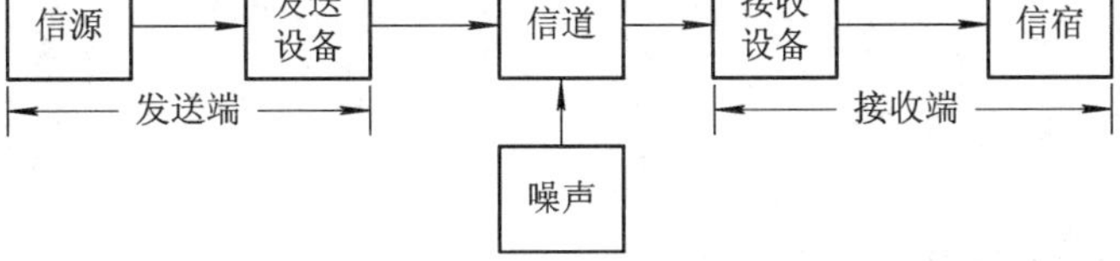

图 1.2.3　通信系统的一般模型

信源的作用是产生(形成)信息。信息可以是多种多样的，如语音、图像、数据、文字、符号等。信源可以是有次序的符号序列，也可以是连续变换的时间函数，前者称为数字信号，后者称为模拟信号。传输模拟信号的通信系统称为模拟通信系统，相应地，传输数字信号的通信系统称为数字通信系统。

发送设备的作用是将信源与信道匹配起来，即将信源产生的信息转换为适于信道传输的电信号，以便在信道中传输。转换方式是多种多样的，在需要频谱搬移的场合，调制是最常见的转换方式。有时，发送设备可能还包括为达到某些特殊要求而进行的各种处理，如多路复用、保密处理、纠错编码处理等。

信道的作用是为信号由发送设备传输到接收设备提供传输媒介或途径。信道可以是有线的，也可以是无线的。在实际应用中，信道可以是包括传输设备的广义传输途径。在信道中，既可以给信号提供传输途径，也可以对传输的信号产生干扰和噪声，使信号产生畸变。

接收设备的作用是完成发送设备的逆变换，即将接收的信号恢复为原始的电信号，并送到信宿。

信宿是信息到达的目的地，其作用是将接收设备输出的电信号还原为原始信号。

信源和信宿位于通信系统的两端，故又称为终端设备。

噪声可以由信息的初始产生环境、构成变换器的电子设备、传输信道以及各种接收设备等所有信号传输环节中的一个或几个产生。为分析方便起见，在模型中把噪声集总由一个噪声源表示，在信道中以叠加方式引入。

根据研究的对象或关心的问题的不同，还可以出现不同形式的具体的通信系统模型，比如雷达、声呐及地震法勘测等测量系统模型，如图 1.2.4 所示。该测量系统主要由 4 个部分组成：信号源、待测物体(中介体)、信号检测(比较)部分和接收终端(显示)。在此系统中，信号源发出的信号是已知的，一路作为标准信号，另一路为经待测物体后变化的信号，根据两路信号的变化量可以判断待测物体的特征，即通过系统主要测量信号经过待测物体后的变化来判断待测物体的特征。

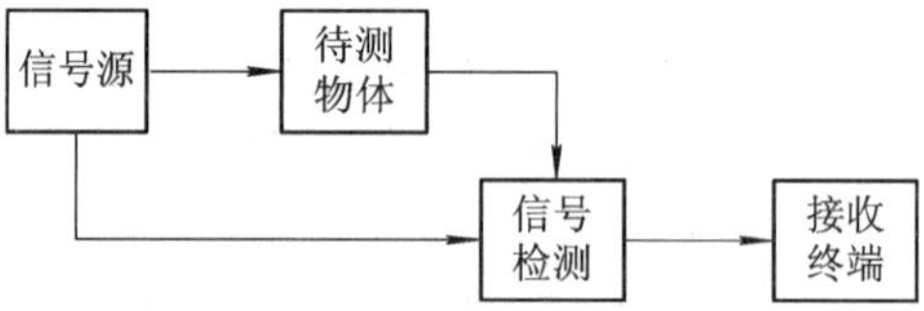

图 1.2.4　测量系统模型

1.3　通信系统的分类及通信方式

1.3.1　信号的分类

信号的种类很多，可分为以下几类。

1. 模拟信号和数字信号

根据信号的特征不同，可将信号分为模拟信号和数字信号。

模拟信号是指幅度的取值是连续的信号(幅值可由无限个数值表示)。时间上连续的模拟信号有正、余弦信号，图像(电视、传真)信号等，如图 1.3.1(a)所示，这类信号在时间上有无数个点，同时也有无数个幅度。时间上离散的模拟信号是一种抽样信号，如图 1.3.1(b)所示，它是对图 1.3.1(a)所示的模拟信号每隔时间 T 抽样一次所得到的信号。虽然时间上离散的模拟信号的波形在时间上是不连续的，但其幅度的取值是连续的，所以仍是模拟信号，称之为脉冲幅度调制(PAM，简称脉幅调制)信号。

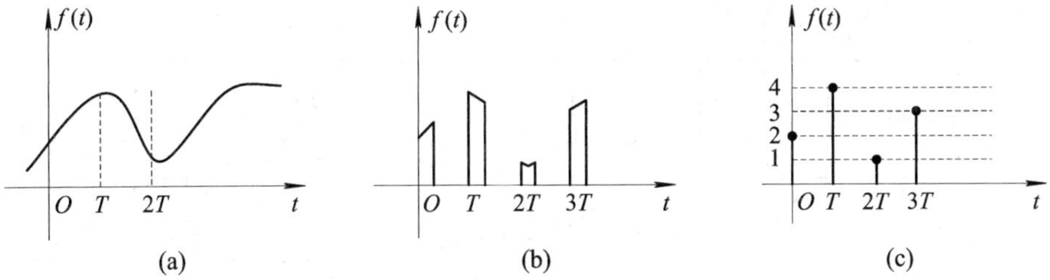

图 1.3.1　模拟信号和数字信号

(a) 时间上连续的模拟信号；(b) 时间上离散的模拟信号；(c) 数字信号

数字信号是指幅度的取值是离散的信号(幅值由有限个数值表示)，如图 1.3.1(c)所示。二进制码就是一种数字信号。二进制码受噪声的影响小，易于由数字电路进行处理，所以得到了广泛的应用。

2. 确知信号和随机信号

根据信号是否能够用明确的数学式子表达，可将信号分为确知信号和随机信号。

确知信号是指可以用明确的数学式子表达的信号，又称为规则信号。图 1.3.2(a)所示为确知的正弦波信号，其数学表达式为 $f(t)=\sin\omega t$，其中 ω 为角频率，t 为时间。

有些信号没有确定的数学表达式，当给定一个时间值时，信号的值并不确定，通常只知道它取某一数值的概率，这种信号称为随机信号或不规则信号。严格地说，现实中的所有信号都是随机信号，因为接收者并不能确定地预知信号在某一瞬间应取何值。研究随机信号时应该用统计的观点和方法。图 1.3.2(b)所示为随机信号的波形举例。由图可知，我们无法确定该随机信号在某一个具体时刻的数值。

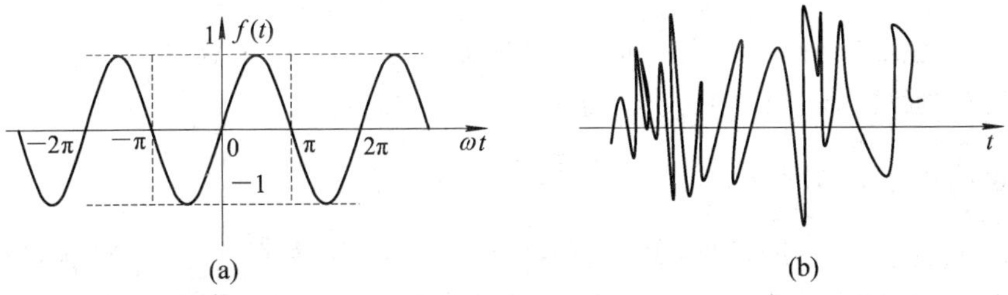

图 1.3.2　确知信号和随机信号

(a) 确知的正弦波信号；(b) 随机信号

3. 周期性信号和非周期性信号

周期性信号就是每经过一个固定的时间间隔重复出现的信号。实际上，严格意义的周期性信号并不存在，因为任何信号都是有开始和结束时间的。但如果在较长时间内信号是重复着某一变化规律的确知信号，则可以认为该确知信号是周期性信号。图 1.3.3(a)所示是周期为 2π 的矩形脉冲信号。不满足固定时间间隔重复出现的信号称为非周期性信号。图 1.3.3(b)是幅度为 A、脉宽为 τ 的非周期性矩形脉冲信号，此形式的信号在形状上像门，故习惯上称其为门函数。

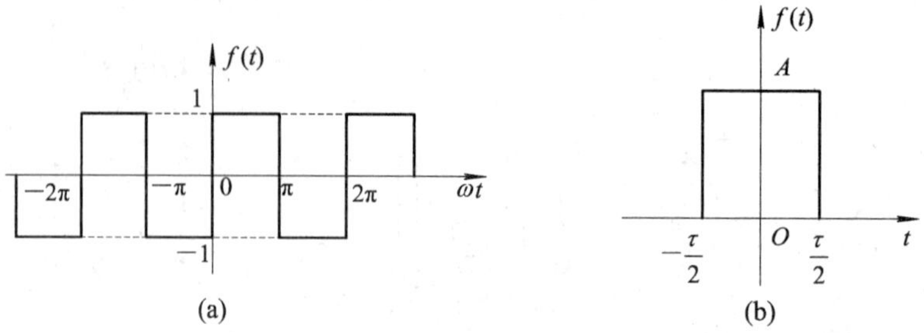

图 1.3.3 周期性信号与非周期性信号
(a) 周期为 2π 的矩形脉冲信号；(b) 非周期性矩形脉冲信号

4. 能量信号和功率信号

信号 $f(t)$(电压或电流)在 1 Ω 电阻上所消耗的能量定义为信号的归一化能量，简称能量，可表示为

$$E = \int_{-\infty}^{\infty} |f(t)|^2 \mathrm{d}t \tag{1-3-1}$$

式中 $|f(t)|$ 是信号的模值。

若能量为有限值，即 $E<\infty$，则称此信号 $f(t)$ 为能量信号。

若信号能量趋于无穷大，但其平均功率是有限的，则称此信号为功率信号。功率信号可表示为

$$P = \lim_{T_0\to\infty} \frac{1}{T}\int_{-T_0/2}^{T_0/2} |f(t)|^2 \mathrm{d}t < \infty \tag{1-3-2}$$

式中，$\left[-\frac{T_0}{2},\ \frac{T_0}{2}\right]$ 为时间平均的区间；P 为平均功率。

由以上定义可以得出：

(1) 正、余弦信号是功率信号，非周期性矩形脉冲信号(门函数)是能量信号。

(2) 周期性信号一定是功率信号，非周期性信号可以是功率信号，也可以是能量信号。

1.3.2 通信系统的分类

从 1.2 节我们可以看出，通信系统包括了从信源到信宿的整个系统。去掉信源和信宿，连接信源和信宿的体系称为系统。通信系统有不同的分类方法，下面从通信系统模型的角度来讨论通信系统的分类。

1. 按通信业务分类

根据通信业务的不同，通信系统可以分为电报通信系统、电话通信系统、数据通信系统、图像通信系统等。目前，电话通信系统和数据通信系统是最普及且发展最快的通信系统。

2. 按调制方式分类

根据传输过程中信号是否被调制，通信系统可分为基带传输系统和频带传输(调制)系统。基带传输是指将未经频带调制的信号直接传送，如音频市内电话；频带传输是对各种信号调制后传输的总称。调制方式有很多，如表 1.3.1 所示。

表 1.3.1　调 制 方 式

调制方式	子系统		具体调制方式
基带传输	数字基带传输系统		—
	模拟基带传输系统		
频带传输	模拟调制系统	线性调制系统	常规双边带调幅(AM)、抑制载波的双边带调制(DSB-SC)、单边带调制(SSB)、残留边带调制(VSB)
		非线性调制系统	调频(FM)、调相(PM)
	数字调制系统		幅度键控(ASK)、频移键控(FSK)、相移键控(PSK)、改进的数字调制(QAM、MSK)等

3. 按信号特征分类

根据信道中传输的信号是模拟信号还是数字信号，通信系统可分为模拟通信系统(其模型如图 1.3.4 所示)和数字通信系统(其模型如图 1.3.5 所示)两类。

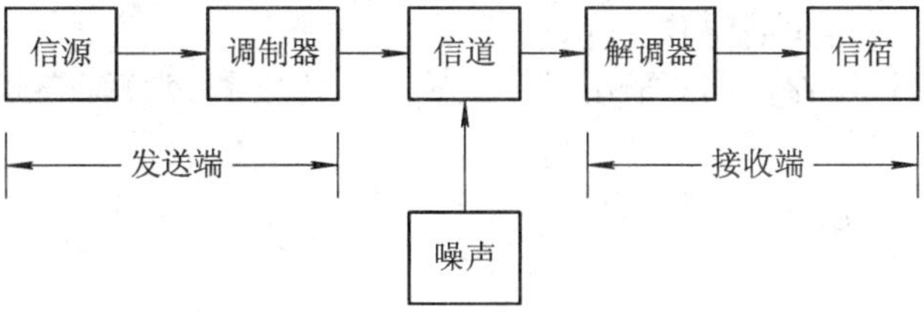

图 1.3.4　模拟通信系统的模型

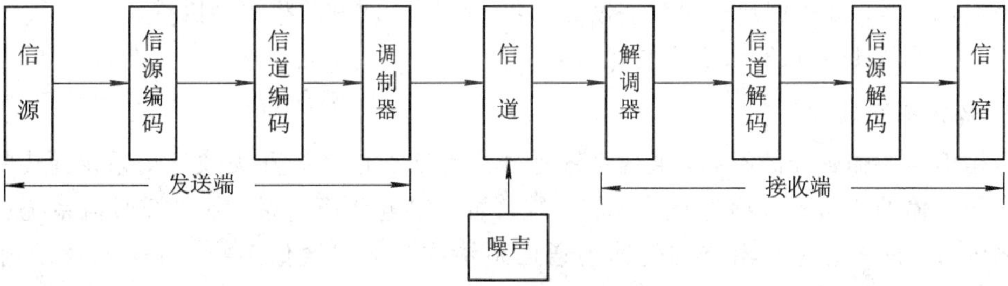

图 1.3.5　数字通信系统的模型

1) 模拟通信系统

在发送端，首先将基带模拟信号调制到合适的频段，然后在信道中传输；在接收端，进行相反的过程，将高频信号解调成低频信号，即还原为基带信号。

模拟通信系统的优点是直观且容易实现，但存在以下两个主要缺点：

(1) 保密性差。模拟通信系统，尤其是微波通信系统和有线明线通信系统，很容易被窃听。只要收到模拟信号，就容易得到通信内容。

(2) 抗干扰能力弱。电信号在沿线路的传输过程中会受到外界的和通信系统内部的各种噪声干扰，噪声和信号混合后难以分开，从而使得通信质量下降。线路越长，噪声的积累越多。

2) 数字通信系统

在发送端，首先将基带模拟信号转换成数字信号，即进行信源编码。为提高信号在传输过程中的可靠性，需对数字信号进行信道编码，再将其调制到合适的频段。在接收端，进行相反的过程，将高频信号解调成低频信号，即通过信道解码和信源解码将高频信号还原为基带信号。

与模拟通信系统相比，数字通信系统具有以下优点：

(1) 保密性好。语音信号经 A/D 变换后，可以先进行加密处理，再进行传输，在接收端解密后再经 D/A 变换还原成模拟信号。

(2) 抗干扰能力强。数字信号在传输过程中会混入杂音，可以利用电子电路以一定的门限电压(称为阈值)去衡量输入的信号电压，只有达到某一电压幅度，电路才会有输出值，并自动生成一个整齐的脉冲(称为整形或再生)。较小杂音电压到达时，由于它低于阈值而被过滤掉，不会引起电路动作，因此再生的信号与原信号完全相同，只有当干扰信号大于原信号时才会产生误码。为了防止误码，在电路中设置了检验错误和纠正错误的装置，即在出现误码时，可以利用后向信号使对方重发。因此，数字传输既适用于较远距离的传输，也适用于性能较差的线路。

(3) 可构建综合数字通信网。采用时分交换后，传输和交换统一起来，可以形成一个综合数字通信网。

数字通信系统存在以下缺点：

(1) 占用频带较宽。

(2) 技术要求复杂，尤其是同步技术要求精度很高。接收方要能正确地理解发送方的意思，就必须正确地把每个码元区分开来，并且找到每个信息组的开始，这就需要收发双方严格实现同步。如果组成一个数字网，那么解决同步问题时将更加困难。

(3) 进行 A/D 转换时会引入量化误差。

4. 按传输媒介分类

根据信号传输媒介的不同，通信系统可分为有线通信系统和无线通信系统。其中，信号沿导线传输的通信系统称为有线通信系统，如固定电话通信系统、光纤通信系统、有线电视系统等；信号通过自由空间传输的通信系统称为无线通信系统，如全球移动通信系统、微波接力通信系统、卫星通信系统、无线广播通信系统等。

5. 按信号的信道复用方式分类

根据信号的信道复用方式的不同，通信系统可分为频分复用(FDM)通信系统、时分复用(TDM)通信系统、码分复用(CDM)通信系统和波分复用(WDM)通信系统。传统的模拟通信系统中大都采用频分复用方式，数字通信系统中采用时分复用方式，扩频通信系统、移动通信系统和卫星通信系统中采用码分复用方式，而光纤通信系统中通常采用波分复用方式。

1.3.3 通信方式

通信方式的种类也有很多，根据不同的通信特点，通信方式可分为以下三大类。

1. 单工通信(传输)、半双工通信(传输)和全双工通信(传输)

对于点与点之间的通信，按信号传输的方向与时间的关系，通信方式可分为单工通信(传输)、半双工通信(传输)和全双工通信(传输)三种。

(1) 单工通信：信号只能在单个方向上传输，如图1.3.6(a)所示。对于通信双方来说，只能是甲方发送信号，乙方接收信号。例如，广播、电视、遥控、遥测等采用单工通信方式。

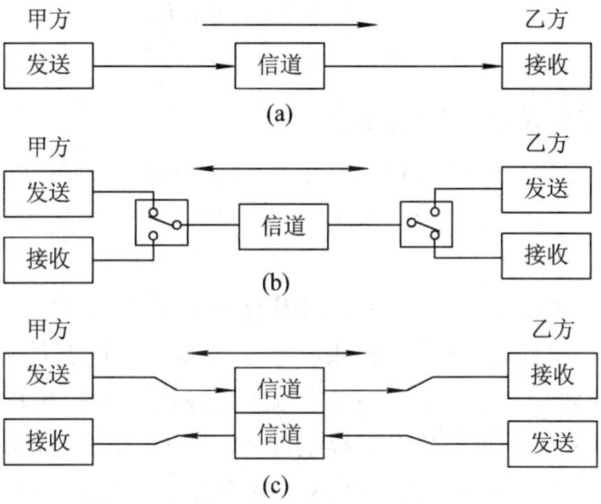

图1.3.6 数字通信方式

(a) 单工通信；(b) 半双工通信；(c) 全双工通信

(2) 半双工通信：通信双方都可以收发信号，但不能同时进行，如图1.3.6(b)所示。甲方发送信号时乙方接收；乙方发送信号时甲方接收。因为只有一个通道，故不能同时进行。例如，在同一载频工作的无线对讲机就采用了单双工通信方式。

(3) 全双工通信：通信双方可同时进行收、发信号的工作方式，如图1.3.6(c)所示。例如，普通电话机、蜂窝式移动电话等就采用了全双工通信方式，但实际上，对话过程通常是按半双工通信方式进行的(比如时分复用和码分复用方式的组合)，这在移动通信课程中有详细的讲解。

2. 串行通信(传输)和并行通信(传输)

按照数字信号传输顺序的不同，通信方式可分为串行通信(传输)和并行通信(传输)。

(1) 串行传输：采用的是单一信道，数字码元按顺序逐个传输，如图1.3.7(a)所示。在这种通信方式中，收、发双方必须保持位同步和字同步，否则接收方无法正确地恢复出原始信息。这种通信方式是实际通信系统中比较常用的一种方式，其传输速度较慢，通信线路少，传输距离远，常用于设备之间的通信。长距离传输时多采用串行传输的通信方式。

(2) 并行传输：多个数字码元同时在多个并行的信道中传送，如图1.3.7(b)所示。这种通信方式只适用于近距离传输或设备内部的通信，如计算机主机与外设(如打印机或仪器)之间的通信。并行传输的传输速度快、通信线路多，不便长距离传输。

并行传输时，一次传输一个字符，收、发双方之间不存在字同步问题，但要求信道是并行的，这往往带来设备上或实施条件上的限制，因此较少采用。

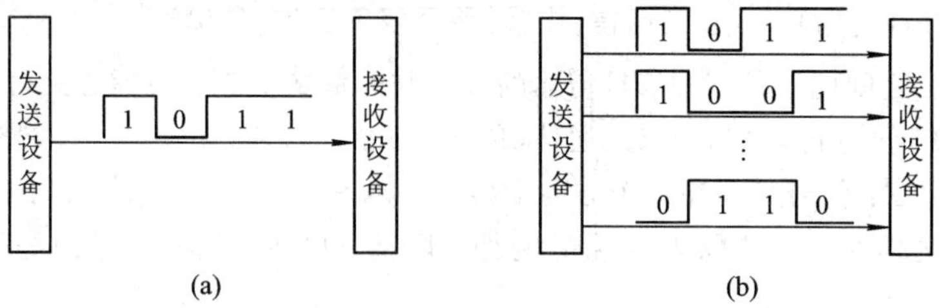

图 1.3.7 串行传输和并行传输
(a) 串行传输；(b) 并行传输

3. 同步通信(传输)和异步通信(传输)

在串行传输时，接收端从串行数据码流中正确地划分出发送的每一个字符所采取的措施称为字符同步。根据实现字符同步方式的不同，通信方式分为异步通信(传输)和同步通信(传输)。

(1) 异步传输：也称起止式传输，它是利用起止法来达到收、发同步的。异步传输时，每次只传输一个字符，用起始位和停止位来指示被传输字符的开始和结束。

在图 1.3.8 所示的异步传输中，字符的传输由起始位(如逻辑电平 1)引导，表示一个新字符的开始，起始位占一位码元，传输数据占 5～7 位。在每个传输的信息码之后加一个停止位(如逻辑电平 0)，表示一个字符的结束，通常停止位的宽度为 1、1.5 或 2 位码元宽度，可根据不同的需要进行选择。接收端在收到下一个字符的起始位前，线路一直处于逻辑电平 0 状态。接收方可以根据特定宽度的逻辑电平从 0 到 1 的跳变来识别一个新字符的开始。

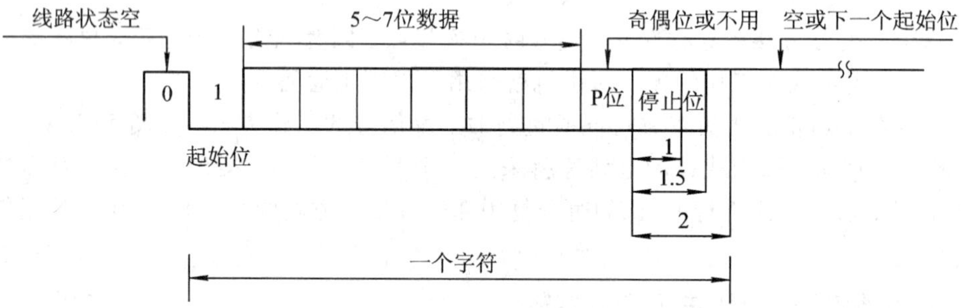

图 1.3.8 异步传输

异步传输中每一个字符的发送都是独立和随机的，即以不均匀的速率发送。该传输方式简单，但每传输一个信码都要增加 2～3 位的附加位，故传输效率较低。例如，传输一个 ASCII 码字符，每个 ASCII 码有 7 位，若停止位用 2 位，再加上 1 位奇偶校验位和 1 位起始位，共 11 位。11 位传输码中只有 7 位是有用信息，其传输效率只有 64%。

(2) 同步传输：以一个数据块为单位进行的信息传输。为了让接收方准确地确定每个数据块的开始和结束，需要在数据块的前面加上一个前文(Preamble)，表示数据块的开始；在数据块的后面加一个后文(Postamble)，表示数据块的结束。通常把这种加有前文和后文的一个数据块称为一帧(Frame)。图 1.3.9 是面向字符型和面向比特型的帧结构。

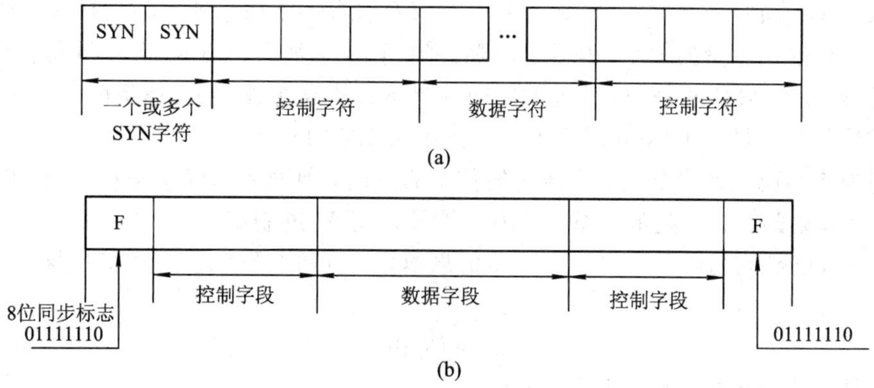

图 1.3.9　同步传输的帧结构
(a) 面向字符型帧；(b)面向比特型帧

同步传输时，数据的传输是由定时信号控制的。定时信号可由终端设备产生，也可由通信设备(如调制解调器、多路复用器等)提供。在接收端，通常由通信设备从接收信号中提取定时信号。

在实际通信过程中，常将同步传输称为同步通信，异步传输称为异步通信。显然，同步通信的效率要比异步通信的效率高，因此同步通信方式更适用于高速数据传输的场合。与异步传输比较，同步传输在技术上更复杂，但由于同步传输不需要对每个字符加单独的“起止”比特，只是在一串字符的前后加上标志，因此传输效率高，常用于较高速的数据传输。

1.4　通信系统的性能指标

对通信系统进行综合评价和设计时，会涉及很多的性能指标，如有效性、可靠性、经济性、适应性、标准性及使用维修是否方便等。没有这些指标，就无法评价一个系统，也无法设计一个系统，因此了解一个系统的性能指标是很重要的。

从信息传输的角度来看，通信的有效性和可靠性是系统最重要的性能指标。有效性是指信息传输的速度，而可靠性则主要是指信息传输的准确程度。显然，高的有效性和可靠性是无法同时满足的，只能依据实际要求取得相对的统一。例如，在一定的有效性条件下，尽量提高信息的可靠性；或在一定的可靠性条件下，尽可能提高信息的有效性。

1. 有效性

有效性用于衡量一个系统传输信息的多少和快慢。

在模拟通信系统中，通信的有效性常用信息传输时的有效传输带宽来衡量。传输同样的信息，所占有的带宽越大，有效性越差。在指定的信道带宽内，传输的信息越多，信息传输的有效性越好。

在数字通信系统中，通信的有效性通常用码元传输速率和信息传输速率来衡量。码元传输速率(R_B)是指系统单位时间内传输的码元符号的个数，也称码元速率或传码率，单位为波特(Baud)，简写为 B。信息传输速率(R_b)又称比特率、信息速率或传信率，是指系统单位时间内传输信息量的大小，单位为比特/秒(bit/s)，简写为 b/s。若系统每秒传输 800 个码元符号，则不管这些符号是二进制、四进制还是其他进制，码元速率都是 800 B；若系统每秒传输的信息量为 1200 bit，则其信息速率为 1200 bit/s。

信息速率与码元速率都表示系统传输信息的速度，但两者的概念是不同的，使用时不能混淆。两者之间存在一定的关系，若码元符号采用 M 进制($M=2^K$，$K=1, 2, \cdots$)，用 R_B 表示 M 进制码元的码元速率，R_b 表示信息速率，则每个码元包含的信息量为lb$M$ bit，这时有

$$R_b = R_B \text{ lb}M \tag{1-4-1}$$

式中，lb 是以 2 为底的对数，即 lb$=\log_2$。

若码元符号为二进制，则 $R_B=R_b$，即信息速率和码元速率在数值上是相等的。

若码元符号为二进制，单位时间内传输的码元的个数为 1200，则信息速率为 1200 bit/s；若码元符号为四进制，码元速率为 1200 B，则信息速率 $R_b=1200$ lb4$=2400$ bit/s。同样，若八进制信号的信息速率为 2400 bit/s，则其码元速率 $R_B=R_b/\text{lb}8=2400/\text{lb}8=800$ B。

在比较两个系统的有效性时，仅考虑码元速率是不够的。例如，一个系统在带宽为 4 kHz 的信道内传输码元速率为 1200 bit/s 的信号，另一个系统在带宽为 8 kHz 的信道内传输码元速率为 1200 bit/s 的信号，两个系统占用的信道资源数是不同的，带宽窄的系统的有效性高些。因此，引入一个衡量有效性的指标——频带利用率 η，即系统在单位时间、单位频带上传输的信息量，单位为比特/(秒·赫兹)(bit/(s·Hz))。在二进制系统中，最大的频带利用率为 2 bit/(s·Hz)；在多进制系统中，最大的频带利用率大于 2 bit/(s·Hz)。频带利用率越高，系统的有效性就越好。

2. 可靠性

可靠性是度量系统可靠传输信息的指标，表示收、发信息之间的相似程度，它取决于系统的抗噪声性能的好坏。

在模拟通信系统中，可靠性是用系统的抗噪声性能来衡量的，即系统的输出信噪比，其定义为系统的输出信号功率和噪声功率的比值。一般情况下，接收端接收的信号与发送端发送的信号会有差别，一个原因是信号在传输过程中受到叠加噪声(加性噪声)的影响，另一个原因是信号在传输过程中因信道传输特性不理想而受到乘性噪声的影响。这两种噪声各有特点，不管信号有无，加性噪声都存在，而乘性噪声仅在有信号时存在。由于加性噪声始终存在，因此在分析问题时主要考虑加性噪声(本书主要研究加性噪声)。输出信噪比除了与输出信号功率、噪声功率有关，还与调制方式有关。因此改善(系统的输出)信噪比时还可以通过改变调制方式来实现。通常，电视的信噪比至少为 50 dB，优质电视的信噪比在60 dB 以上。噪声及信噪比的概念将在 2.3 节和 3.2 节中详细讲解。

在数字通信系统中，可靠性用差错率来衡量。差错率可以用误码率和误比特率表示。误码率就是接收的错误码元个数占传输的码元总数的比例，用 P_e 表示，即

$$P_e = \frac{\text{接收的错误码元个数}}{\text{传输的码元总数}} \tag{1-4-2}$$

误比特率就是接收的错误比特数在传输的比特总数中所占的比例，它表示传输的 1 比特信息被错误接收的概率，用 P_b 表示，即

$$P_b = \frac{\text{接收的错误比特数}}{\text{传输的比特总数}} \tag{1-4-3}$$

提高有效性就会降低可靠性，反之亦然，因此在设计通信系统时要综合考虑这两个性能指标。

本章知识点小结

1. 通信的基本概念

(1) 通信：不在同一地点的双方或多方之间进行的迅速、有效的信息传递。

(2) 电信：利用电磁波和光波传递各种信息的通信方式。

2. 通信系统的定义、组成及分类

(1) 通信系统：为完成通信任务所需要的一切技术设备和传输媒介所构成的总体。

(2) 通信系统由信源、发送设备、信道、接收设备和信宿组成。

① 信源：产生信息。

② 发送设备：将信源产生的信息转换成适于信道传输的电信号。

③ 信道：为信号由发送设备传输到接收设备提供传输媒介或途径，可以是有线的，也可以是无线的。在实际应用中，信道可以是包括传输设备的广义传输途径。

④ 接收设备：将接收的信号恢复为原始的电信号。

⑤ 信宿：将接收设备输出的电信号还原为原始信号。

(3) 常用信号的分类：

① 模拟信号与数字信号。幅度的取值是连续的信号称为模拟信号，如图像信号。幅度的取值是离散的信号称为数字信号，如二进制码。

② 确知信号与随机信号。能够用明确的数学式子表达的信号称为确知信号，比如正弦波等。不能用确定的数学式子表达的信号称为随机信号。严格地说，现实中的所有信号都是随机信号。

③ 周期性信号与非周期性信号。每经过一个固定的时间间隔重复出现的信号称为周期性信号，如正弦波信号。不满足固定时间间隔重复出现的信号称为非周期性信号，如门函数等。

④ 能量信号与功率信号。若信号在 1 Ω 电阻上所消耗的能量为有限值，则此信号为能量信号，如门函数。若信号在 1 Ω 电阻上所消耗的能量趋于无穷大，但其平均功率是有限值，则此信号为功率信号，如正弦波信号。

(4) 通信系统的分类：

① 根据通信业务的不同，通信系统可分为电报通信系统、电话通信系统、数据通信系统、图像通信系统等。

② 根据传输信号是否被调制，通信系统可分为基带传输系统和频带传输(调制)系统。

③ 根据信道中传输的信号是模拟信号还是数字信号，通信系统可分为模拟通信系统和数字通信系统。

④ 根据信号传输媒介的不同，通信系统可分为有线通信系统和无线通信系统。

⑤ 根据信号的信道复用方式的不同，通信系统可分为时分复用通信系统、频分复用通信系统、码分复用通信系统和波分复用通信系统。

(5) 模拟通信系统的优点是直观且容易实现；缺点是保密性差，抗干扰能力弱。

(6) 数字通信系统的优点是保密性好，抗干扰能力强，可构建综合数字通信网；缺点是占用频带较宽，技术要求复杂，进行 A/D 转换时会引入量化误差。

3. 通信方式

① 按照信号传输的方向与时间的关系，通信方式可分为单工通信(传输)、半双工通信(传输)、全双工通信(传输)。

② 按照数字信号传输顺序的不同，通信方式可分为串行通信(传输)和并行通信(传输)。

③ 按照实现字符同步方式的不同，通信方式可分为同步通信(传输)和异步通信(传输)。

4. 通信系统的性能指标

通信系统的主要性能指标是有效性和可靠性。有效性是指信息传输的速度，可靠性是指信息传输的准确程度。有效性和可靠性在模拟通信系统和数字通信系统中的具体指标是不同的。

(1) 在模拟通信系统中，通信的有效性用信息传输时的有效传输带宽来衡量。可靠性用系统的输出信噪比来衡量。

(2) 在数字通信系统中，通信的有效性用码元速率、信息速率、频带利用率来衡量。

① 码元速率 R_B：系统单位时间内传输的码元符号的个数，单位为波特(Baud)，简写为 B。

② 信息速率 R_b：系统单位时间内传输信息量的大小，单位为比特/秒(bit/s)，简写为 b/s。

M 进制码元的码元速率和信息速率之间的关系为

$$R_b = R_B \, \mathrm{lb} M (\mathrm{bit/s})$$

③ 频带利用率 η：系统在单位时间、单位频带上传输的信息量，单位为比特/(秒·赫兹)(bit/(s·Hz))。

可靠性用差错率来衡量。差错率可以用误码率(P_e)和误比特率(P_b)表示，且

$$P_e = \frac{\text{接收的错误码元个数}}{\text{传输的码元总数}}$$

$$P_b = \frac{\text{接收的错误比特数}}{\text{传输的比特总数}}$$

习 题

一、填空题

1. 通信(Communication)是指不在(　　)地点的(　　)或(　　)之间进行的迅速、有效的信息传递。

2. 串行传输的数据码元是一位接一位地在(　　)条信道上传输的。对采用这种通信方式的系统而言，同步极为重要，收、发双方必须保持(　　)同步和(　　)同步，才能使

接收方正确地恢复出原始信息。

3. 并行传输时，构成一个编码的所有码元都是同时传送的。由于一次传输一个字符，并行传输的收、发双方之间不存在（　　）同步问题。显然，并行传输的速率高于串行传输的速率。并行信道的成本高，主要用于（　　）或（　　）传输。（　　）传输时一般多采用串行信道传输。

4. 同步传输不是以一个字符而是以一个数据块为单位进行信息传输的。为了使接收方能准确地确定每个数据块的（　　）和（　　），需要给数据块分别加上一个前文和后文。通常把这种加有前文和后文的一个数据块称为（　　）。

5. 模拟信号就是（　　）的取值是连续的信号，其自变量可以是（　　）或（　　）的，但（　　）一定是连续的。

6. 模拟通信系统的有效性一般用（　　）来衡量。采用不同调制方式传输同样的信息，所需要的频带宽度和系统的性能都是（　　）的。

二、单选题

1. 传统方式下，广播、电视系统是典型的（　　）传输系统；当某收音或电视频道节目采用听众/观众互动方式进行时，该广播、电视系统又成为（　　）传输系统。因此，综合而言，广播、电视系统是典型的（　　）传输系统。

A. 单工　　B. 半双工
C. 双工　　D. 不确定

2. 异步传输方法简单，但每传输一个码元都要增加 2～3 位的附加位，故传输效率较低。例如，传输一个 ASCII 字符，每个 ASCII 码有 16 位，若停止位用 2 位，再加上 1 位奇偶校验位和 1 位起始位，则其传输效率只有（　　）。

A. 50%　　B. 60%
C. 70%　　D. 80%

3. 信道是所有信号传输媒介的总称，通常分有线信道和（　　）两种。

A. 卫星信道　　B. 无线信道
C. 移动信道　　D. 电磁信道

4. 数字通信系统最突出的缺点是（　　）。

A. 码间串扰严重　　B. 占用频带宽
C. 传输效率不高　　D. 传输速率低

5. 衡量系统有效性的最全面的指标是（　　）。

A. 系统的频带利用率　　B. 系统的带宽
C. 系统的响应速率　　D. 系统的传输速率

6. 在二进制系统中，最大频带利用率为（　　）；在多进制系统中，最大频带利用率可能为（　　）。

A. 1 bit/(s • Hz)　　B. 2 bit/(s • Hz)
C. 3 bit/(s • Hz)　　D. 4 bit/(s • Hz)

7. 信息传输速率的单位是（　　）。

A. 比特　　B. 波特
C. 比特/秒　　D. 波特/秒

三、多选题

1. 异步传输时，字符的传输由起始位引导，表示一个新字符的开始，起始位占(　　)码元。每个传输的信息码之后都有停止位，表示一个字符的结束，其宽度通常为(　　)码元宽度。

A. 1位　　B. 1.5位

C. 2位　　D. 4位

2. 信号是信息的一种电磁表示方法，它利用某种可以被感知的物理参量——如(　　)等来携带信息。

A. 电压　　B. 电流

C. 光波强度　　D. 频率

3. 数字信号是指(　　)的取值是离散的信号。计算机以及数字电话等系统中传输和处理的都是数字信号。

A. 电流强度　　B. 幅度

C. 因变量　　D. 自变量

4. 和模拟通信系统相比，数字通信系统主要具有(　　)等优点。

A. 抗干扰力强　　B. 传输可靠性高

C. 通信保密性强　　D. 易于集成，体积小、重量轻

5. 通信系统的性能指标主要应从信息传输的(　　)来考虑。

A. 经济性　　B. 有效性

C. 可靠性　　D. 电磁污染

6. 模拟通信系统的输出信噪比会受到(　　)的影响。

A. 信号传输时叠加的噪声　　B. 元件的非线性

C. 信道传输特性不理想导致的乘性噪声　　D. 转接器件的密合性

四、判断题

1. (　　)通信是利用电磁波或光波来传递各种信息的。

2. (　　)根据信号传输方向与时间的关系，通信方式可分为单工通信(传输)、半双工通信(传输)和全双工通信(传输)三类。

3. (　　)一般情况下，并行传输的速率低于串行传输的速率。

4. (　　)异步传输时，虽然每个字符的发送都是独立和随机的，但其发送速率仍然是均匀的。

5. (　　)由于同步通信的效率高于异步通信的效率，因此高速数据传输的场合下一般都选用同步通信方式。

6. (　　)表示信息的数据通常都要经过适当的变换和处理，才能变成适合在信道上传输的信号并进行传输。

7. (　　)虽然噪声可以由信息的初始产生环境、构成变换器的电子设备、传输信道以及各种接收设备等所有信号传输环节中的一个或几个产生，为分析方便起见，在模型中把噪声集总由一个噪声源表示，从信道中以叠加方式引入。

8.（　　）码元速率 R_B 又称传码率，指系统每秒传输的码元个数；信息速率 R_b 又称比特率，指系统每秒传输的信息量。一般情况下，$R_b \geqslant R_B$。

9.（　　）无论信号有无，加性噪声始终存在，而乘性噪声仅在有信号时存在。

10.（　　）有效性和可靠性是相互矛盾的，提高有效性就会降低可靠性，反之亦然。

11.（　　）数字通信系统具有加密特性。

12.（　　）数字脉冲信号可以直接通过无线电空间(信道)传输。

13.（　　）计算机输出的信号一般是模拟信号。

五、计算题

1. 已知一个传输二进制数字信号的通信系统 1 min 内传输了 36 000 bit 的信息量。

(1) 求系统的码元速率；

(2) 若系统每分钟传输的信息量不变，但改用八进制信号传输，求系统的码元速率。

2. 某二进制数字通信系统的码元速率为 1200 B，经过多次统计，发现每分钟平均出现 7.2 个错码，试计算该系统的误码率。

3. 独立等概率的四进制数字信号的码元宽度为 2.5×10^{-3} s，计算其码元速率和信息速率。

4. 某数字通信系统在 1 ms 内可传输 500 个 4 电平码元，平均每 10 秒产生一个随机误码，求系统的信息速率及误码率。

第2章　信 号 分 析

本章学习目标

(1) 理解频谱的概念，掌握确知信号在时域与频域中的特性和对应关系。
(2) 理解功率守恒定律和能量守恒定律，掌握信号的三种带宽的定义方式。
(3) 了解随机信号的特点及分析方法。
(4) 理解信道与噪声的概念，掌握白噪声的特点。
(5) 掌握信息及其度量方法。

本章内容

- 确知信号的分析
- 随机信号的分析
- 信道与噪声
- 信息与信息量

本章重点

- 傅里叶级数、傅里叶变换建立时域与频域的关系
- 信息与信息量

本章难点

- 傅里叶级数、傅里叶变换建立时域与频域的关系
- 随机信号的数字特征
- 高斯白噪声的概念
- 信息量的概念与计算

本章学时
14 学时

法国数学家傅里叶在论文《热的传播》中推导出了著名的热传导方程，并在求解该方程时发现解函数可以由三角函数（正、余弦函数）构成的级数形式表示，从而提出任一函数都可以展成三角函数（正、余弦函数）的无穷级数这一概念。每一个三角函数（正、余弦函数）都有一个固定的频率，这使得由无数三角函数（正、余弦函数）组成的信号有无限个频率，也就是说频率也是信号的组成部分，这就是频谱的概念。

在本章中，通过将幅度和频率按照一定规律变化的无穷多个正弦波信号进行线性叠加，形成了周期性脉冲方波信号、锯齿波信号、三角波信号的时域波形，从而建立了周期性信号的时域和频域之间的傅里叶级数，避免了大量的数学推导。对于非周期性信号，通过建立傅里叶变换，把时域和频域有机地联系起来。利用傅里叶级数或傅里叶变换来研究功率信号和能量信号时可以发现，信号在时域中的总功率（或总能量）和其频域中的总功率（或总能量）是守恒的，此定理称为帕塞瓦尔定理。

不论是功率信号还是能量信号，它们的功率谱和能量谱大都集中在某一频段，我们把信号的绝大部分功率或能量集中的频域宽度定义为信号带宽。而对随机信号的研究却不能用以上方法来讨论，要用统计规律来判定，即用均值、方差、概率密度函数等来讨论它的特性。

通信系统接收到的波形通常包括信号和噪声两部分，其中，包含信息的想要的部分称为信号，不想要的部分称为噪声。在此，我们讨论的是高斯白噪声。

信息是一个非常抽象的概念，衡量信息时需用信息量来描述。信息量的大小和概率有关，根据概率可以计算出平均信息量和总信息量。

2.1 确知信号的分析

前面讲过，根据信号是否能用特定的时间函数完全确定可将其分为确知信号和随机信号。确知信号和随机信号各有其特点和应用场合。确知信号也有很多种类，根据信号是否每隔一固定时间重复出现，确知函数又可分为周期性信号和非周期性信号。下面先来分析周期性信号的特性。

2.1.1 周期性信号与傅里叶级数

当信号随着时间的变化而变化时，称此信号为时域信号，常用 $f(t)$ 表示。每经过固定的时间间隔就完全重复出现的时域信号称为周期性信号，如正弦波、余弦波等。下面我们来分析周期性信号的特性。

1. 时域特性

图 2.1.1(a)所示是 1 个周期为 T、幅度为 $\frac{4}{\pi}$ 的正弦波，图(b)所示是周期分别为 T、$\frac{T}{3}$，振幅分别为 $\frac{4}{\pi}$、$\frac{4}{3\pi}$ 的 2 个正弦波的合成波，图(c)所示是周期分别为 T、$\frac{T}{3}$、$\frac{T}{5}$，振幅分别为 $\frac{4}{\pi}$、$\frac{4}{3\pi}$、$\frac{4}{5\pi}$ 的 3 个正弦波的合成波，图(d)所示为振幅按一定规律变化的前 100 个正

弦波的合成波，图(e)所示为无限个正弦波的合成波，即周期性矩形波。由此可以看出，正弦波按一定的规律可以合成为周期性矩形波。

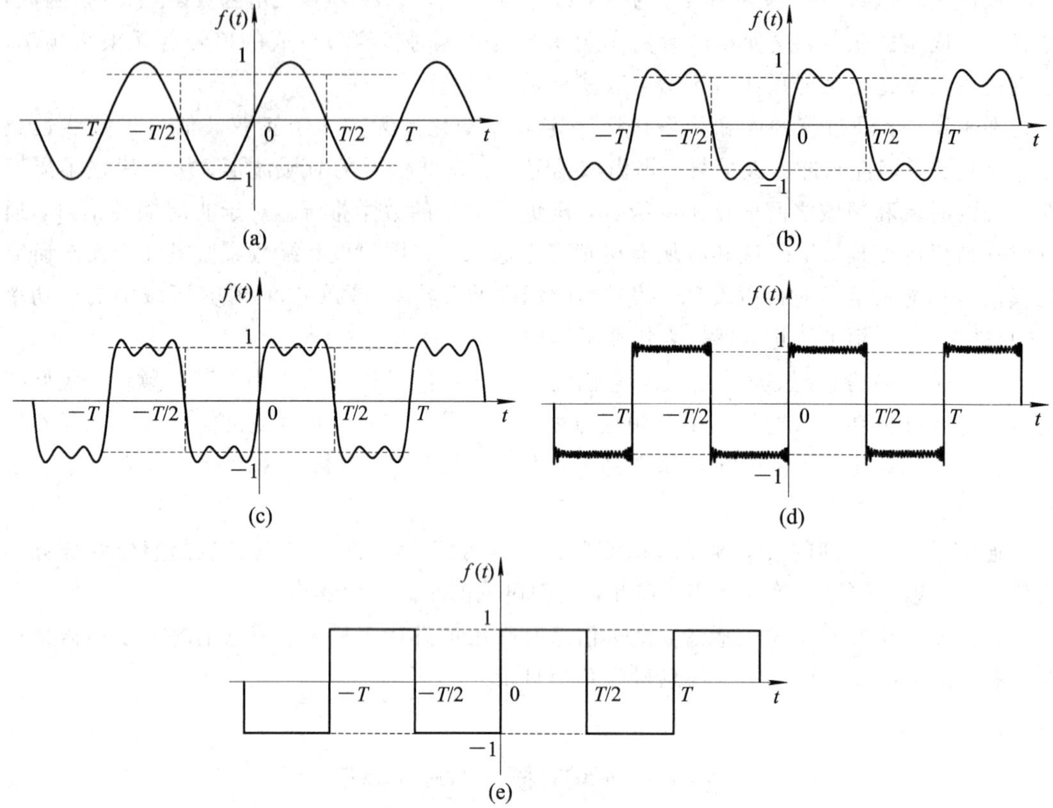

图 2.1.1 周期性矩形波的合成

(a) 基波；(b) 基波、三次谐波的合成波；(c) 基波、三次谐波、五次谐波的合成波；(d) 前 100 个谐波的合成波；(e) 无限个谐波的合成波

当正弦波的周期与周期性信号的周期相同时，此正弦波称为基波信号；当正弦波的频率是基波信号频率的整数倍时，称此正弦波为谐波分量。例如，正弦波的频率为基波信号频率的 2 倍，称该正弦波为二次谐波分量。若正弦波的频率为基波信号频率的 n 倍，则称此正弦波为 n 次谐波分量。由图 2.1.1 可以看出，一个周期性的奇对称的矩形波可以分解为基波、三次谐波、五次谐波等无数个奇次谐波的叠加，但各次谐波的加权系数不同，这就是傅里叶级数。

除矩形波外，周期性的三角波、锯齿波等周期性信号均可分解为无数正弦波的叠加。

图 2.1.2 所示是周期性锯齿波的合成情况图。锯齿波是由一次谐波、二次谐波等合成的。

锯齿波可用数学公式描述为

$$f(t)=\frac{1}{\pi}\left[\sin\omega_0 t-\frac{1}{2}\sin 2\omega_0 t+\frac{1}{3}\sin 3\omega_0 t-\frac{1}{4}\sin 4\omega_0 t+\cdots+\frac{(-1)^{n+1}}{n}\sin n\omega_0 t+\cdots\right] \tag{2-1-1}$$

式中，n 为正整数；ω_0 为基波的角频率，$\omega_0=\frac{2\pi}{T}$；T 为周期性信号的周期。

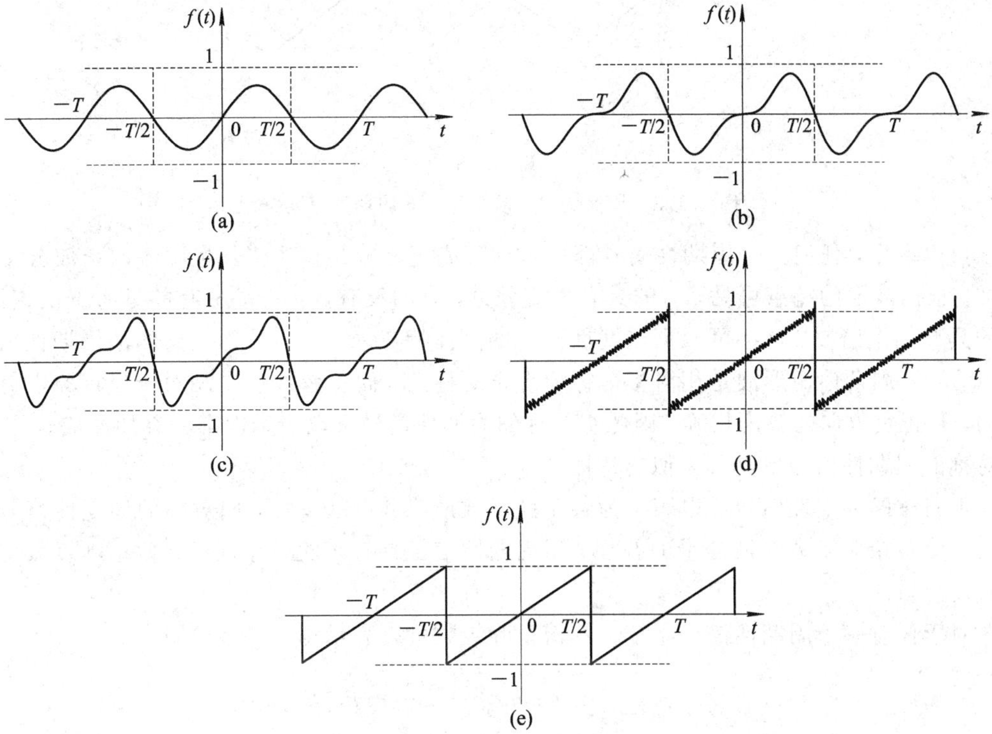

图 2.1.2　周期性锯齿波的合成

(a) 一次谐波(基波)；(b) 一次谐波、二次谐波的合成波；

(c) 一次谐波、二次谐波、三次谐波的合成波；(d) 一次谐波至一百次谐波的合成波；

(e) 理想锯齿波的波形

从上面的讨论可以看出，任何一个周期性信号都可以由基波和各次谐波分量的叠加来逼近。换句话说，任何一个周期性信号都可以表示成无数正弦波的叠加，只不过各次谐波的幅度不同而已。周期性矩形波的傅里叶级数为

$$f(t)=\frac{4}{\pi}\left[\sin\omega_0 t+\frac{1}{3}\sin 3\omega_0 t+\frac{1}{5}\sin 5\omega_0 t+\cdots+\frac{1}{2n-1}\sin(2n-1)\omega_0 t+\cdots\right] \tag{2-1-2}$$

即矩形波可以表示为基波、三次谐波、五次谐波等谐波分量的叠加。对图 2.1.3 所示的周期性三角波来说，也可以将其表示为基波和各次谐波的叠加，但由于其具有直流分量，因此周期性三角波可以描述为直流分量、基波分量和各次谐波分量的叠加。周期性三角波的傅里叶级数为

$$f(t)=\frac{1}{2}+\frac{4}{\pi^2}\left[\cos\omega_0 t+\frac{1}{9}\cos 3\omega_0 t+\frac{1}{25}\cos 5\omega_0 t+\cdots+\frac{1}{(2n-1)^2}\cos(2n-1)\omega_0 t+\cdots\right] \tag{2-1-3}$$

式中 n 为正整数。

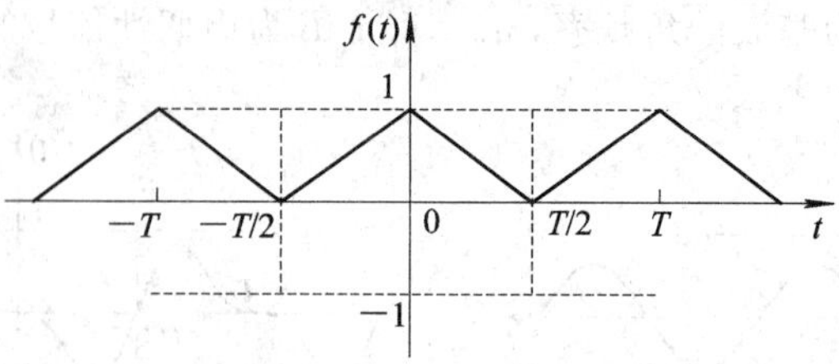

图 2.1.3 周期为 T、幅度为 1 的周期性三角波

可以看出，任何一个周期性信号都可以分解成直流分量、基波分量和各次谐波分量的叠加。根据波形的特点可见，有的具有直流分量，有的没有直流分量；有的具有奇次谐波，有的具有偶次谐波，这些可根据周期性信号的具体特点来分析。从以上介绍的周期性信号可以看出：周期性矩形波是相对于坐标原点奇对称的，而正弦波也是相对于坐标原点奇对称的，且正负方向的幅度相等。因此奇对称的周期性信号可以由奇次谐波叠加而成。同理，偶对称的周期性信号也具有类似的特性。

奇对称的周期性信号可以表示为各正弦函数谐波分量的叠加，偶对称的周期性信号可以表示为各余弦函数谐波分量的叠加。当周期性信号具有直流分量时，其傅里叶级数也具有直流分量。

对于任意一个周期性信号 $f(t)$，其傅里叶级数可以表示为

$$\begin{aligned} f(t) &= A_0 + \sum_{n=1}^{\infty}(A_n \cos n\omega_0 t + B_n \sin n\omega_0 t) \\ &= C_0 + \sum_{n=1}^{\infty} C_n \cos(n\omega_0 t - \varphi_0) \\ &= \sum_{n=-\infty}^{\infty} F_n \mathrm{e}^{\mathrm{j}n\omega_0 t} \end{aligned} \tag{2-1-4}$$

式(2-1-4)中的三个等号为傅里叶级数的三种表达形式。第一个等号后的 A_0 为直流分量，A_n、B_n 为余弦、正弦分量的系数；第二个等号后的 C_0 为直流分量，余弦函数是第一个等号后的两个三角函数通过和差化积合并而成的；第三个等号后的式子是傅里叶级数的指数形式，F_n 为复振幅，包括幅值和相角两项。A_0、A_n、B_n、F_n 的表达式分别为

$$\begin{cases} A_0 = \dfrac{1}{T}\displaystyle\int_{-T/2}^{T/2} f(t)\,\mathrm{d}t \\ A_n = \dfrac{2}{T}\displaystyle\int_{-T/2}^{T/2} f(t)\cos n\omega_0 t\,\mathrm{d}t \\ B_n = \dfrac{2}{T}\displaystyle\int_{-T/2}^{T/2} f(t)\sin n\omega_0 t\,\mathrm{d}t \\ F_n = \dfrac{1}{T}\displaystyle\int_{-T/2}^{T/2} f(t)\mathrm{e}^{-\mathrm{j}n\omega_0 t}\,\mathrm{d}t \end{cases} \tag{2-1-5}$$

式中，T 为周期性信号的周期；ω_0 为周期性信号的角频率，$\omega_0 = 2\pi/T = 2\pi f_0$，单位为 rad/s(弧度/秒)。

三角函数和指数函数的傅里叶级数是同一种级数的两种不同的表示方法。指数函数是傅里叶变换的基础，是频域分析中的运算工具，也是本书中最常用的表达式。频谱图中的

幅度即为指数函数的系数 F_n。

2. 频域特性

我们知道，一个正弦波对应于一个频率，其振幅可以唯一确定。用以描述信号与频率的关系图称为频谱图。时域函数用 $f(t)$表示，相应地，频域函数用 $F(\omega)$表示，并用"⇔"表示时域与频域之间的对应关系。

图 2.1.4(a)所示为频率为 1 Hz 的余弦波的时域波形图，该余弦波的振幅为 A，周期为 1 s，这唯一地确定了一个余弦波波形。换句话说，由振幅和频率就可以唯一地确定一个余弦波。图 2.1.4(b)即为对应的幅度-频率波形图，称之为频谱图，其横坐标用角频率或频率描述，纵坐标为复幅度，是傅里叶级数的复系数。在此，当余弦波的角频率为 $\pm 2\pi$ rad/s 时，频谱的振幅为 πA。从图中可见，一种频率的余弦波对应频谱图中的一对谱线，在正频率方向和负频率方向各有一条谱线，其幅度为正弦波振幅的 π 倍。

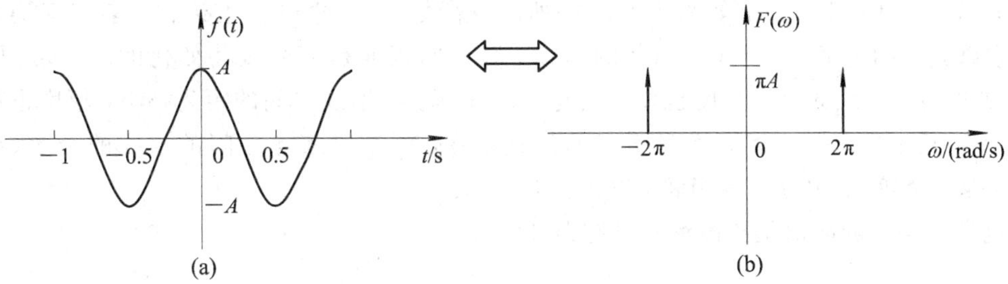

图 2.1.4 余弦波的时域与频域对照关系图

(a) 频率为 1 Hz 的余弦波的时域波形；(b) 频率为 1 Hz 的余弦波的频谱图

图 2.1.5 所示为周期性脉冲三角波的时域波形图和与其对应的频谱图。由图可以看出，连续的周期性信号的频谱是离散的，它有多个频率分量，各分量的幅度不同，相位也不同，因此频谱图分为幅度频谱图和相位频谱图。频谱的幅度和相位反映在傅里叶级数的系数上。

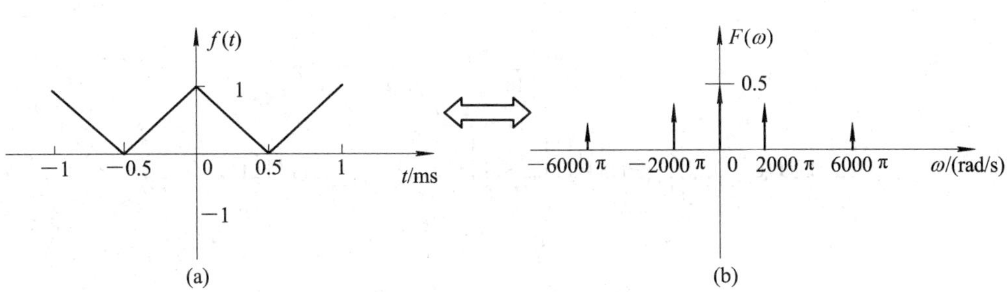

图 2.1.5 周期性三角波的时域和频域对照关系图

(a) 周期为 1 ms 的三角波的时域波形；(b) 周期为 1 ms 的三角波的频谱图

图 2.1.6 为周期性脉冲信号的时域波形图，该周期性脉冲信号的周期为 T_0，脉冲的宽度为 τ，幅度为 A。

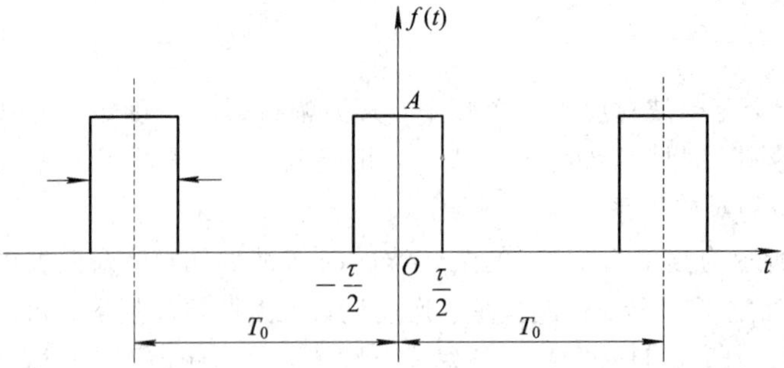

图 2.1.6 周期性脉冲信号的时域波形图

根据傅里叶级数的公式可以推出复振幅与角频率之间的关系，如图 2.1.7 所示。当 $T_0=5\tau$ 时，频谱如图 2.1.7(a)所示，在 0 到第一个过零点间(或两个相邻的过零点)有 5 条谱线；当 $T_0=10\tau$ 时，频谱如图 2.1.7(b)所示，谱线变密，两相邻过零点间有 10 条离散谱线，频谱幅度的包络均为Sa(x)函数的形式，频谱的幅度是衰减振荡变化的。可见，随着 τ/T_0 的改变，谱线的稀疏程度也发生变化。T_0/τ 越大，谱线之间的距离越小，幅度也相应地从 $A/5$ 减小到$A/10$，但频谱过零点的位置不变，两个过零点之间的谱线的个数(等于 T_0/τ) 从 5 条变为 10 条，两相邻谱线的间隔为 ω_0。

周期性信号的频谱是离散谱且具有谐波特性。

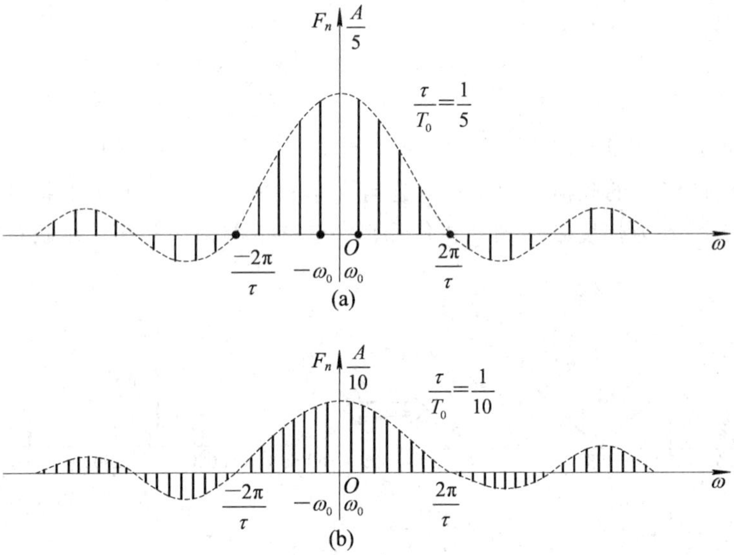

图 2.1.7 周期性信号的频谱

(a) $T_0=5\tau$ 时；(b) $T_0=10\tau$ 时

2.1.2 非周期性信号与傅里叶变换

随着 T 的增加，周期性信号转变成一个门函数，通常用 $D_\tau(t)$表示，其中下标 τ 表示门函数的宽度。该门函数的离散频谱的两相邻过零点之间谱线的个数也在增加。当 $T\to\infty$

时，谱线越来越密，由离散频谱转变为连续频谱 Sa 函数，如图 2.1.8 所示。非周期性信号与其频谱之间联系的纽带就是傅里叶变换，其公式为

$$f(t)=\frac{1}{2\pi}\int_{-\infty}^{\infty}F(\omega)e^{j\omega t}d\omega \tag{2-1-6}$$

$$F(\omega)=\int_{-\infty}^{\infty}f(t)e^{-j\omega t}dt \tag{2-1-7}$$

式(2-1-7)称为时域函数 $f(t)$ 的傅里叶正变换，它把一个时域内 t 的函数变换为频域内 ω 的函数；式(2-1-6)称为频域函数 $F(\omega)$ 的傅里叶反变换或逆变换，它把一个 ω 的函数变换为 t 的函数。时域函数和频域函数的关系表示为

$$f(t)\Leftrightarrow F(\omega) \tag{2-1-8}$$

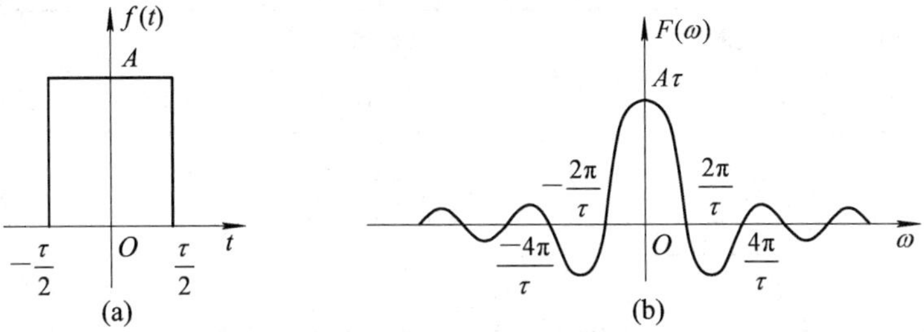

图 2.1.8　非周期性信号的频谱

(a) 时域信号；(b) 频谱

傅里叶变换也称为傅氏变换，常用"⇔"表示一对变换关系。在本书中常用的信号有矩形脉冲、正余弦函数、冲激函数等，现将一些常用信号的时域函数与频域函数之间的对应关系用表 2.1.1 列出，以供参考。

表 2.1.1　常用信号的时域函数与频域函数之间的对应关系

序号	时域函数 $f(t)$	频域函数 $F(\omega)$
1	单位冲激函数 $\delta(t)$	1（均匀分布在整个频谱空间）
2	1(直流信号)	$2\pi\delta(\omega)$
3	余弦函数 $A\cos\omega_0 t$	$\pi A[\delta(\omega+\omega_0)+\delta(\omega-\omega_0)]$
4	正弦函数 $A\sin\omega_0 t$	$j\pi A[\delta(\omega+\omega_0)-\delta(\omega-\omega_0)]$
5	门函数 $D_\tau(t)=\begin{cases}1, & \lvert t\rvert\leqslant\frac{\tau}{2}\\ 0, & \lvert t\rvert>\frac{\tau}{2}\end{cases}$	Sa 函数 $\tau\,\mathrm{Sa}\left(\frac{\omega\tau}{2}\right)=\tau\frac{\sin\left(\frac{\omega\tau}{2}\right)}{\frac{\omega\tau}{2}}$
6	Sa 函数 $\frac{w}{2\pi}\mathrm{Sa}\left(\frac{wt}{2}\right)$	$D_w(\omega)=\begin{cases}1, & \lvert\omega\rvert\leqslant\frac{w}{2}\\ 0, & \lvert\omega\rvert>\frac{w}{2}\end{cases}$
7	阶跃函数 $U(t)$	$\pi\delta(\omega)+\frac{1}{j\omega}$
8	单位指数函数 $e^{j\omega_0 t}$	$2\pi\delta(\omega-\omega_0)$

从前面分析可知：

(1) 对于周期性信号，其频谱可以利用傅里叶级数进行分析，频谱具有离散性和谐波性。

(2) 对于非周期性信号，其频谱可以利用傅里叶变换进行分析，频谱具有连续性。

(3) 如果时域函数存在于有限时间内，则其对应的频域函数的频谱存在于整个频域内。

(4) 如果时域函数存在于整个时间段，则其对应的频域函数的频谱存在于某段有限频域内。

由表 2.1.1 可知，若 $f(t)\Leftrightarrow F(\omega)$，则傅里叶变换的主要性质见表 2.1.2。

表 2.1.2 傅里叶变换的性质

特性	时域函数	频谱函数	备 注
线性	$K_0 f(t)$	$K_0 F(\omega)$	K_0——比例系数，常数
比例性	$f(at)$	$\frac{1}{\|a\|}F\left(\frac{\omega}{a}\right)$	a——常数
时延特性	$f(t-t_0)$	$F(\omega)e^{-j\omega t_0}$	t_0——延时
卷积特性	$x(t)*y(t)$	$X(\omega)\cdot Y(\omega)$	$*$——卷积符号 $\cdot$——乘积符号
	$x(t)\cdot y(t)$	$\frac{1}{2\pi}X(\omega)*Y(\omega)$	
移频特性	$f(t)e^{j\omega_0 t}$	$F(\omega-\omega_0)$	ω_0——频偏

2.1.3 信号的功率谱与能量谱

由前面的分析可以看到，傅里叶分析方法用于理解信号在频域和时域中的对应关系及表现形式，信号的时域形式和频域形式都描述了信号的特性，且都是有效的。在某些应用中，时域形式更有效，在另一些应用中，频域形式更能反映信号的特性。研究信号频率分量的幅度(或相位)是研究随时间变化的信号的等效方法。

利用傅里叶分析法分析频谱还有一个重要的用途，即研究信号在各个频率上的能量和功率。我们知道，通信系统的任务就是从信源(消息的发送方)到接收方(消息用户)传送电磁信号能量，通信信道(无论是空气、电线、电路或是其他物质)必须允许这个能量通过。因此，发送的能量、通过系统的能量和最后接收的能量之间的关系非常重要。为了解决这一点，有必要了解信号的能量和功率的谱型，以及它们的定义。

在电子学中，利用电流或电压的平方来定义功率，即 $P=I^2\times R=U^2/R$，其中电流(I)或电压(U)用来测量信号的幅度。功率是能量传输的速率，所以在能量值中应用了“平方”。在傅里叶变换等式中，将 $f(t)$替换为$[f(t)]^2$ 即可。$[f(t)]^2$ 的积分通常不等于 $f(t)$积分的平方。

下面介绍功率信号和能量信号。

图 2.1.9(a)所示为周期性脉冲信号的频谱，图 2.1.9(b)所示为其功率谱。注意，功率谱并不是频谱值的平方，而是一个新的图形，有更多的隆起(或者叫圆形突起)，并且中心

的圆形突起最大。每个频点的功率分量的幅度都是非负值，因为功率永远不会是负值。

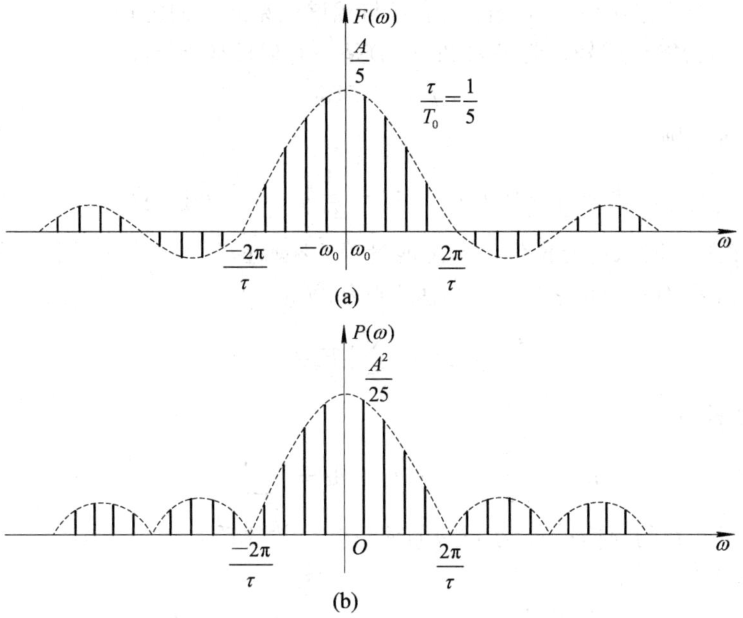

图 2.1.9　周期性脉冲信号的频谱和功率谱

(a) 频谱；(b) 功率谱

在典型的声音能量谱中，大部分功率集中在 300～3000 Hz 的频带范围内，有很少的一部分在 3000～8000 Hz 的频带范围内。这就意味着设计一个可以工作的通信系统的最小带宽是 3 kHz。实际上，电话系统和声音通信系统就是这样工作的。

尽管频谱的幅度分量可正、可负，但功率谱或能量谱的幅度永远是非负值。

下面给出功率信号和能量信号的定义。

1. 能量信号和功率信号

信号 $f(t)$(电压或电流)在 1 Ω 电阻上所消耗的能量定义为信号的归一化能量，简称能量。能量信号表示为

$$E=\int_{-\infty}^{\infty}|f(t)|^2\mathrm{d}t<\infty \tag{2-1-9}$$

能量有限的信号称为能量信号。

若信号能量趋于无穷大，但其平均功率是有限的，则称此信号为功率信号。功率信号表示为

$$P=\lim_{T_0\to\infty}\frac{1}{T}\int_{-T_0/2}^{T_0/2}|f(t)|^2\mathrm{d}t<\infty \tag{2-1-10}$$

式中，$\left[-\frac{T_0}{2},\ \frac{T_0}{2}\right]$为时间平均的区间；$P$ 为平均功率。

能量信号的能量是有限的，功率信号的功率是有限的。

能量信号一定是功率信号，功率信号不一定是能量信号。

周期性信号一定是功率信号，非周期性信号可以是功率信号，也可以是能量信号。

2. 帕塞瓦尔定理

帕塞瓦尔定理是把功率信号或能量信号与频谱联系起来的定理。

若信号 $f(t)$为能量信号，且 $f(t)$和 $F(\omega)$是一对傅氏变换，即

$$f(t)\Leftrightarrow F(\omega) \tag{2-1-11}$$

用 E 表示总能量，则

$$E=\int_{-\infty}^{\infty}|f(t)|^2\mathrm{d}t=\frac{1}{2\pi}\int_{-\infty}^{\infty}|F(\omega)|^2\mathrm{d}\omega \tag{2-1-12}$$

式(2-1-12)说明，时域内能量信号的总能量等于频域内各个频率分量能量的连续和。

若周期性信号 $f(t)$为功率信号，其傅里叶级数为

$$f(t)=\sum_{n=-\infty}^{\infty}F_n\mathrm{e}^{\mathrm{j}n\omega_0 t} \tag{2-1-13}$$

用 P 表示总功率，则

$$P=\frac{1}{T}\int_{-T/2}^{T/2}|f(t)|^2\mathrm{d}t=\sum_{n=-\infty}^{\infty}|F_n|^2 \tag{2-1-14a}$$

式中，T 为信号 $f(t)$的周期；F_n 为 $f(t)$的傅里叶级数的系数。

对于非周期性功率信号，

$$P=\lim_{T\to\infty}\frac{1}{T}\int_{-T/2}^{T/2}|f(t)|^2\mathrm{d}t=\frac{1}{2\pi}\int_{-\infty}^{\infty}\lim_{T\to\infty}\frac{|F_T(\omega)|^2}{T}\mathrm{d}\omega \tag{2-1-14b}$$

式中 $F_T(\omega)$是时域函数 $f(t)$在$-\frac{T}{2}\sim\frac{T}{2}$之间的截取函数 $f_T(t)$的频谱。

式(2-1-14a)说明，周期性信号的平均功率等于各个频率分量平均功率的总和。式(2-1-14b)说明非周期性功率信号在时域内的总功率等于其在频域内的总功率。式(2-1-12)和式(2-1-14a)或(2-1-14b)的这种关系称为帕塞瓦尔定理。此定理反映了能量守恒，即信号在时域内的总能量等于其在频域内的总能量；信号在时域内的总功率等于其在频域内的总功率。

3. 能量谱密度和功率谱密度

若用 E 表示能量，P 表示功率，在频域内可将 E 和 P 表示为

$$E=\frac{1}{2\pi}\int_{-\infty}^{\infty}E(\omega)\mathrm{d}\omega \tag{2-1-15}$$

$$P=\frac{1}{2\pi}\int_{-\infty}^{\infty}P(\omega)\mathrm{d}\omega \tag{2-1-16}$$

称 $E(\omega)$为能量谱密度函数，单位为 J/Hz(焦耳/赫兹)；称 $P(\omega)$为功率谱密度，单位为 W/Hz(瓦特/赫兹)。式中 $\omega=2\pi f$。能量谱密度和功率谱密度简称能量谱和功率谱。

对照式(2-1-12)、式(2-1-15)，式(2-1-14a)、式(2-1-14b)、式(2-1-16)可得

$$E(\omega)=|F(\omega)|^2 \tag{2-1-17}$$

对于非周期性信号，有

$$P(\omega)=\lim_{T\to\infty}\frac{|F_T(\omega)|^2}{T} \tag{2-1-18a}$$

对于周期性信号，有

$$P(\omega)=2\pi\sum_{n=-\infty}^{\infty}|F_n|^2\delta(\omega-\omega_0) \tag{2-1-18b}$$

4. 信号带宽

带宽这个名称在通信系统中经常出现。在通信系统中，从信号传输的过程来看，实际上有两种不同含义的带宽：一种是信号带宽(或者是噪声带宽)，是由信号(或噪声)的能量谱密度或功率谱密度在频域中的分布规律决定的，即在此要讲的信号带宽；另一种是信道带宽，是由传输电路的传输特性决定的。带宽的符号都用 B 表示，单位为 Hz，在应用中将说明是信号带宽还是信道带宽。

几乎所有实际信号的能量或功率的主要部分往往集中在一定的频率范围之内，超出此范围的能量或功率将大大减小，这个频率范围通常用信号带宽来描述。能量谱和功率谱为定义信号带宽提供了有效的方法。根据实际系统的不同要求，信号带宽有不同的定义。以基带信号为例，常用的信号带宽的定义有以下 3 种，它们都是根据基带信号频谱的主要成分集中在 $\omega=0$ 附近而提出来的。

1) 百分比带宽

百分比带宽是指以集中一定百分比的能量(功率)的频率区间来定义带宽。

对能量信号，信号带宽 B 是根据该频率范围内各频率分量的能量或功率占总能量或总功率的百分数来确定的，即由公式

$$\frac{2\int_0^B|F(\omega)|^2\mathrm{d}f}{E}=\gamma \tag{2-1-19}$$

来求 B，其中，E 是整个频域内的总能量；γ 为所需能量的百分数，可取 90%、95% 或99%等。

由式(2-1-12)、式(2-1-15)和式(2-1-17)可知，频域内总能量可以表示为

$$E=\frac{1}{2\pi}\int_{-\infty}^{\infty}|F(\omega)|^2\mathrm{d}\omega=\int_{-\infty}^{+\infty}|F(\omega)|^2\mathrm{d}f=2\int_0^{\infty}|F(\omega)|^2\mathrm{d}f \tag{2-1-20}$$

对于功率信号，亦可用同样的方式求得带宽 B，即

$$\frac{2\int_0^B\left[\lim\limits_{T\to\infty}\frac{|F_T(\omega)|^2}{T}\right]\mathrm{d}f}{P}=\gamma \tag{2-1-21}$$

式中，P 为总功率；百分比 γ 可取 90%、95%、99%等。

2) 3 dB 带宽

3 dB 带宽是指以信号的归一化能量谱(功率谱)密度下降3 dB 内的频率间隔作为带宽。

对于频率轴上具有明显的单峰形状(或一个明显的主峰)的能量谱(或功率谱)密度的信号，且峰值位于 $f=0$ 处，则信号带宽 B 为正频率轴上 $G(f)$(或 $P(f)$)下降到 3 dB(半功率点)处的相应频率间隔，如图 2.1.10 所示。

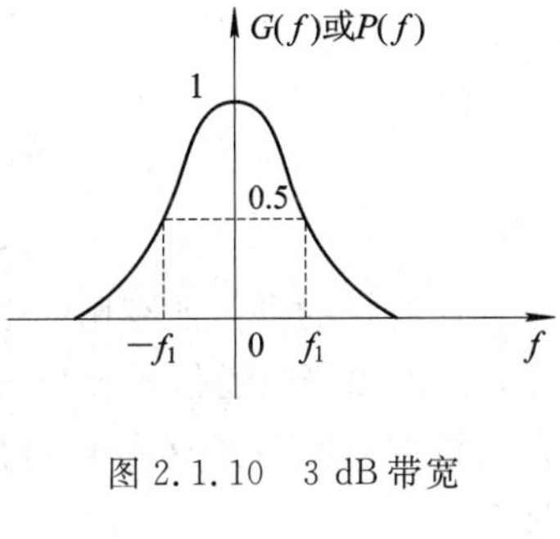

图 2.1.10　3 dB 带宽

在 $G(f)-f$ 或 $P(f)-f$ 曲线中，由

$$G(f_1)=\frac{1}{2}G(0)$$

或

$$P(f_1) = \frac{1}{2}P(0)$$

得

$$B = f_1 \tag{2-1-22}$$

3) 等效矩形带宽

等效矩形带宽如图 2.1.11 所示。由图可知，用一个矩形谱代替信号的功率谱(或能量谱)，矩形谱的幅度为信号能量谱(或功率谱)$f=0$ 时的幅度，当矩形谱具有的能量或功率与信号的能量或功率相等时，等效矩形对应的频率区间即为等效矩形带宽。由

$$2BG(0) = \int_{-\infty}^{\infty} G(f)\mathrm{d}f$$

或

$$2BP(0) = \int_{-\infty}^{\infty} P(f)\mathrm{d}f$$

得

$$B = \frac{\int_{-\infty}^{\infty} G(f)\mathrm{d}f}{2G(0)} \tag{2-1-23(a)}$$

或

$$B = \frac{\int_{-\infty}^{\infty} P(f)\mathrm{d}f}{2P(0)} \tag{2-1-23(b)}$$

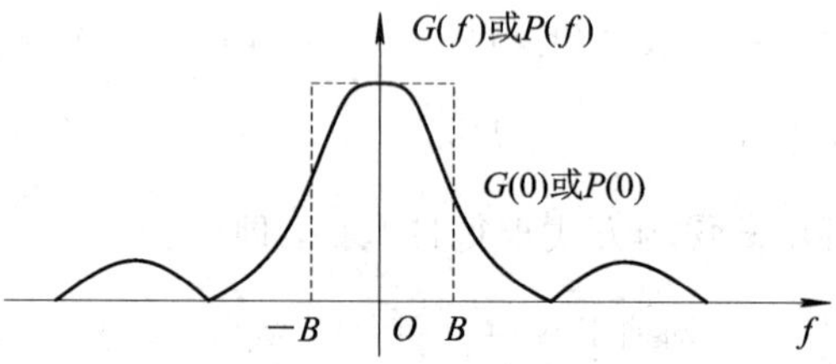

图 2.1.11 等效矩形带宽

以上 3 种带宽的定义可以根据不同的需求来选用。

2.2 随机信号的分析

通信的目的是传递有用的信息，而有用的信息在传递的过程中伴有噪声的影响。由此看来，分析和研究通信系统总离不开信号和噪声的分析。通信系统中遇到的信号通常具有某些随机性，我们把这种具有随机性的信号称为随机信号。下面介绍随机信号的一些特性。

2.2.1　概率与随机变量

1. 概率

我们知道随机信号具有某种不确定性，可能发生，也可能不发生。只能大概估计到其发生可能性的大小，却无法预测什么时候发生的事件称为随机事件。例如，抛硬币、摸彩票就是随机事件，抛硬币的过程就称为随机过程。对随机事件的观察称为随机实验。如果增加随机实验的次数，就可以预测随机事件发生的可能性。

假设在同样的条件下，将随机实验重复操作 n 次，考察实验的每一个结果，将其中的一个实验结果用事件 A 表示。若事件 A 出现 n_A 次，则定义事件 A 的概率 P_A 为

$$P_A = \lim_{n\to\infty}\left(\frac{n_A}{n}\right) \tag{2-2-1}$$

从严格意义上说，只有当实验次数 n 趋于无限大时，相对频率 n_A/n 才趋于概率 P_A。实际上，只要实验的次数 n 足够大，事件的相对频率和概率之间出现显著差别的可能性是很小的。对于一个必然事件来说，总有 $n_A=n$，因此必然事件的概率为 1；对于一个不可能事件，总有 $n_A=0$，因此不可能事件的概率为 0。由此可见，对于任一个事件，其概率一定是一个小于或等于 1 的非负数。

假设一个实验有 A_1，A_2，…，A_N 个可能发生的结果，它们之间是相互排斥的，即任一事件发生后，排斥了其他事件发生的可能。通常，若此实验包括所有可能发生的事件 A_1 到事件 A_N，则有

$$\sum_{k=1}^{N} P(A_k) = 1 \tag{2-2-2}$$

比如，对于抛硬币实验，当正面出现时，背面就不可能出现，反之亦然，则正面和反面出现的概率之和是 1。

2. 随机变量

在数学分析中，每一个实验结果用一个变量来表示，如果变量的取值是不确定的，则称这种变量为随机变量。比如，抛一次硬币会出现正面和反面，我们用 $X=0$ 表示正面，用 $X=1$ 表示反面，这样就引入了一个随机变量 X。它将随机地取 0 和 1 两个值(也可以任意取其他值，比如用 $X=5$ 表示正面，$X=9$ 表示反面)，而且取每一个值都对应了一个概率，这个变量就是所谓的随机变量。在一定区间内，若随机变量取值个数有限或数值可以一一列举出来，则称之为离散随机变量，否则称之为连续随机变量。X 的取值是随意的，只是用数学的方式来描述它而已。

3. 概率密度函数

随机变量在事件发生时出现的概率是可以统计的，其发生的可能性大小可以通过概率密度函数来确定。

概率密度函数就是单位变量上事件发生的可能性的大小，用 $p_X(x)$表示，其中 X 表示随机变量，x 表示随机变量的取值。概率密度函数可以是离散的，也可以是连续的。

在抛硬币的例子中，$X=0$ 表示正面，出现的概率为$\frac{1}{2}$，则概率密度函数为$\frac{1}{2}\delta(x)$；

$X=1$ 表示反面，则概率密度函数为$\frac{1}{2}\delta(x-1)$。在整个变量域内，正、反面发生的概率为

$$P=\int_{-\infty}^{\infty}p_X(x)\mathrm{d}x$$
$$=\int_{0^-}^{0^+}\frac{1}{2}\delta(x)\mathrm{d}x+\int_{1^-}^{1^+}\frac{1}{2}\delta(x-1)\mathrm{d}x=1 \qquad (2-2-3)$$

图 2.2.1 是一个连续分布的概率密度函数的例子，它表明在整个变量范围内每一点概率的变化规律，阴影部分的概率可以表示为

$$P(x_1<X\leqslant x_2)=\int_{x_1}^{x_2}p_X(x)\mathrm{d}x \qquad (2-2-4)$$

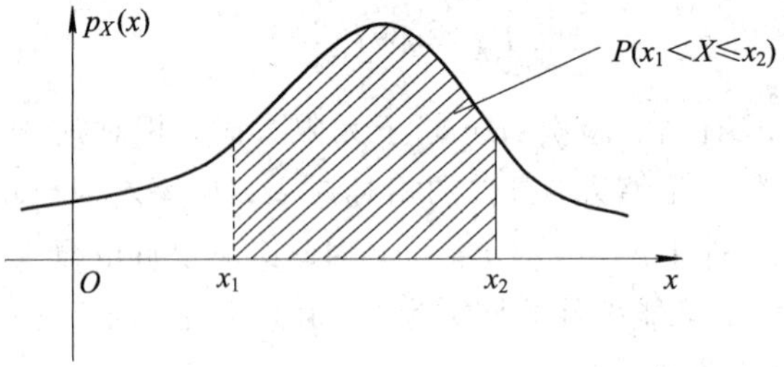

图 2.2.1 连续分布的概率密度函数举例

概率密度函数 $p_X(x)$具有以下性质：

(1) $p_X(x)$是非负函数，即 $p_X(x)\geqslant 0$。这说明事件要么发生，要么不发生。

(2)
$$\int_{-\infty}^{\infty}p_X(x)\mathrm{d}x=1 \qquad (2-2-5)$$

即概率密度曲线下所围的总面积为1，或者说所有事件发生的概率为必然事件发生的概率。

2.2.2 随机变量的数字特征

1. 数学期望(均值，期望值)

数学期望也称为均值或期望值，是指随机变量 X 的统计平均值，记作 α_X，它反映了 X 取值的集中位置。若离散随机变量 X 取值为 x_i 时的概率为 $P(x_i)$，则其数学期望为

$$\alpha_X=E[X]=\sum_{i=1}^{N}x_iP(x_i) \qquad (2-2-6)$$

数学期望实际上就是对随机变量的加权求和，而加权值就是各个可能值出现的概率。

对于连续随机变量的数学期望可用积分计算，设 $p_X(x)$为连续随机变量 X 的概率密度函数，则 X 的数学期望定义为

$$\alpha_X=E[X]=\int_{-\infty}^{\infty}xp_X(x)\mathrm{d}x \qquad (2-2-7)$$

数学期望的定义可以推广到更普遍的情况。若 $g(x)$是随机变量 X 的函数，则 $g(x)$的数学期望可表示为

$$E[g(x)]=\int_{-\infty}^{\infty}g(x)p_X(x)\mathrm{d}x \qquad (2-2-8)$$

【例 2.2.1】 若正弦振荡源所产生的振荡信号的相位 θ 在$(0, 2\pi)$上均匀分布，求函数

$A\ \sin\theta$ 的均值。

解　因为相位 θ 在 $(0,\ 2\pi)$ 上均匀分布，所以 θ 的概率密度函数为 $p_\theta(\theta)=\dfrac{1}{2\pi}$，其函数 $A\ \sin\theta$ 的均值为

$$E[A\ \sin\theta] = \int_0^{2\pi} A\ \sin\theta\, p_\theta(\theta)\mathrm{d}\theta = \int_0^{2\pi} A\ \sin\theta \frac{1}{2\pi}\ \mathrm{d}\theta = 0$$

也就是说，其概率平均值为 0，均值在 0 附近振荡。

2. 方差

随机变量的方差是随机变量 X 与它的数学期望 α_X 之差的平方的数学期望，记作 $D[X]$，它反映了随机变量取值的集中程度。对于离散随机变量 X，如果它可能的取值为 x_1，x_2，…，x_N，其相应的概率分别为 $P(x_1)$，$P(x_2)$，…，$P(x_N)$，则其方差定义为

$$D[X] = \sum_{i=1}^{N} \{x_i - E[X]\}^2 P(x_i) \tag{2-2-9}$$

对于连续随机变量 X，如果概率密度函数为 $p_X(x)$，则其方差定义为

$$D[X] = E[(x-\alpha_X)^2] = \int_{-\infty}^{\infty} (x-\alpha_X)^2 p_X(x)\mathrm{d}x \tag{2-2-10}$$

方差表示随机变量 X 的取值相对于数学期望 $E[X]$ 的“离散程度”。方差一般用 σ_X^2 表示，方差的平方根 σ_X 称为随机变量的标准偏差。方差越小，说明随机变量的取值越集中；方差越大，说明随机变量的取值越分散。

3. 随机过程

通信系统中遇到的信号通常总具有某种随机性。假如 n 台性能相同的接收机在相同的条件下工作，记录 n 台接收机的输出波形，如图 2.2.2 所示。测试结果表明，得到的 n 张记录图形并不因为有相同的条件而输出相同的波形，每一条曲线都是一个随机起伏的时间函数，这种时间函数称为随机函数，这种无数的随机函数的总体称为随机过程，即随机变量随时间变化的集合体称为随机过程。

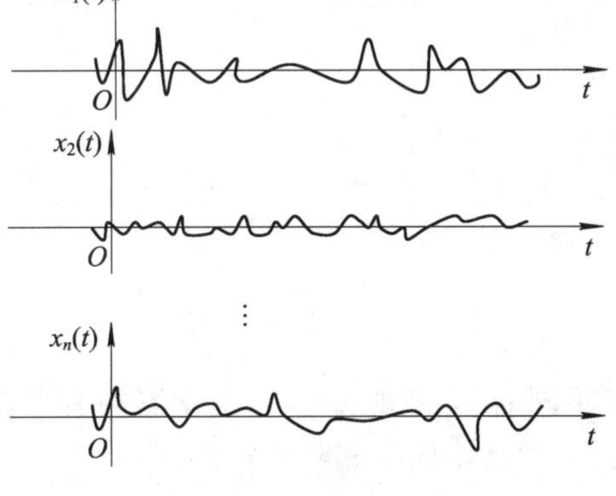

图 2.2.2　n 台接收机的输出波形

在通信系统中所遇到的随机信号和噪声绝大多数是平稳随机过程。平稳随机过程是指它的 n 维概率密度函数与时间起点的选择无关。比如，平稳随机过程的一维概率密度函数与时间无关，可表示为

$$p_1(x, t) = p_1(x, t+\tau) = p_1(x) \tag{2-2-11}$$

而二维概率密度函数只与时间差有关，即

$$p_2(x_1, x_2; t_1, t_2) = p_2(x_1, x_2; t_1 - t_2) = p_2(x_1, x_2; \tau) \tag{2-2-12}$$

式中，$\tau = t_1 - t_2$。

如无特别声明，以后讨论的随机过程都假定为平稳随机过程。

4. 高斯随机过程

高斯随机过程又称正态随机过程，它是一种在通信系统中普遍存在且重要的随机过程。通信信道中的噪声通常是一种高斯随机过程，故又称为高斯噪声。

若随机变量的概率密度函数可表示成

$$p(x) = \frac{1}{\sqrt{2\pi}\sigma}\exp\left[-\frac{(x-\alpha)^2}{2\sigma^2}\right] \tag{2-2-13}$$

则称此变量为服从正态分布的随机变量。式中 α 和 σ^2 是两个常量，分别为随机变量的均值(数学期望)和方差。正态分布的概率密度函数如图 2.2.3 所示。

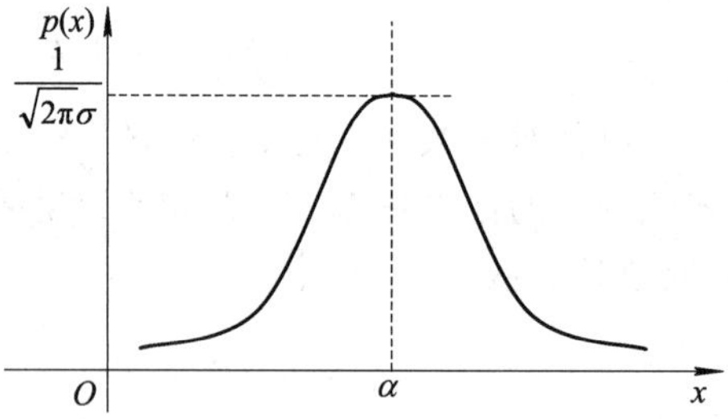

图 2.2.3 正态分布的概率密度函数

正态分布的概率密度函数有以下特点：

(1) $p(x)$对称于 $x=\alpha$ 这条直线，即

$$p(\alpha + x) = p(\alpha - x) \tag{2-2-14}$$

(2) $p(x)$在$(-\infty, \alpha)$内单调上升，在$(\alpha, +\infty)$内单调下降，且在 $x=\alpha$ 处达到极大值$\left(\frac{1}{\sqrt{2\pi}\sigma}\right)$。当 $x\to\pm\infty$时，$p(x)\to 0$。

(3)
$$\int_{-\infty}^{\infty} p(x)\mathrm{d}x = 1 \tag{2-2-15}$$

且有

$$\int_{-\infty}^{\alpha} p(x)\mathrm{d}x = \int_{\alpha}^{\infty} p(x)\mathrm{d}x = \frac{1}{2} \tag{2-2-16}$$

(4) 当 σ 不变时，对于不同的 α，表现为 $p(x)$的图形左右平移；当 α 不变时，对于不同的 σ，表现为 $p(x)$的图形随 σ 的减小而变高和变窄。

$\alpha=0$ 和 $\sigma=1$ 时的正态分布称为标准化的正态分布，其概率密度函数为

$$p(x) = \frac{1}{\sqrt{2\pi}}\exp\left(-\frac{x^2}{2}\right) \tag{2-2-17}$$

2.3 信道与噪声

所谓信道，就是信号的传输通道。前面多次提到信道，在第 1 章中，信道被定义为发送设备和接收设备之间的用以传输信号的传输媒介。根据传输媒介的不同，信道分为有线信道和无线信道两大类。有线信道包括光纤、屏蔽线、双绞线和同轴线，如图 2.3.1 所示。而无线信道包含地波传播、电离层反射、超短波或微波中继、人造卫星中继以及各种散射传播等。

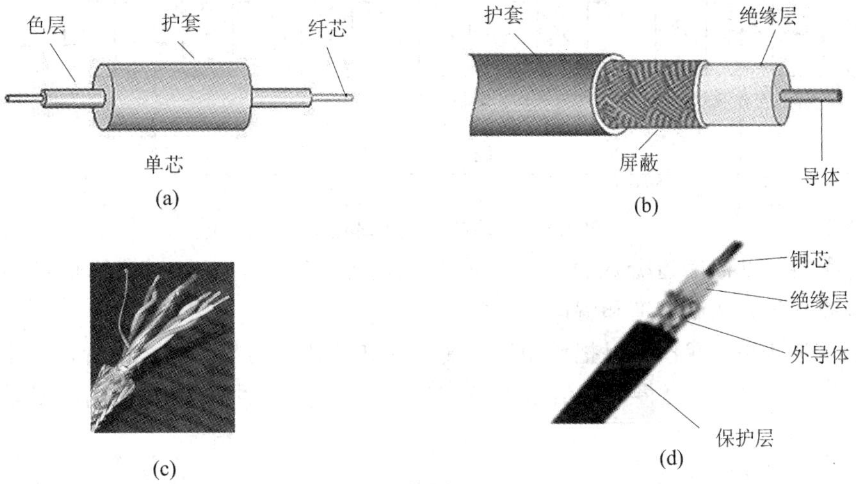

图 2.3.1　有线信道的传输媒介

(a) 光纤；(b) 屏蔽线；(c) 双绞线；(d) 同轴线

图 2.3.2 所示为无线 GPS 通信系统。在通信系统的研究中，为简化系统的模型和突出重点，通常将信道的范围扩大到包含传输媒介以外的有关装置，如发送设备、接收设备、馈线和天线、调制器、解调器等。通常将这种扩大了的信道称为广义信道，而将原先的仅包含传输媒介的信道称为狭义信道。在讨论通信系统的原理时，通常采用广义信道(简称信道)，而狭义信道是广义信道的重要组成部分，对通信系统的性能也是非常重要的。

图 2.3.2　无线 GPS 通信系统

2.3.1 信道的定义和模型

信道按其功能可以分为调制信道和编码信道。所谓调制信道，是指从调制器的输出端到解调器的输入端之间已调信号经过的路径，如图 2.3.3 所示。同样，编码信道就是从编码器的输出端到译码器的输入端之间已调信号经过的路径。编码信道传输的是数字信号，而调制信道传输的可以是模拟信号，也可以是数字信号。

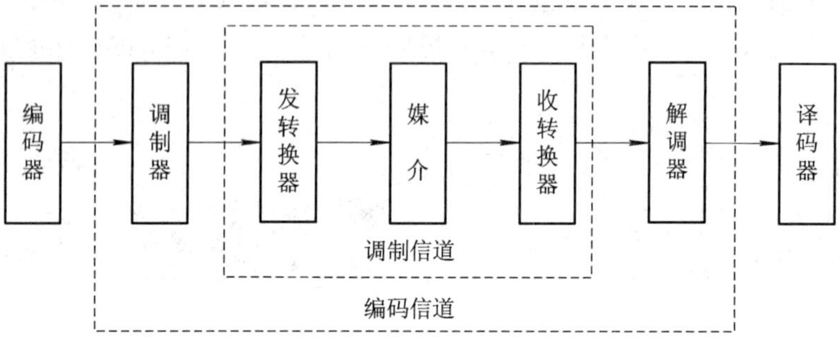

图 2.3.3 调制信道和编码信道

因此，我们可以把信道分成狭义信道和广义信道。狭义信道包括有线信道和无线信道；广义信道可分为调制信道和编码信道。

以调制信道为例，我们可以把调制器的输出端和解调器的输入端之间看作一个二端网络。经过大量考察之后，可将调制信道模型描述为图 2.3.4，可发现此二端网络是线性时变网络。

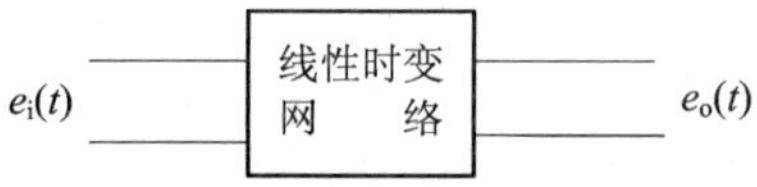

图 2.3.4 调制信道模型

对于二端网络，输入信号 $e_i(t)$和输出信号 $e_o(t)$之间除了受系统本身的影响，还受噪声的影响，它们之间可用公式表示为

$$e_o(t) = k(t)e_i(t) + n(t) \tag{2-3-1}$$

式中，$k(t)$是和网络特性有关的系数；$n(t)$与网络特性无关。$k(t)$和 $n(t)$对于输入信号来说都是干扰，$k(t)$与 $e_i(t)$之间是相乘关系，故称 $k(t)$为乘性干扰，称 $n(t)$为加性干扰。若能了解$k(t)$和$n(t)$的特性，就能弄清楚信道对信号的影响。

乘性干扰 $k(t)$是一个复杂的函数，它可能包含各种线性畸变和非线性畸变，这是因为信道的迟延特性和损耗特性随时间做随机变化；$k(t)$是一个随机变量。大量观察表明，有些信道的 $k(t)$是基本不随时间变化的，换句话说，这些信道对信号的影响是固定不变的或变化极为缓慢的；有些信道的 $k(t)$是随机变化的。因此，根据 $k(t)$的变化情况可将信道分成恒参信道和随参信道两大类。恒参信道即是其 $k(t)$不随时间变化或基本不变化的信道；随参信道则是其 $k(t)$随机快速变化的信道。

对于恒参信道来说，信道模型可以简化为非线性时变网络。这种信道对信号的干扰只剩下加性干扰。加性干扰也称为加性噪声，简称噪声。

加性噪声按其来源可分为系统内噪声和系统外噪声两大类。系统外噪声包括自然界产生的噪声(这种噪声来源于雷鸣、闪电、宇宙射线等)、人类社会活动引起的电磁干扰(这种噪声来源于电火花、干扰源等)、周围无线电设备产生的无线电干扰(如交调干扰、邻道干扰、谐波干扰等，此类噪声可通过合理地选择工作频段、加强无线电频率管理以及采用相应的技术手段加以设防)。系统内噪声主要包括导体的热噪声和电子元器件的器件噪声(如电子管、半导体器件的散弹噪声等)。这些噪声都是随机变化的，因此需通过随机过程来分析。

2.3.2　高斯白噪声

通信系统的内噪声主要是热噪声和散弹噪声，可以把它们看成是无数独立的微小电流脉冲的叠加和具有高斯分布的平稳随机过程，并且它们的噪声功率谱密度在很宽的范围内(0～1013 Hz)基本上是一个常数，此类噪声称为高斯白噪声。

高斯白噪声的均值和方差都是与时间无关的常数，它的一维概率密度函数为

$$p(x)=\frac{1}{\sqrt{2\pi}\sigma}\mathrm{e}^{-(x-\alpha)^2/2\sigma^2} \qquad (2-3-2)$$

式中，α 为幅度取值的均值，是噪声电压(或电流)的直流分量；σ^2 为方差，是噪声在 1 Ω 电阻上消耗的交流功率。

噪声除了用概率密度进行描述，还可用功率谱密度进行描述。若噪声的功率谱密度在很宽的频带内均匀分布，则称它为白噪声。如图 2.3.5 所示，白噪声的功率谱密度为

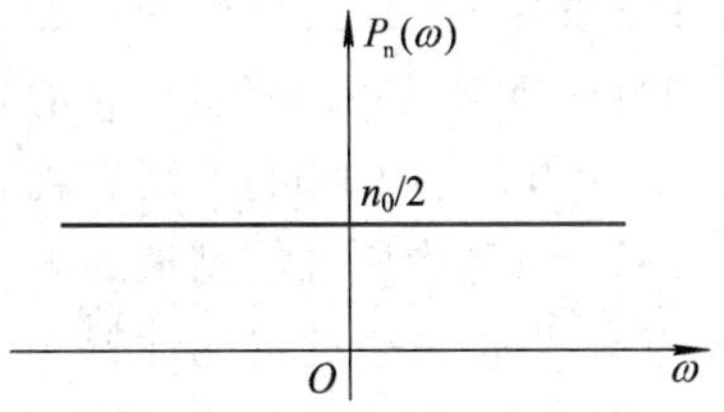

图 2.3.5　白噪声的功率谱密度

$$P_n(\omega)=\frac{n_0}{2},\ -\infty<\omega<\infty \qquad (2-3-3)$$

高斯白噪声是一个理想的噪声模型，其统计规律符合高斯分布，功率谱密度均匀分布。实际上，功率谱密度在无限宽的频域内均匀分布是不可能的。通常情况下，如果噪声的功率谱密度均匀分布的带宽远大于系统的带宽，即在系统的带宽内，噪声的功率谱密度基本上是常数，则这样的噪声就可以按白噪声处理。

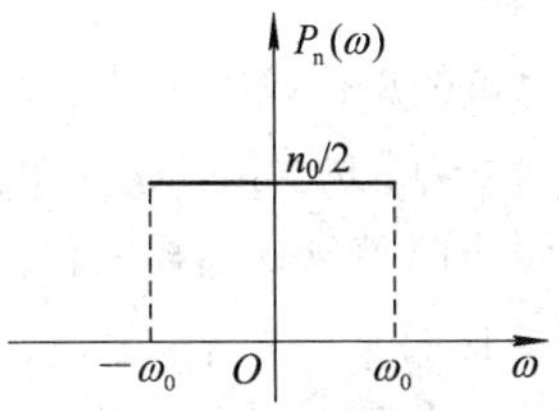

图 2.3.6　限带白噪声的功率谱密度

如果白噪声的频率被限制在($-\omega_0$，ω_0)范围内，则称这样的噪声为限带噪声。限带白噪声的功率谱密度如图 2.3.6 所示。

2.4　信息与信息量

通信的目的是传递信息。那么什么是信息呢？比如说天气预报可以通过广播、电视、报纸、网络或手机短信来获取，这些都是消息的来源，消息可以通过多种途径得到。消息

是具体的，而信息是抽象的。同一则消息，对不同的接收对象来说，信息的多少也是不同的。因此可以看出：信息在概念上与消息类似，但它的含义却更普遍化和抽象化，信息可理解为消息中有意义的内容。如同运输货物的多少用“货运量”来衡量一样，我们将传输信息的多少用“信息量”衡量。我们该如何度量信息量的大小呢？

2.4.1 信息量

消息是多种多样的，因此度量消息中所含信息量的方法必须能够用来度量所传消息的信息量，而与消息的种类无关。另外，消息中所含信息量的多少也应与消息的重要程度无关。比如，天气预报说“明天深圳将有冰雹!”，你会想“可能吗?”，听后会震惊、关注。又比如，天气预报说“明天深圳仍是艳阳高照!”，你会有什么反应？天天一样嘛！这两则消息对你来说所含的信息量是不同的。前一事件很难发生，听后使人震惊，但后者是一件很容易发生的事件，听后不足为奇。这表明确有衡量信息量大小的必要。对我们来说，事件发生的可能性越大，信息量越小；事件越不可能发生，信息量越大。

事件发生的可能性的大小可以通过概率论的知识来认识，事件发生的可能性越大，概率越大；反之，概率越小。从前面的介绍可以看出，消息中所含的信息量与消息发生的可能性紧密相关，消息发生的可能性越大，消息中所含的信息量越小。如果事件是必然事件，则消息中所含的信息量为零。消息发生的可能性越小，消息中所含的信息量越大。如果事件是不可能发生的事件，则它含有无穷的信息量。因此可得如下结论：

(1) 消息中所含信息量的大小与事件发生的可能性有关；

(2) 事件发生的可能性越大，消息中所含的信息量越小；

(3) 事件发生的可能性越小，消息中所含的信息量越大；

(4) 消息中所含的信息量依赖于潜在事件的不确定性，而不是组成消息的符号数。

设一个消息 x_i 出现的概率为 $P(x_i)$，则这一消息所含的信息量 $I(x_i)$ 为

$$I(x_i) = \log_a \frac{1}{P(x_i)} = -\log_a P(x_i) \qquad (2-4-1)$$

信息量的单位取决于对数的底数 a 的取值，当对数以 2 为底时，信息量的单位是比特(bit)；当对数以 e 为底时，信息量的单位为奈特(nit)；当对数的底为 10 时，信息量的单位为十进制单位，叫作哈特莱。选择的信息量的单位是由计算和使用的方便程度决定的，目前应用最广泛的是比特。

对于二进制信号，若 0 和 1 等概率出现，则出现 0 或 1 这一消息所含的信息量为

$$I(x_i = 0) = I(x_i = 1) = \mathrm{lb}\,\frac{1}{P(x_i)} = -\mathrm{lb}\,\frac{1}{2} = 1\ (\mathrm{bit})$$

若信号为四进制信号，出现 0、1、2、3 的概率均为 1/4，则出现 0 这一消息所含的信息量为

$$I(x_i = 0) = \mathrm{lb}\,\frac{1}{P(x_i)} = \mathrm{lb}\,\frac{1}{1/4} = 2\ (\mathrm{bit})$$

若信号为 M 进制信号，且 M 个符号等概率出现，则出现每个符号这一消息所含的信息量为

$$I = \mathrm{lb}\,\frac{1}{P(x_i)} = \mathrm{lb}\,\frac{1}{1/M} = \mathrm{lb}M\ (\mathrm{bit})$$

【例 2.4.1】 表 2.4.1 给出英文字母出现的概率。求出现空格和字母 z 这两个消息所含的信息量。

表 2.4.1　英文字母出现的概率

符号	概率	符号	概率	符号	概率
空格	0.2	s	0.052	y、w	0.012
e	0.105	h	0.047	g	0.011
t	0.072	d	0.035	b	0.0105
o	0.0654	i	0.029	v	0.008
a	0.063	c	0.023	k	0.003
n	0.059	f、u	0.0225	x	0.002
l	0.055	m	0.021	j、q、z	0.001
r	0.054	p	0.0175		

解　由表 2.4.1 可知，空格出现的概率为 0.2，可出现空格这一消息所含的信息量为

$$I(\text{空格})=-\mathrm{lb}P(\text{空格})=-\mathrm{lb}0.2=2.32\ (\mathrm{bit})$$

z 出现的概率为 0.001，出现 z 这一消息所含的信息量为

$$I(\mathrm{z})=-\mathrm{lb}P(\mathrm{z})=-\mathrm{lb}0.001=9.97\ (\mathrm{bit})$$

【例 2.4.2】　一个信息源由 4 种符号 0、1、2、3 组成，它们出现的概率分别为 1/4、1/8、3/8、1/4，且每种符号的出现都是相互独立的。试求消息 102203202120302113032332032201202320 的信息量所含。

解　设符号 0、1、2、3 所含的信息量分别为 I_0、I_1、I_2、I_3，则

$$I_0=-\mathrm{lb}\,\frac{1}{4}=\mathrm{lb}4=2\ (\mathrm{bit})$$

$$I_1=-\mathrm{lb}\,\frac{1}{8}=\mathrm{lb}8=3\ (\mathrm{bit})$$

$$I_2=-\mathrm{lb}\,\frac{3}{8}=\mathrm{lb}\,\frac{8}{3}=1.415\ (\mathrm{bit})$$

$$I_3=-\mathrm{lb}\,\frac{1}{4}=\mathrm{lb}4=2\ (\mathrm{bit})$$

题设所给消息中共有 36 个符号，其中 0 出现 10 次，1 出现 5 次，2 出现 13 次，3 出现 8 次，则此消息所含的信息量为

$$\begin{aligned}I&=I_0\times10+I_1\times5+I_2\times13+I_3\times8\\&=2\times10+3\times5+1.415\times13+2\times8\\&=69.395\ (\mathrm{bit})\end{aligned}$$

对于由一串符号构成的消息，假设各符号是相互独立的，根据信息量叠加的概念，整个消息所含的信息量为

$$I=-\sum_{i=1}^{N}n_i\,\mathrm{lb}P(x_i)\ (\mathrm{bit}) \tag{2-4-2}$$

式中，n_i 为第 i 种符号出现的次数；$P(x_i)$为第 i 种符号出现的概率；N 为信息源中符号的种类。

当消息很长时，用符号出现的次数和概率来计算消息中所含的信息量是比较麻烦的。

此时可用平均信息量来计算。

2.4.2　平均信息量

平均信息量是指每个符号所含信息量的统计平均值。N 种符号的平均信息量为

$$H(x)=-\sum_{i=1}^{N}P(x_i)\text{lb}P(x_i)\ (\text{bit}) \tag{2-4-3}$$

有了平均信息量 $H(x)$ 和消息中所含的符号总数 n，我们就可以求得一则消息中所含的总信息量为

$$I=H(x)\cdot n\ (\text{bit}) \tag{2-4-4}$$

这种估算方法有误差，但比较方便。

【例 2.4.3】 用平均信息量求例 2.4.2。

解　该题设所给消息中共有 4 种符号，故 $N=4$，则其平均信息量为

$$\begin{aligned}H(x)&=-\sum_{i=1}^{4}P(x_i)\text{lb}P(x_i)\ (\text{bit})\\&=-\left(\frac{1}{4}\text{lb}\frac{1}{4}+\frac{1}{8}\text{lb}\frac{1}{8}+\frac{3}{8}\text{lb}\frac{3}{8}+\frac{1}{4}\text{lb}\frac{1}{4}\right)\\&=1.9056\ (\text{bit})\end{aligned}$$

该消息中共有 36 个符号，因此其所含的总信息量为

$$I=H(x)\cdot n=1.9056\times 36=68.6016\ (\text{bit})$$

这个结果与例 2.4.2 中的计算结果是不同的。因为在例 2.4.3 中用符号出现的次数代替符号出现的概率，而概率是大量数据的统计结果，符号出现 36 次只是一个有限次的实验，事件出现的频率与其概率取值是有一定偏差的。当发送的消息的长度趋于无限时，消息中符号出现的频率才等于其概率。由于传送的消息只是在某个时间段内传输的信息量，因此这两种算法存在误差是可以理解的。

本章知识点小结

(1) 随机信号。

① 概率：是一种统计规律，表示大量实验中出现事件 A 的可能性的大小。若事件 A 出现 n_A 次，则事件 A 的概率为 $P_A=\lim\limits_{n\to\infty}\left(\frac{n_A}{n}\right)$。

② 随机变量：每一个实验结果用一个变量来表示，如果变量的取值是不确定的，则称这种变量为随机变量。

③ 概率密度函数：单位变量上事件发生的可能性的大小，通常用 $p_X(x)$ 表示，其中 X 表示随机变量，x 表示随机变量的取值。

④ 数学期望：也称为均值，是随机变量 X 的统计平均值，记作 α_X。离散随机变量和连续随机变量的数学期望分别为

$$\alpha_X=E[X]=\sum_{i=1}^{N}x_iP(x_i)$$

$$\alpha_X = E[X] = \int_{-\infty}^{+\infty} x p_X(x) \mathrm{d}x$$

⑤ 方差：随机变量 X 与它的数学期望之差的平方的数学期望，记为 $D[X]$，它反映了随机变量取值的集中程度。离散随机变量和连续随机变量的方差分别为

$$D[X] = \sum_{i=1}^{N} \{x_i - E[X]\}^2 P(x_i)$$

$$D[X] = E[(x - \alpha_X)^2] = \int_{-\infty}^{+\infty} (x - \alpha_X)^2 p_X(x) \mathrm{d}x$$

(2) 信道。

信道：信号的传输通道，可以是广义信道，如编码信道、调制信道等；也可以是狭义信道，如有线信道和无线信道。

(3) 噪声。

① 白噪声：功率谱密度在很宽的频带内均匀分布的噪声。它的功率谱密度为 $P_{\mathrm{n}}(\omega) = \frac{n_0}{2}$，$-\infty < \omega < \infty$。

② 高斯白噪声：统计规律符合高斯分布，同时功率谱密度在很宽的范围内基本上是一个常数的噪声。它的一维概率密度函数为 $p(x) = \frac{1}{\sqrt{2\pi}\sigma} \mathrm{e}^{-(x-a)^2/2\sigma^2}$。

2. 周期性信号的频谱分析

周期性信号的频谱分析采用傅里叶级数展开法。周期为 T 的周期性信号 $f(t)$ 可表示为

$$f(t) = \sum_{n=-\infty}^{\infty} F_n \mathrm{e}^{\mathrm{j}n\omega_0 t}$$

其中，F_n 是复振幅，$F_n = \frac{1}{T}\int_{-T/2}^{\frac{T}{2}} f(t) \mathrm{e}^{-\mathrm{j}n\omega_0 t} \mathrm{d}t$；$\omega_0$ 为周期性信号的角频率，$\omega_0 = 2\pi f_0 = \frac{2\pi}{T}$。

3. 非周期性信号的频谱分析

(1) 非周期性信号的频谱分析采用傅里叶变换法。非周性信号的时域函数 $f(t)$ 和频域函数 $F(\omega)$ 之间的对应关系称为傅氏变换关系，表示为 $f(t) \Leftrightarrow F(\omega)$，即

$$f(t) = \frac{1}{2\pi}\int_{-\infty}^{\infty} F(\omega) \mathrm{e}^{\mathrm{j}\omega t} \mathrm{d}\omega$$　傅里叶反变换，频域函数 → 时域函数

$$F(\omega) = \int_{-\infty}^{\infty} f(t) \mathrm{e}^{-\mathrm{j}\omega t} \mathrm{d}t$$　傅里叶正变换，时域函数 → 频域函数

(2) 常用信号的时域函数和频域函数之间的对应关系：

① 单位冲激函数 $\delta(t) \Leftrightarrow 1$（均匀分布在整个频谱空间）；

② 直流信号 $1 \Leftrightarrow 2\pi\delta(\omega)$（频谱为冲激函数）；

③ 余弦函数 $A\cos\omega_0 t \Leftrightarrow \pi A[\delta(\omega+\omega_0) + \delta(\omega-\omega_0)]$；

④ 正弦函数 $A\sin\omega_0 t \Leftrightarrow \mathrm{j}\pi A[\delta(\omega+\omega_0) - \delta(\omega-\omega_0)]$；

⑤ 门函数 $\mathrm{D}_\tau(t) = \begin{cases} 1, & |t| \leqslant \frac{\tau}{2} \\ 0, & |t| > \frac{\tau}{2} \end{cases} \Leftrightarrow \mathrm{Sa}$ 函数 $\tau\mathrm{Sa}\left(\frac{\omega\tau}{2}\right) = \tau \frac{\sin\left(\frac{\omega\tau}{2}\right)}{\frac{\omega\tau}{2}}$。

4. 傅里叶变换的常用特性

若 $f(t) \Leftrightarrow F(\omega)$，则

① 线性：$K_0 f(t) \Leftrightarrow K_0 F(\omega)$，$K_0$ 为常数。

② 移频特性：$f(t)e^{j\omega_0 t} \Leftrightarrow F(\omega-\omega_0)$，$\omega_0$ 为载波的角频率。

5. 帕塞瓦尔定理

帕塞瓦尔定理即是功率守恒或能量守恒定律。

① 若信号 $f(t)$为能量信号，且 $f(t)$和 $F(\omega)$是一对傅氏变换，即 $f(t) \Leftrightarrow F(\omega)$，则总能量为

$$E = \int_{-\infty}^{\infty} |f(t)|^2 \mathrm{d}t = \frac{1}{2\pi}\int_{-\infty}^{\infty} |F(\omega)|^2 \mathrm{d}\omega$$

即时域内能量信号的总能量等于频域内各个频率分量能量的连续和。

能量谱密度 $E(\omega)=|F(\omega)|^2$，为非负值，反映能量在频域中的分布状况，和相位无关。

② 若 $f(t)$为功率信号，当 $f(t)$是周期为 T 的周期性信号时，其傅里叶级数为

$$f(t) = \sum_{n=-\infty}^{\infty} F_n e^{jn\omega_0 t}$$

总功率为

$$P = \frac{1}{T}\int_{-T/2}^{T/2} |f(t)|^2 \mathrm{d}t = \sum_{n=-\infty}^{\infty} |F_n|^2$$

功率谱密度 $P(\omega)=2\pi\sum_{n=-\infty}^{\infty}|F_n|^2\delta(\omega-\omega_0)$，其反映单位功率在频域中的分布状况。

不管是功率信号还是能量信号，既可以在时域中求得总功率(总能量)，也可以在频域中求得。

5. 信号带宽

信号带宽由信号的功率谱密度或能量谱密度在频域中的分布规律决定。常见的信号带宽的定义：

① 百分比带宽：以集中一定百分比的功率或能量的频率区间来定义带宽，比如 95%、99%带宽。

② 3 dB 带宽：以信号的归一化功率谱或能量谱密度下降 3 dB 内的频率间隔作为带宽。

③ 等效矩形带宽：用一个矩形谱代替信号的功率谱(或能量谱)，矩形谱的幅度为功率谱(或能量谱)$f=0$ 时的幅度，当矩形谱具有的能量或功率与信号的功率(或能量)相等时，等效矩形对应的频率区间即为等效矩形带宽。

6. 信息量

(1) 信息量的定义：一个消息 x_i 出现的概率为 $P(x_i)$，则这一消息所含的信息量为

$$I(x_i) = \log_a \frac{1}{P(x_i)} = -\log_a P(x_i)$$

(2) 信息量的性质：

① 信息量的单位取决于对数的底数 a 的取值。当 $a=2$ 时，信息量的单位是比特(bit)；当 $a=\mathrm{e}$ 时，信息量的单位是奈特(nit)；当 $a=10$ 时，信息量的单位是十进制单位，叫作哈莱特。

② 对于0和1等概率出现的二进制信号，出现0或1这一消息所含的信息量为 $P(0)=P(1)=-\mathrm{lb}(1/2)=1(\mathrm{bit})$。

③ 对于 M 个符号等概率出现的 M 进制信号，出现每个符号这一消息所含的信息量为 $P(0)=P(1)=\cdots=P(M-1)=-\mathrm{lb}(1/M)=\mathrm{lb}M(\mathrm{bit})$。

(3) 平均信息量的定义：每个符号所含信息量的统计平均值。若有 N 种符号，且第 i 个符号 x_i 出现的概率为 $P(x_i)$，则 N 种符号的平均信息量为

$$H(x)=-\sum_{i=1}^{N}P(x_i)\mathrm{lb}P(x_i)(\mathrm{bit})$$

习　题

一、单选题

1. 有关能量信号和功率信号正确的叙述是(　　)。
   A. 能量信号和功率信号的能量都是无限的
   B. 能量信号和功率信号的能量都是有限的
   C. 能量信号的能量是有限的，功率信号的能量是无限的
   D. 能量信号的能量是无限的，功率信号的能量是有限的
2. 信号的能量谱密度(或功率谱密度)表示(　　)。
   A. 能量信号的能量或功率信号的功率在不同时间上的分布
   B. 能量信号的能量或功率信号的功率在不同频率上的分布
   C. 能量信号的能量或功率信号的功率在不同相位上的分布
   D. 能量信号的能量或功率信号的功率在不同信号幅度上的分布
3. 周期性信号的傅里叶变换所对应的频谱为(　　)。
   A. 直流、基波和各次谐波分量的离散冲激函数谱
   B. 直流、基波和各次谐波分量的离散非冲激函数谱
   C. 连续函数谱
   D. 阶跃函数谱
4. 傅里叶级数表明任一周期性函数可分解成(　　)的叠加。
   A. 正弦波　　B. 方波　　C. 三角波　　D. 锯齿波
5. 单位冲激函数对应傅里叶变换所得的频谱函数是(　　)。
   A. 0　　B. 1　　C. 2　　D. 2π
6. 不失真传送信号的条件是(　　)。
   A. 信道的带宽小于要发送信号的带宽
   B. 信道的带宽大于或等于要发送信号的带宽
   C. 信道的带宽小于或等于要发送信号带宽的2倍

D. 信道的带宽大于或等于要发送信号带宽的2倍

7. 信号的带宽一般是指信号归一化频谱幅度下降至0.707所对应的频带宽度，0.707点又称(　　)。

A. 三分之一点　　　　B. 四分之一点

C. 五分之一点　　　　D. 半功率点

8. 如下信号中(　　)不是窄带信号。

A. 3.4 kHz的话音信号

B. 带宽为25 kHz、中心频率为10.7 MHz的中频信号

C. 带宽为25 kHz、中心频率为455 kHz的中频信号

D. 带宽为10 MHz、中心频率为800 MHz的射频信号

二、判断题

1. (　　)信号的功率谱只与功率信号频谱的模值有关，而与其相位无关。

2. (　　)时域受限的信号在频域中也是受限的。

3. (　　)周期性信号的频域特性是通过傅里叶级数进行分析的。

4. (　　)奇对称的周期性信号的傅里叶级数是由正弦函数叠加而成的。

5. (　　)偶对称的周期性信号的傅里叶级数是由余弦函数叠加而成的，且具有直流分量。

6. (　　)非周期性信号是每隔一固定时间又重现本身的信号。

7. (　　)在周期性方波中，其周期与脉宽的比值越大，两个过零点之间的谱线数目越多。

8. (　　)带宽包括信号带宽和信道带宽。

9. (　　)二进制信号0和1出现的概率为0.5，则10个二进制数中必有5个0和5个1。

10. (　　)高斯白噪声在统计规律上符合高斯分布，在功率谱密度上符合均匀分布规律。

三、填空题

1. 等概率出现的二进制信号的信息量为(　　)比特。

2. 对于功率信号，帕什瓦尔定理描述的是时域中的平均功率(　　)频域中的平均功率。

3. 周期性信号的傅里叶级数可以表示为直流分量、(　　)和各次谐波分量的叠加。

4. 奇对称的三角波可以由奇次谐波的(　　)函数叠加而成。

5. 周期性信号的频谱具有(　　)性和(　　)性。

6. 3 dB带宽也可看成归一化频谱下降到(　　)时所对应的带宽。

7. 信道定义为发送设备和接收设备之间的用以传输信号的传输媒介，这种信道通常定义为(　　)信道，而调制信道和编码信道定义为(　　)信道。

8. 信息量与事件发生的可能性的大小有关，必然事件所含的信息量为(　　)，不可能事件所含的信息量为(　　)。

四、简答题

1. 什么是确知信号？什么是随机信号？

2. 试分别说明能量信号和功率信号的特性。

3. 什么是白噪声？其频谱有何特点？

4. 什么是高斯噪声？高斯噪声是否都是白噪声？

五、计算题

1. 设一个随机过程可以表示成：

$$X(t) = 2\cos(2\pi t + \theta), -\infty < t < \infty$$

式中 θ 是一个离散随机变量，它具有如下概率分布：

$$P(\theta = 0) = 0.5$$

$$P\left(\theta = \frac{\pi}{2}\right) = 0.5$$

试求 $E[X(t)]$。

2. 设一个随机过程可以表示成：

$$X(t) = 2\cos(2\pi t + \theta), -\infty < t < \infty$$

试问它是功率信号还是能量信号。

3. 一个由符号 A、B 组成的信源，符号的出现是相互独立的。

(1) 当它们出现的概率分别为 $P_A = 1/4$，$P_B = 3/4$ 时，求信源所含的平均信息量。

(2) 当它们出现的概率相等，即 $P_A = P_B = 1/2$ 时，求信源所含的平均信息量。

(3) 通过计算说明在什么情况下平均信息量最大。

4. 在 QPSK 调制中，0、$\pi/2$、π、$3\pi/2$ 这 4 个相位出现的概率分别为 1/4、1/8、3/8、1/4，求出现此 4 个相位的信息量。

第 3 章　模拟信号的调制与解调

本章学习目标

(1) 掌握模拟信号的线性调制与解调的原理。
(2) 掌握模拟信号的非线性调制与解调的原理。
(3) 了解线性调制系统的抗噪声性能。
(4) 了解频分复用的概念。

本章内容

- 模拟信号的线性调制
- 线性调制信号的解调与线性调制系统的抗噪声性能
- 模拟信号的非线性调制
- 调频信号的解调与调频系统的抗噪声性能
- 模拟调制系统的性能比较
- 频分复用
- 模拟调制系统的应用

本章重点

- 模拟信号的线性调制与非线性调制
- 调频信号的解调
- 线性调制系统的抗噪声性能
- 频分复用的概念

本章难点

- 模拟信号的调制与解调
- 调频系统的抗噪声性能

本章学时
12 学时

1846 年，即在人类用电线传送信号的初期，人们开始敷设一条海底电缆，施工之前设计者已经预计到，当信号经过电缆时，由于信道衰减信号会变弱，且电缆越长，这种衰减就越大。因此，设计者通过加大发射功率和提高接收机的灵敏度来解决这个问题。但是完工之后，接收机的工作情况完全不像人们预想的那样，接收到的是和发送信号完全不相关的波形，这个问题当时对人们来说是一个谜。

10 年之后，也就是 1856 年，凯尔文(Kelven)用微分方程解决了这个问题，他阐明了这实际上是一个频率特性的问题。频率较低的成分可以通过信道，而频率较高的成分则被衰减掉了。从此人们开始认识到，信道具有一定的频率特性，并不是信号中所有的频率成分都能通过信道进行传输。这时人们也将注意力转移到了怎样才能有效地在信道中传输信号而不会出现频率失真，同时也提出节约信道的问题。

为避免电磁信号之间的无序干扰，各类传输系统都必须在为其规定的频率范围内工作。例如，调频广播发射信号的频率范围为 88～108 MHz，而中波广播和短波通信的频率范围则分别是 535～1640 kHz 和 2～30 MHz。但我们明确地知道，这些系统实际需要传输的信号往往是基带信号，它们一般是低频信号，甚至有的还包含直流成分。如果把这些低频信号都直接用基带方式传送，就会出现不可想象的相互干扰以及信道衰减，从而导致通信失败。

为了避免上述情况的发生，有效地利用频带资源，必须在发送端将基带信号的频率进行适当的搬移，将频谱相似的基带信号搬移到不同的高频频段，在接收端再通过相反的操作过程将它搬移至原来的频率范围。发送端的这个搬移过程称为调制(Modulation)，而接收端的反向操作则称为解调(Demodulation)。调制和解调在通信系统中总是同时出现的，因此往往把调制和解调系统称为调制系统。

第一代移动通信系统(1G)中主要采用的是模拟调制技术和频分多址(FDMA)技术。例如，我国的“大哥大”采用了 FM 调制方式对用户话音进行调制。由于第一代移动通信系统具有频带利用率低、系统容量有限、保密性差等缺点，现已停止使用。

目前，模拟调制技术常用于收音机电台广播。收音机的 AM 波段即为幅度调制波段，而 FM 波段即为频率调制波段。无线广播系统的工作过程是，首先播音员的语音信号通过麦克风传至发送设备，发送设备将其调制到所发送的模式和频率，然后通过天线发送出去；收音机就是一个接收机，它接收到非常微弱的中频或高频信号，并将其解调成音频信号，放大后由扬声器播放出来，就是我们听到的声音。无线广播通信系统的广播过程如图 1.2.1 所示。

图 3.0.1 所示是调频广播系统。发射机激励器将输入音频及附加信道的信号处理并合成为基带信号，并将此基带信号调制到 VHF 波段的载波上，然后经激励器功放放大后输出。当然，在输出功率要求较小的情况下，激励器也可直接作为发射机而调制信号，无须经过激励器功放的处理。

虽然调频广播受到了电视及互联网的冲击，但在一些移动工具(如汽车内)及开阔环境中，调频广播仍具有不可替代的地位，同时，它还是家庭休闲及餐饮娱乐场所“背景音乐”的重要提供者。因此，调频广播仍然具有很大的应用市场。

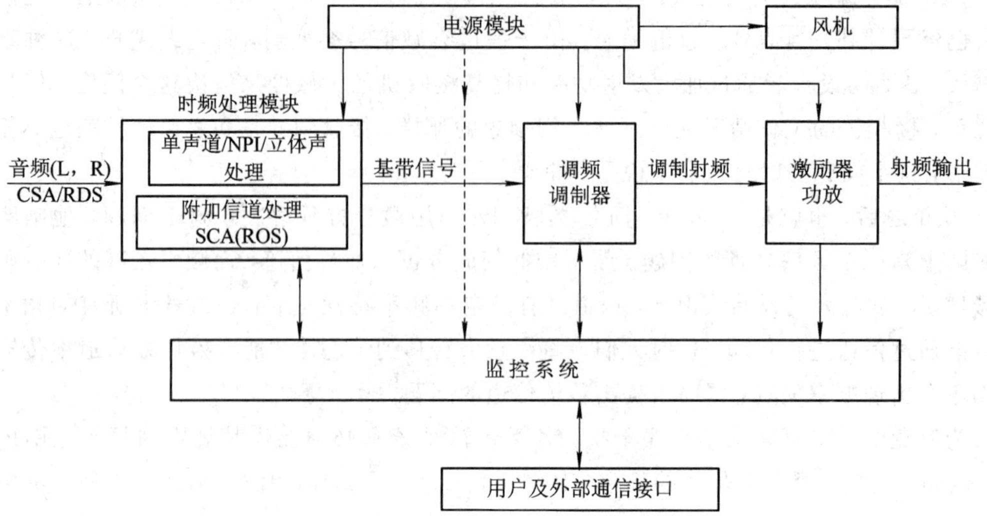

图 3.0.1 调频广播系统

对任何调制系统而言，一般都具有如下功能和特点：

(1) 对调制信号进行频谱搬移，使之适合信道传输的要求。

(2) 把基带信号调制到较高的频率(一般调制到几百 kHz 到几百 MHz，甚至更高的频率)，使天线容易辐射。

(3) 便于分配频率。为使无线电台发出的信号互不干扰，可以给每个发射台分配不同的频率。

(4) 便于进行信道的多路复用，提高系统的传输有效性。

(5) 减少噪声和干扰的影响，提高系统的传输可靠性。

图 3.0.2 所示是调制的一般模型。在该模型中，高频信号 $c(t)$称为载波信号，基带信号$f(t)$称为调制信号，调制信号改变载波信号的某个参数(幅度、频率或相位)的过程称为调制，已调信号用 $s_m(t)$表示。

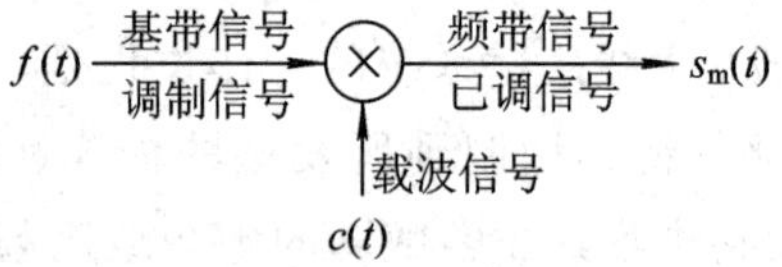

图 3.0.2 调制的一般模型

从图 3.0.2 所示的模型中可以看出，调制的过程从时域上来看就是基带信号和载波信号相乘，对应到频域上则是基带信号和载波信号的卷积，从频谱图上来理解就是频谱的搬移。

按照不同的划分依据，调制有多种分类方法，下面仅列举几种最为常见的。

1. 根据调制信号分类

根据调制信号的不同，调制可分为模拟调制和数字调制两类。模拟调制是指调制信号为模拟信号的调制；数字调制就是调制信号为数字信号的调制。

2. 根据载波分类

根据用于携带信息的高频载波是正弦信号还是脉冲序列，调制可分为连续载波调制和脉冲载波调制。以正弦信号作为载波的调制叫作连续载波调制；以脉冲序列作为载波的调制叫作脉冲载波调制。脉冲载波调制时，载波信号是时间间隔均匀的矩形脉冲。

3. 根据调制前后信号的频谱结构关系分类

根据已调信号的频谱和未调制信号的频谱之间的关系的不同，调制可分为线性调制和非线性调制两种。

(1) 线性调制。已调信号 $s_m(t)$的频谱和调制信号 $f(t)$的频谱之间呈线性关系，如常规双边带调制(AM)、双边带调制(DSB)、单边带调制(SSB)等。

(2) 非线性调制。已调信号 $s_m(t)$的频谱和调制信号 $f(t)$的频谱之间没有线性对应关系，即已调信号的频谱中含有与调制信号频谱无线性对应关系的频谱成分，如 FM、PM 等。

在模拟调制技术中，载波信号是如下式所描述的余弦波，即

$$c(t) = A\cos(\omega_c t + \theta_0) \tag{3-0-1}$$

载波信号 $c(t)$共有 3 个参数，即幅度 A、角频率 ω_c、初始相位 θ_0。调制过程是指用调制信号$f(t)$去改变载波信号的某个参数，已调信号由下式描述，即

$$s_m(t) = A(t)\cos[\omega_c t + \varphi(t) + \theta_0] \tag{3-0-2}$$

式中 $\varphi(t)$为瞬间相位。

对应于不同的模拟调制技术，已调信号中随调制信号 $f(t)$线性变化的参数不同。对于幅度调制，$A(t) \propto f(t)$；对于相位调制，瞬态相位 $\varphi(t) \propto f(t)$；对于频率调制，则有$\mathrm{d}\varphi(t)/\mathrm{d}t \propto f(t)$。

3.1　模拟信号的线性调制

线性调制就是将调制信号的频谱沿频率轴做线性搬移的过程，故已调信号的频谱结构和调制信号的频谱结构相同，只不过搬移了一个频率位置，如图 3.1.1 所示，图中 ω_H 为调制信号的最大角频率。根据已调信号的频谱与调制信号的频谱之间的不同线性关系，可以得到不同的线性调制，如常规双边带调制(AM)、抑制载波的双边带调制(DSB-SC)、单边带调制(SSB)和残留边带调制(VSB)等。下面分别予以介绍。

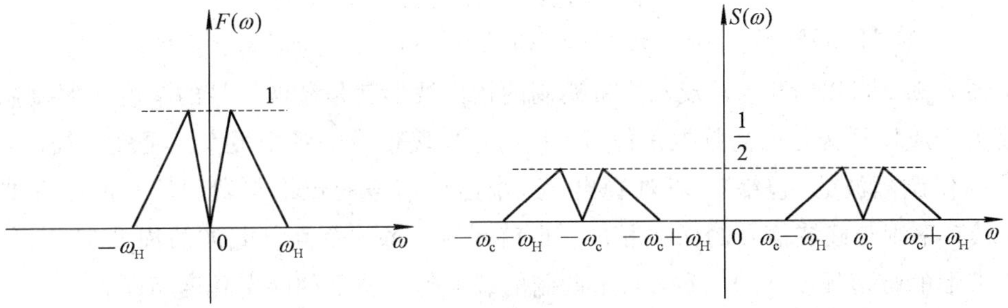

图 3.1.1　频谱的线性搬移

3.1.1 常规双边带调制

常规双边带调制是指用调制信号 $f(t)$ 叠加一个直流分量后去控制载波信号 $c(t)$ 的振幅，使已调信号的包络按照 $f(t)$ 的规律线性变化，通常也把这种调制称为常规双边带调幅(Amplitude Modulation)，简记为 AM。

1. 常规双边带调制信号的时域表示

调幅就是用调制信号去控制载波信号的幅度，使载波信号的幅度随调制信号的变化规律而变化。常规双边带调制信号的时域表达式为

$$s_{AM}(t) = [A_0 + f(t)]\cos(\omega_c t + \theta_0) \tag{3-1-1}$$

式中 A_0 为直流分量。

图 3.1.2 表示了常规双边带调制信号的波形和调制过程。其中，图(a)所示为调制信号 $f(t)$，它是一个低频余弦信号，初相为 0；图(b)所示是调制信号叠加了一个直流分量 A_0 后的输出；图(c)所示为等幅的高频载波信号 $c(t)$；图(d)所示为输出的已调信号 $s_{AM}(t)$。

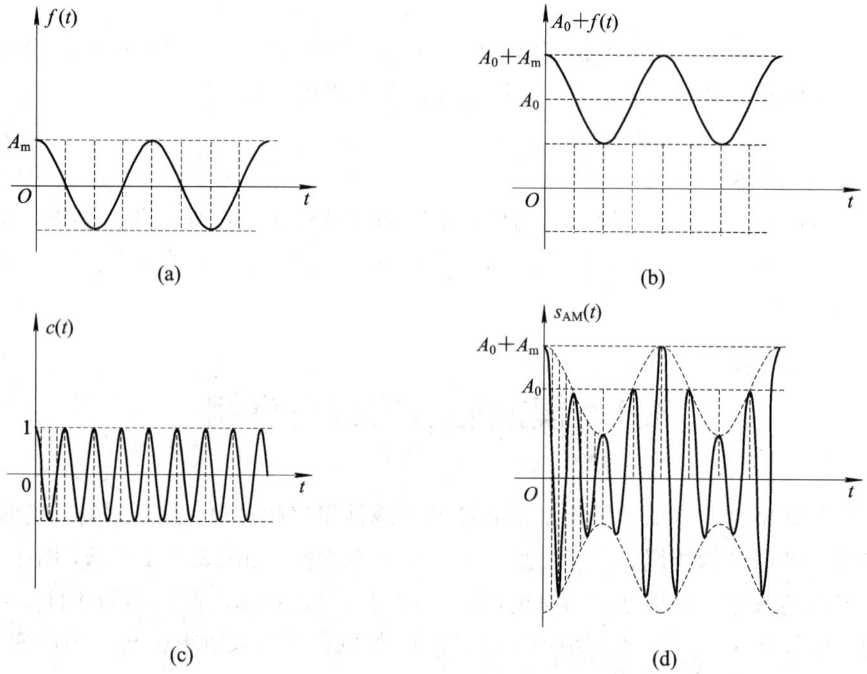

图 3.1.2 常规双边带调制信号波形和调制过程

(a) 调制信号；(b) 叠加直流分量 A_0 的调制信号；(c) 载波信号；(d) 已调信号

从图 3.1.2 可以看出，常规双边带调制的输出波形就是载波信号的幅度按照调制信号的幅度大小成比例变化的高频振荡信号。将高频振荡信号的各个最大点用虚线描出，所得的曲线叫作调幅波的“包络”。不难看出，这个已调信号的包络与调制信号的波形非常相似，而其频率则与载波信号的频率相同。也就是说，每一个高频载波的周期都是相等的，因而其波形的疏密程度均匀一致，与未调制的载波信号波形的疏密程度相同。

设图 3.1.2(a)所示的低频调制信号为

$$f(t)=A_m\cos\omega_m t=A_m\cos 2\pi f_m t \tag{3-1-2}$$

则常规双边带调制信号为

$$s_{AM}(t)=[A_0+A_m\cos\omega_m t]\cos\omega_c t=A_0[1+m_a\cos\omega_m t]\cos\omega_c t \tag{3-1-3}$$

式中，A_m 为调制信号的幅度；ω_m 为调制信号的角频率；f_m 为调制信号的频率；m_a 为调幅指数或调幅度，$m_a=A_m/A_0$，一般仅由调制电路确定。若 $m_a>1$，则已调信号的包络严重失真，这种情况为过度调幅。为避免失真，应使 $m_a\leqslant 1$。

前面介绍的是调制信号为单频正弦信号时的情况，但通常传送的信号(如语音、图像等)往往是由许多不同频率组成的多频信号。和单频正弦信号的调制一样，对多频信号进行调制时，调幅波的幅度将分别随着各频率信号的规律而变化，由于这些变化都是和每个信号成比例的，故最后输出的调幅信号的规律就和原始信号的规律一致，即它的幅度携带了原始信号所代表的信息。

由于任何复杂信号都可以分解为许多频率和幅度的正弦分量之和，故为简化分析，一般都以正弦信号为例。图 3.1.3 所示是调制信号为方波时的已调信号波形。从图中可以看出，该已调信号的包络形状与调制信号 $f(t)$仍然相似。同样地，当叠加的直流分量 A_0 小于调制信号的最大值时，仍然会因过度调幅而导致失真，所以必须要求 $A_0+f(t)\geqslant 0$。

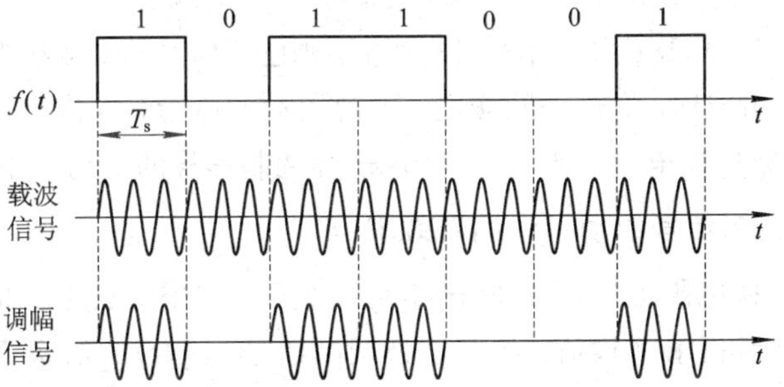

图 3.1.3　调制信号为方波时的已调信号波形

2. 常规双边带调制信号的频域表示

设 $f(t)$的频谱为 $F(\omega)$，通过对常规双边带调制信号的时域表达式进行傅里叶变换可求出 AM 信号的频谱表达式为

$$S_{AM}(\omega)=\pi A_0[\delta(\omega+\omega_c)+\delta(\omega-\omega_c)]+\frac{F(\omega+\omega_c)+F(\omega-\omega_c)}{2} \tag{3-1-4}$$

根据傅里叶变换的特性，从时域上来看，常规双边带调制信号和载波信号相乘，对应到频域上则是相应的傅里叶变换的卷积，从而可得常规双边带调制信号的频谱，如图 3.1.4 所示。图中，$F(\omega)$为调制信号的频谱，$C(\omega)$为载波余弦信号的频谱，$S_{AM}(\omega)$为已调常规双边带调制信号的频谱。由图可以看出，已调信号的频谱相当于将原来的调制信号的频谱往正负两个方向进行线性搬移，搬移之后，幅度降为原来的一半，搬移的距离是载波频率 ω_c。此外，已调信号中含有的载波分量对应于频谱中 $\pm\omega_c$ 处的离散冲激谱线。在已调信号中，大于 ω_c 的频段称为上边带(频)，小于 ω_c 的频段称为下边带(频)。

从图 3.1.4 可以看出，常规双边带调制信号的带宽为调制信号带宽的两倍，即

$$B_{AM}=2B \tag{3-1-5}$$

式中 B 为调制信号的带宽。

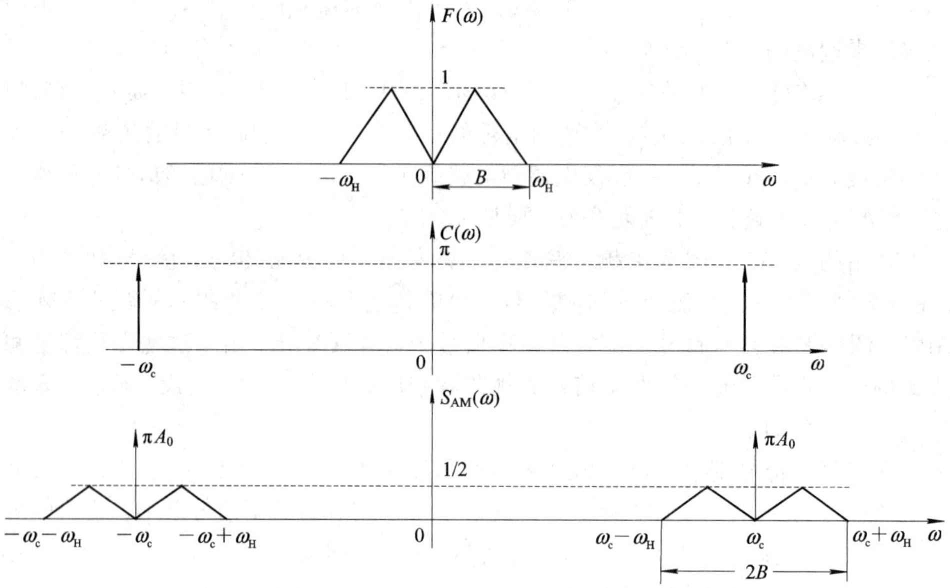

图 3.1.4　常规双边带调制信号的频谱

若对频率为300～3400 Hz的语音信号进行调幅，则已调信号的带宽约为2×3400=6800 Hz。为避免各电台之间互相干扰，对于不同频段、不同用途的电台，允许其占用的带宽都有严格的规定。我国规定调幅广播电台的带宽为9 kHz，即调制信号的最高频率限制在4.5 kHz。

3. 常规双边带调制信号的功率和调制效率

通常用信号在1 Ω电阻上所产生的平均功率来表示功率，它等于信号的均方值，即对时域表达式先平方然后再求平均值。故双边带调制信号 $s_{AM}(t)$ 的功率 P_{AM} 为

$$\begin{aligned} P_{AM} &= \overline{s_{AM}^2(t)} = \overline{[A_0+f(t)]^2\cos^2\omega_c t} \\ &= \frac{1}{2}E\{[A_0^2+f^2(t)+2\overline{A}_0 f(t)]\cdot(1+\cos 2\omega_c t)\} \end{aligned} \tag{3-1-6}$$

式中，"—"表示平均值。

一般情况下，可认为 $f(t)$ 是均值为0的信号，且 $f(t)$ 与载波信号的二倍频信号 $\cos 2\omega_c t$ 相互独立。根据平均值的性质，式(3-1-6)可展开为

$$\begin{aligned} P_{AM} &= \frac{1}{2}\overline{A_0^2}+\frac{1}{2}\overline{f^2(t)}+\overline{A_0 f(t)}+\frac{1}{2}\overline{A_0^2}\,\overline{\cos 2\omega_c t}+\frac{1}{2}\overline{f^2(t)}\,\overline{\cos 2\omega_c t}+\overline{A_0 f(t)\cos 2\omega_c t} \\ &= \frac{1}{2}\overline{A_0^2}+\frac{1}{2}\overline{f^2(t)} \end{aligned} \tag{3-1-7}$$

这说明，常规双边带调制信号的功率由两部分组成。其中第一部分(式(3-1-7)中的第一项)与调制信号无关，称为无用功率，第二部分(式(3-1-7)中的第二项)才是我们所需要的信号功率。一般，定义常规双边带调制信号的功率与已调信号的总功率之比为调制效率，记作 η_{AM}，即

$$\eta_{AM} = \frac{\overline{f^2(t)}}{\overline{A_0^2}+\overline{f^2(t)}} \tag{3-1-8}$$

前面已指出，只有满足 $A_0+f(t)\geqslant 0$ 的条件，才能获得无失真调制，因而调制效

率$\eta_{AM} \leqslant 50\%$。

特别地，当调制信号为单频余弦信号 $f(t)=A_m\cos\omega_m t$ 时，必有 $A_0 \geqslant A_m$，故此时调制效率为

$$\eta_{AM}=\frac{\overline{f^2(t)}}{A_0^2+\overline{f^2(t)}}=\frac{A_m^2/2}{A_0^2+A_m^2/2}\leqslant 33\% \tag{3-1-9}$$

当调制信号为矩形方波时，幅度为 A_m 的常规双边带调制的调制效率最高，但最高也只为 50%，即

$$\eta_{AM}=\frac{\overline{f^2(t)}}{A_0^2+\overline{f^2(t)}}=\frac{A_m^2}{A_0^2+A_m^2}\leqslant 50\% \tag{3-1-10}$$

由此可以看出，常规双边带调制最大的缺点就是调制效率低，常规双边带调制信号的大部分甚至绝大部分功率都消耗在载波信号和直流分量上，这显然是极为浪费的。为此，应该尽可能地提高调幅指数 m_a，以加大信号功率所占的比例。但由于不失真条件的限制，通常情况下，可能 m_a 还不到 0.1。为了克服这一缺点，人们提出了只发射边频分量而不发射载波的调制方式，这就是接下来要介绍的抑制载波的双边带调制(DSB-SC)。

3.1.2　抑制载波的双边带调制(DSB-SC)

前面已指出，常规双边带调制的最大缺点就是调制效率低，常规双边带调制信号的大部分功率都消耗在本身并不携带有用信息的直流分量上。如果将这个直流成分完全取消，则调制效率可以提高到 100%，这种调制方式就是抑制载波的双边带调制(DSB-SC)，简称双边带调制(DSB)。双边带调制信号的时域表达式为

$$s_{DSB}(t)=f(t)\cos\omega_c t=f(t)\cos 2\pi f_c t \tag{3-1-11}$$

显然，$s_{DSB}(t)$就是当 $A_0=0$ 时 $s_{AM}(t)$信号的一个特例。双边带调制输出信号波形和调制过程如图3.1.5 所示。

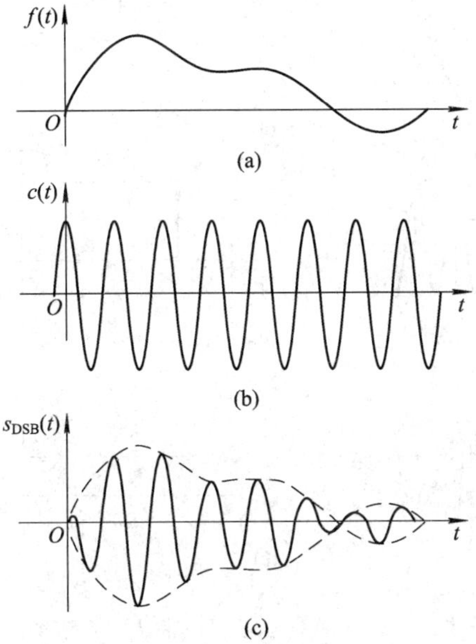

图 3.1.5　双边带调制

(a) 调制信号时域波形；(b) 载波信号；(c) 输出信号时域波形

对 $s_{DSB}(t)$信号的时域表达式求傅里叶变换，仍然设 $f(t)$的频谱为 $F(\omega)$，可以得出其频谱 $S_{DSB}(\omega)$如下式：

$$S_{DSB}(\omega)=\frac{F(\omega+\omega_c)+F(\omega-\omega_c)}{2} \qquad (3-1-12)$$

对应的频谱图如图 3.1.6 所示。

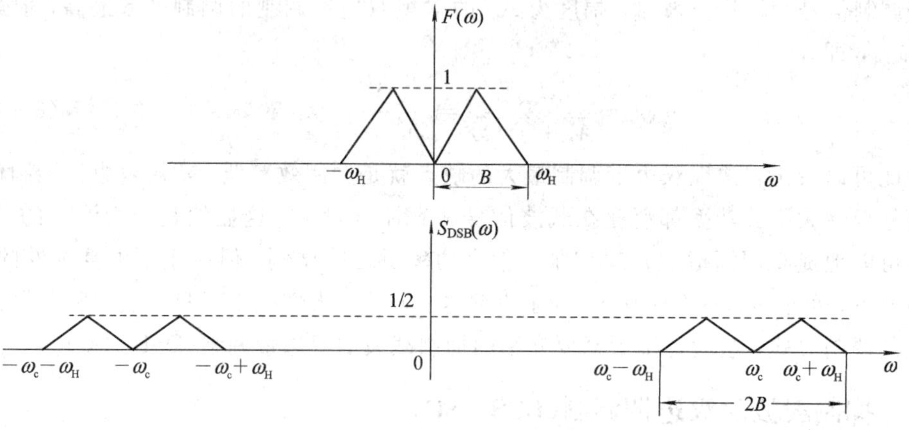

图 3.1.6　双边带调制信号的频谱图

式(3-1-12)说明，双边带调制信号的频谱和常规双边带调制信号的一样，都是调制信号的频谱减少一半后分别搬移到以$\pm\omega_c$为中心处，只是 $S_{DSB}(\omega)$比 $S_{AM}(\omega)$少了$\pm\omega_c$处的两个强度为 πA_0 的冲激分量，如图 3.1.6 所示。

当调制信号是单频信号 $f(t)=A_m\cos\omega_m t$ 时，其双边带调制频谱图如图3.1.7 所示。

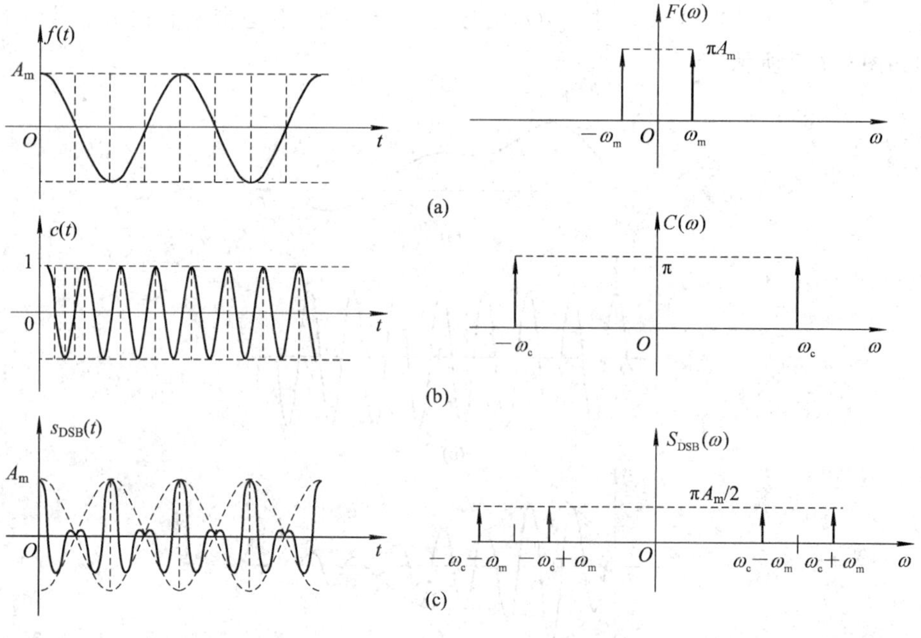

图 3.1.7　单频信号双边带调制频谱图

(a) 调制信号的时域波形和频谱图；(b) 载波信号的时域波形和频谱图；(c) 双边带调制信号的时域波形和频谱图

双边带调制的效率比常规双边带调制的效率高。但从图 3.1.7 所示的频谱图可以看出，双边带调制信号的带宽和常规双边带调制信号的带宽一样，都等于调制信号 $f(t)$ 带宽的两倍，即上、下边带宽度之和。但是我们知道，上、下两个边带是完全对称的，即它们携带的信息完全一样。从频带利用率的角度来说，双边带调制浪费了一半的频率资源。为改进这一不足，人们提出了单边带调制和残留边带调制方式。

3.1.3　单边带调制

前面已指出，不管是 DSB 还是 AM，从频域的角度来看，都是将调制信号的频谱搬移到载频的两侧，形成上、下两个完全一样的边带。显然，每个边带所包含的调制信号的信息也是完全一样的，因此可以只传输一个边带。这种仅利用一个边带传输信息的调制方式就是单边带调制，简称 SSB，其已调信号记作 $s_{SSB}(t)$。单边带调制信号可以利用滤波法来获得。图 3.1.8 所示为利用滤波法获得单边带调制信号的调制模型。滤波法是指首先对调制信号进行抑制载波的双边带调制，然后再利用带通滤波器从 $s_{DSB}(t)$ 中滤出所需要的单边带信号。单边带调制分上边带调制(USB)和下边带调制(LSB)，相应地，也有上边带调制信号 $s_{USB}(t)$ 和下边带调制信号 $s_{LSB}(t)$。

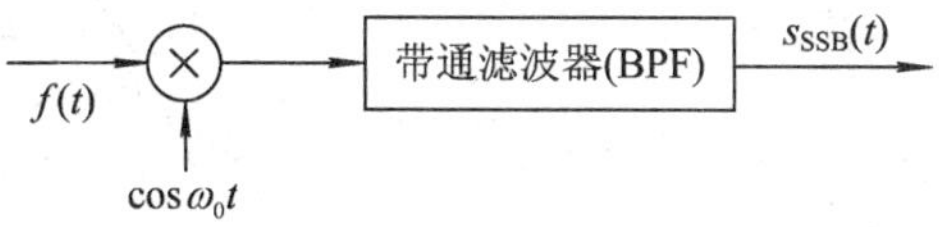

图 3.1.8　获得单边带调制信号的调制模型

单边带调制信号的频谱如图 3.1.9 所示。图中，$H_{HPF}(\omega)$ 为高通滤波器传输特性，$H_{LPF}(\omega)$ 为低通滤波器传输特性。

从图 3.1.9 可以看出，单边带调制信号的带宽与调制信号的带宽相等，即

$$B_{SSB}=B \tag{3-1-13}$$

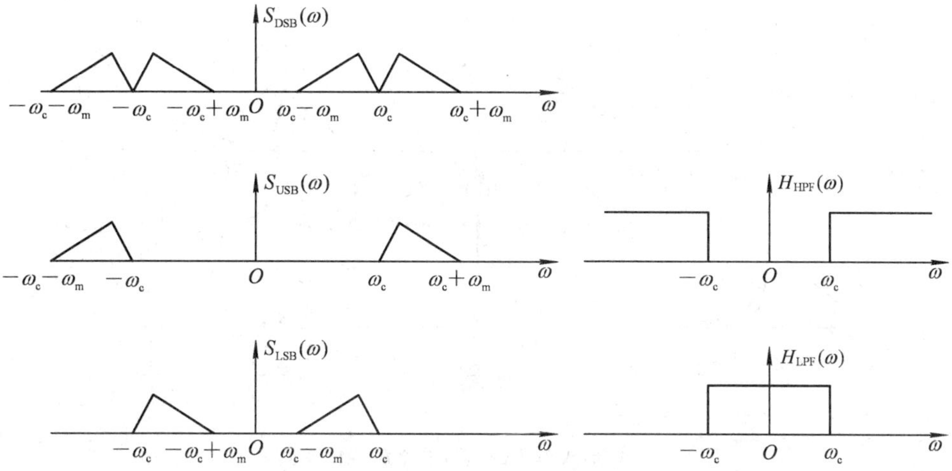

图 3.1.9　单边带调制信号的频谱

由上述介绍不难看出，单边带调制比双边带调制节省一半的信道带宽，提高了信道利

用率。而且由于单边带调制信号只有一个边带，不存在传输过程中载频和上、下边带的相位关系遭到破坏的缺点，因此其抗选择性衰落的能力有所增强。但对于低频成分极为丰富的调制信号，单边带调制电路很难实现，从而产生了介于单、双边带调制之间的残留边带调制。

3.1.4　残留边带调制

残留边带调制简记为 VSB，它不像单边带调制那样对不传送的边带进行完全的抑制，而是使它逐渐截止，这样就会使需要被抑制的边带信号在已调信号中保留了一小部分。由于残留边带调制也是线性调制，因此也可以用图 3.1.8 所示的调制模型来进行。不过，这时滤波器的单位冲激响应 $h(t)$应按残留边带调制的要求来进行设计。显然，这个滤波器不需要十分陡峭的滤波器特性。因而，它比单边带滤波器容易制作。残留边带调制的滤波器特性如图 3.1.10 所示，相应的调制信号的频谱如图 3.1.11 所示，图中 HVSB 为残留上边带调制，LVSB 为残留下边带调制。

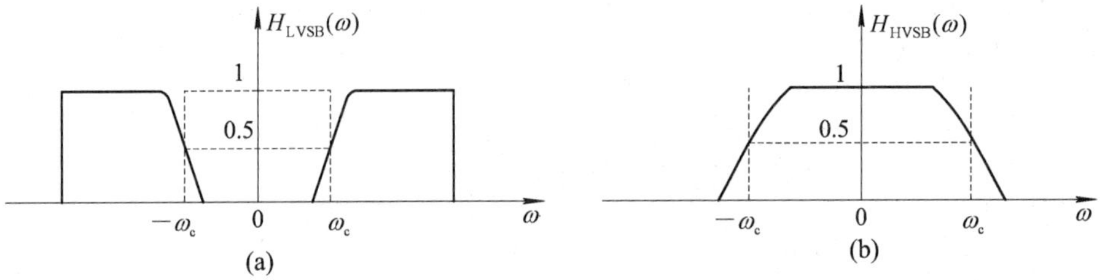

图 3.1.10　残留边带调制的滤波器特性

(a) 残留下边带调制；(b) 残留上边带调制

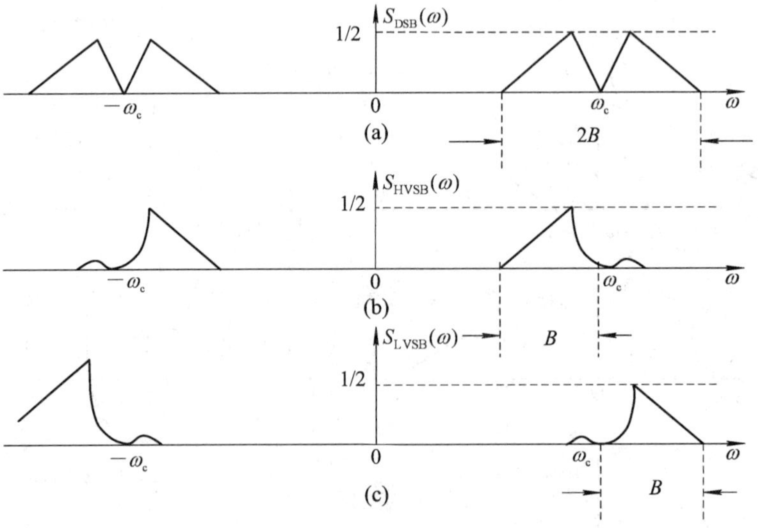

图 3.1.11　形成单边带信号的滤波特性及其频谱

(a) 双边带调制信号；(b) 残留上边带的单边带调制信号；(c) 残留下边带的单边带调制信号

从图 3.1.11 可以看出，残留边带调制信号的带宽介于单边带和双边带调制信号的带宽之间，即

$$B < B_{VSB} < 2B \tag{3-1-14}$$

由上述介绍可知，残留边带滤波器的截止特性具有较高的选择自由度。但必须注意，有选择自由度并不意味着对“陡峭程度”就没有什么制约了。很明显，如果截止特性非常陡峭，那么所得到的残留边带调制信号就接近于单边带调制信号，滤波器将难以制作；如果截止特性的陡峭程度较差，则残留部分必然就增多，残留边带调制信号所占的带宽也越宽，甚至接近于双边带调制信号的带宽。可见，残留边带调制信号的带宽与滤波器的实现之间存在着矛盾，在实际中需要恰当处理。

残留边带调制在电视技术中应用得较为广泛，电视图像信号的载频和上边带信号全部传送出去，而下边带则只传送频率不高于 0.75 MHz 的低频信号部分。在低频信号的调制过程中，由于滤波器制作相对简单，且频带利用率较高，因此残留边带调制是信号中含有大量低频成分时的首选调制方式。

3.2　线性调制信号的解调与线性调制系统的抗噪声性能

3.2.1　线性调制信号的解调方式

线性调制信号的解调方式通常有两种，即包络检波和相干解调。包络检波又称非相干检波，这种方式是指利用非线性器件和滤波器分离提取出已调信号的包络，获得所需的基带信号 $s_o(t)$，其原理框图如图 3.2.1 所示。

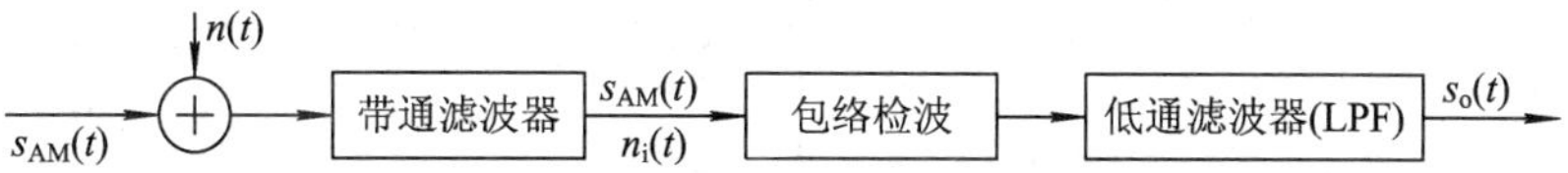

图 3.2.1　包络检波的原理框图

相干解调方式是指通过相乘器将收到的已调信号与接收机产生的载波恢复信号相乘，且要求载波恢复信号与已调信号中的载波信号同频同相，然后再通过低通滤波器（LPF）分离提取出调制信号 $s_o(t)$。此信号与原输入调制信号 $f(t)$ 是有区别的。相干解调的原理框图如图 3.2.2 所示。

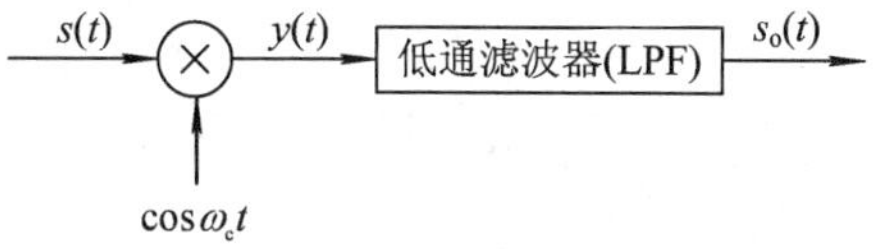

图 3.2.2　相干解调的原理框图

1. 包络检波

包络检波器一般由半波或全波整流器和低通滤波器组成。包络检波属于非相干解调，广播接收机中多采用此方式。包络检波器就是从已调信号的幅度中提取原基带调制信号，结构简单，其解调输出的信号的幅度是相干解调输出的信号的幅度的两倍。因此，AM 信号的解调一般都采用包络检波。一个理想包络检波器的输出就是输入的包络。

2. 相干解调

相干解调器由相乘器和低通滤波器组成，可用于 AM、DSB、SSB、VSB 信号的解调。下面以 DSB 信号为例说明相干解调的原理。DSB 信号的相干解调如图 3.2.3 所示。

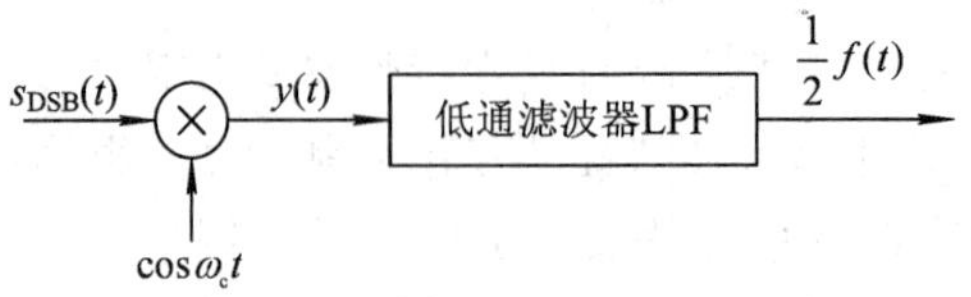

图 3.2.3　DSB 信号的相干解调

首先，从时域上进行分析。$s_{DSB}(t)$信号由下式描述：

$$s_{DSB}(t) = f(t)\cos\omega_c t = f(t)\cos 2\pi f_c t \qquad (3-2-1)$$

因此，图 3.2.3 中 $y(t)$可表示成：

$$y(t) = s_{DSB}(t)\cos\omega_c t = f(t)\cos^2\omega_c t = \frac{1}{2}f(t) + \frac{1}{2}f(t)\cos 2\omega_c t \qquad (3-2-2)$$

式(3-2-2)中的 $y(t)$经过低通滤波器后，高频成分$\frac{1}{2}f(t)\cos 2\omega_c t$ 被滤除，输出$\frac{1}{2}f(t)$。显然，该电路实现无失真解调的关键在于本地载波信号是否与收到的载波信号完全同频同相。

图 3.2.3 所示解调过程的各个信号的频谱变化如图 3.2.4 所示。从图中可以看出，跟调制过程类似，解调模型中本地载波信号和已调信号相乘，也相当于将已调信号的频谱往两侧进行线性搬移，搬移的距离是$\pm\omega_c$。因此在 $Y(\omega)$中，必然包含原调制信号的频谱 $F(\omega)$，通过低通滤波可以得到原调制信号。

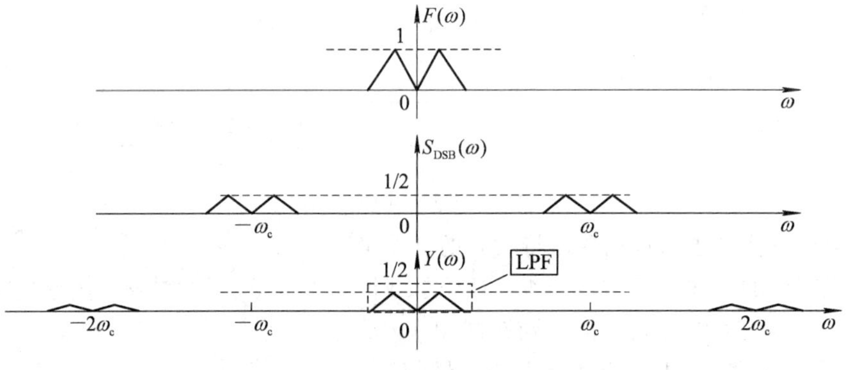

图 3.2.4　DSB 信号相干解调过程各个信号的频谱

3.2.2　线性调制系统的抗噪声性能

本节讨论当信道存在高斯加性白噪声时，各种线性调制系统的抗噪声性能。由于加性噪声被认为只对信号的接收产生影响，故调制系统的抗噪声性能是利用解调器的抗噪声能力来衡量的。抗噪声性能通常用“信噪比”来度量。所谓信噪比，指的是信号的功率与噪声的平均功率之比。

图 3.2.5 给出了调制系统抗噪声性能的分析模型。模型中，已调信号用 $s(t)$表示，信道模型用相加器表示，高斯白噪声为 $n(t)$。已调信号 $s(t)$和高斯白噪声 $n(t)$在到达解调器之前，通常都要经过一个带通滤波器，将混合在噪声中的有用信号滤出来，同时，滤除滤波器通带以外的噪声。因此，在解调器输入端的信号仍可认为是 $s(t)$，而噪声则由高斯白

噪声变成带通型噪声 $n_i(t)$。可见，解调器输入端噪声的带宽与已调信号的带宽是相同的。

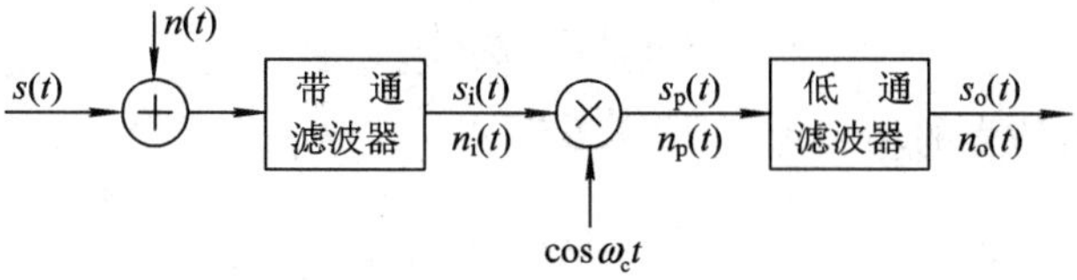

图 3.2.5　调制系统抗噪声性能的分析模型

对于不同的调制系统，将有不同形式的信号，但解调器输入端的噪声形式却都是相同的，即带通型噪声。这个带通型噪声 $n_i(t)$是由高斯白噪声 $n(t)$通过中心频率为 ω_0 的带通滤波器而得到的，它通常是一个高斯窄带噪声，可表示成：

$$n_i(t) = n_I(t)\cos\omega_0 t - n_Q(t)\sin\omega_0 t \tag{3-2-3}$$

且有

$$E[n_i^2(t)] = E[n_I^2(t)] = E[n_Q^2(t)] = N_i = \frac{n_o}{2}B_{BPF} \tag{3-2-4}$$

式中，N_i、n_o 分别为解调器输入噪声的功率及高斯噪声单边功率谱；B_{BPF}是带通滤波器的通带带宽；$n_I(t)$是 $n_i(t)$的同相分量；$n_Q(t)$是 $n_i(t)$的正交分量。

设 S_i 为解调器输入信号的功率，则解调器的输入信噪比为

$$\frac{S_i}{N_i} = \frac{E[s_i^2(t)]}{E[n_i^2(t)]} \tag{3-2-5}$$

若经解调器解调后得到的有用调制信号记为 $s_o(t)$，解调器输出噪声记为 $n_o(t)$，则解调器的输出信噪比可表示成：

$$\frac{S_o}{N_o} = \frac{E[s_o^2(t)]}{E[n_o^2(t)]} \tag{3-2-6}$$

式中，S_o 为解调器输出信号的功率，N_o 为解调器输出噪声的功率。

由所求得的解调器的输入信噪比和输出信噪比便可以对解调器的抗噪声性能做出评估。为简明起见，通常可以观察解调器的输出信噪比与输入信噪比的比值 G：

$$G = \frac{S_o/N_o}{S_i/N_i} \tag{3-2-7}$$

这个比值 G 通常称为调制系统的信噪比增益。

接下来，我们就不同的调制技术，推导出各种解调器的输入信噪比、输出信噪比，并在此基础上分析各种调制系统的抗噪声性能。

1. DSB 调制系统的抗噪声性能

对于图 3.2.2 所示的解调系统，解调过程可理解成分别对输入信号和噪声进行解调。

根据前述说明，解调器的输入信号为

$$s_i(t) = f(t)\cos\omega_c t \tag{3-2-8}$$

其功率为

$$S_i = E[s_i^2(t)] = E[f^2(t)\cos^2\omega_c t] = \frac{1}{2}\overline{f^2(t)} \tag{3-2-9}$$

由图 3.2.2 可知，信号 $s_i(t)$与本地载波 $\cos\omega_c t$ 相乘以后为

$$s_p(t) = s_i(t)\cos\omega_c t = f(t)\cos^2\omega_c t = \frac{1}{2}f(t)(1+\cos2\omega_c t) \tag{3-2-10}$$

经过低通滤波器以后，式(3-2-10)中的高频成分被滤除，从而解调器的输出信号为

$$s_o(t) = \frac{1}{2}f(t) \tag{3-2-11}$$

相应地，解调器输出信号的功率为

$$S_o = E[s_o^2(t)] = \frac{1}{4}\overline{f^2(t)} \tag{3-2-12}$$

对解调系统而言，通常 $\omega_0 = \omega_c$。为计算解调器输出噪声的功率，先计算解调相乘器输出的噪声，即

$$\begin{aligned} n_p(t) &= n_i(t)\cos\omega_c t = [n_I(t)\cos\omega_0 t - n_Q(t)\sin\omega_0 t]\cos\omega_c t \\ &= n_I(t)\cos^2\omega_c t - n_Q(t)\sin\omega_0 t\ \cos\omega_c t \\ &= \frac{1}{2}n_I(t) + \frac{1}{2}n_I(t)\cos 2\omega_c t - \frac{1}{2}n_Q(t)\sin 2\omega_c t \end{aligned} \tag{3-2-13}$$

经过低通滤波后，式(3-2-13)中所有的二倍频分量都被滤除，即解调器的输出噪声为

$$n_o(t) = \frac{1}{2}n_I(t) \tag{3-2-14}$$

相应地，解调器输出噪声的功率为

$$\begin{aligned} N_o &= E[n_o^2(t)] = \frac{1}{4}E[n_I^2(t)] \\ &= \frac{1}{8}n_o B_{DSB} = \frac{1}{4}n_o B \end{aligned} \tag{3-2-15}$$

式中，B 为调制信号的带宽，$B_{BPF} = B_{DSB} = 2B$。

由式(3-2-4)和式(3-2-9)可得解调器的输入信噪比为

$$\frac{S_i}{N_i} = \frac{\frac{\overline{f^2(t)}}{2}}{\frac{n_o}{2}B_{DSB}} = \frac{\overline{f^2(t)}}{2n_o B} \tag{3-2-16}$$

由式(3-2-12)和式(3-2-15)可得解调器的输出信噪比为

$$\frac{S_o}{N_o} = \frac{\frac{\overline{f^2(t)}}{4}}{\frac{n_o B_{DSB}}{8}} = \frac{2\,\overline{f^2(t)}}{n_o B_{DSB}} = \frac{\overline{f^2(t)}}{n_o B} \tag{3-2-17}$$

因此，DSB 调制系统的信噪比增益为

$$G_{DSB} = \frac{S_o/N_o}{S_i/N_i} = 2 \tag{3-2-18}$$

可以看出，对于 DSB 调制而言，调制系统的信噪比增益为 2。这就是说，DSB 调制系统中的解调器使信噪比改善了一倍。这是因为采用相干解调使输入噪声中的正交分量被抑制。

2. AM 调制系统的抗噪声性能

跟 DSB 调制系统相比，AM 调制系统中解调器的输入信号的功率不同，即

$$S_i = E[s_i^2(t)] = E\{[A_0 + f(t)]^2\cos^2\omega_c t\} = \frac{1}{2}[\overline{f^2(t)} + A_0^2] \tag{3-2-19}$$

从而，解调器的输入、输出信噪比分别为

$$\frac{S_i}{N_i}=\frac{\dfrac{\overline{f^2(t)}+A_0^2}{2}}{n_oB} \tag{3-2-20}$$

$$\frac{S_o}{N_o}=\frac{\dfrac{\overline{f^2(t)}}{4}}{\dfrac{n_oB}{4}}=\frac{\overline{f^2(t)}}{n_oB} \tag{3-2-21}$$

因此 AM 调制系统的信噪比增益为

$$G_{AM}=\frac{S_o/N_o}{S_i/N_i}=\frac{2\,\overline{f^2(t)}}{\overline{f^2(t)}+A_0^2}=2\eta_{AM} \tag{3-2-22}$$

我们知道，对于 AM 调制系统来说，即便调制信号是方波，调制效率 η_{AM} 最大值也只是 50%，因此 AM 调制系统的信噪比增益不大于 1。

3. SSB 调制系统的抗噪声性能

对于单边带调制系统，图 3.1.8 中的带通滤波器与双边带调制系统中的带通滤波器不同，其带宽仅为后者的一半。由于单边带调制系统中的解调器与双边带调制系统中的解调器相同，故计算单边带调制系统中解调器输入、输出信噪比的方法与计算双边带调制系统中的完全相同，即

$$N_o=\frac{1}{4}N_i=\frac{1}{8}n_oB \tag{3-2-23}$$

式中，B 为单边带调制系统中带通滤波器的带宽，也是调制信号 $f(t)$ 的带宽；$N_i=\frac{1}{2}n_oB$。

对于单边带调制系统中解调器输入、输出信号的功率，不能简单地照搬双边带调制系统中解调器输入、输出信号的功率计算结果。这是因为单边带调制信号的表达式与双边带调制信号的不同，其表达式如下：

$$s_i(t)=\frac{f(t)\cos\omega_c t\pm\hat{f}(t)\sin\omega_c t}{2} \tag{3-2-24}$$

式中 $\hat{f}(t)$ 是将 $f(t)$ 的所有频率成分都相移 90°后的信号。上式中取“+”将形成下边带，取“−”则形成上边带。

现以 SSB 信号(上边带)为例，计算解调器输入、输出信号的功率。首先计算解调器输入信号的功率 S_i：

$$\begin{aligned}S_i&=E[s_i^2(t)]=\frac{1}{4}\overline{[f(t)\cos\omega_c t\pm\hat{f}(t)\sin\omega_c t]^2}\\&=\frac{1}{8}\overline{f^2(t)}+\frac{1}{8}\overline{\hat{f}^2(t)}\pm\frac{1}{4}\overline{f(t)\hat{f}(t)\sin2\omega_c t}\end{aligned} \tag{3-2-25}$$

由于式(3-2-25)中的 $f(t)$ 是调制信号，故 $\hat{f}(t)$ 也是调制信号。而调制信号随时间的变化相对于频率为 $2\omega_c$ 的载频的变化是十分缓慢的，因此式(3-2-25)中第三项应为

$$\frac{1}{4}\overline{f(t)\hat{f}(t)\sin2\omega_c t}=\lim_{T\to\infty}\frac{1}{4T}\int_{-\frac{T}{2}}^{\frac{T}{2}}f(t)\hat{f}(t)\sin2\omega_c t\,dt=0 \tag{3-2-26}$$

又由于 $f(t)$ 与 $\hat{f}(t)$ 具有相同的功率谱密度或相同的平均功率，故

$$S_i=\frac{1}{4}\overline{f^2(t)} \tag{3-2-27}$$

式(3-2-24)所示的单边带信号经过相乘器后，其结果为

$$s_{p}(t)=s_{i}(t)\cos\omega_{c}t=\cos\omega_{c}t\,\frac{f(t)\cos\omega_{c}t\pm\hat{f}(t)\sin\omega_{c}t}{2}$$

$$=\frac{1}{4}f(t)+\frac{1}{4}f(t)\cos2\omega_{c}t\pm\frac{1}{4}\hat{f}(t)\sin2\omega_{c}t \qquad (3-2-28)$$

经过低通滤波器后，式(3-2-28)中后面两项就被滤除，从而得到解调器的输出信号为

$$s_{o}(t)=\frac{1}{4}f(t) \qquad (3-2-29)$$

解调器输出信号的功率为

$$S_{o}=\frac{1}{16}\overline{f^{2}(t)} \qquad (3-2-30)$$

综上所述，解调器输入、输出信噪比分别为

$$\frac{S_{i}}{N_{i}}=\frac{\overline{f^{2}(t)}}{2n_{o}B} \qquad (3-2-31)$$

$$\frac{S_{o}}{N_{o}}=\frac{\dfrac{\overline{f^{2}(t)}}{16}}{\dfrac{n_{o}B}{8}}=\frac{\overline{f^{2}(t)}}{2n_{o}B} \qquad (3-2-32)$$

因此，SSB 调制系统的信噪比增益为

$$G_{SSB}=\frac{S_{o}/N_{o}}{S_{i}/N_{i}}=1 \qquad (3-2-33)$$

与双边带调制系统相比，单边带调制系统的信噪比增益只有双边带调制系统的一半。造成这个结果的原因是单边带调制信号中的 $\hat{f}(t)\sin\omega_{c}t$ 分量被解调器抑制了，而它在解调器输入端却是信号功率的组成部分。

根据上述结果，并不能得出双边带调制系统的抗噪声性能比单边带调制系统的抗噪声性能好的结论。由式(3-2-9)和式(3-2-27)可知，单边带调制系统中解调器输入信号的功率仅为双边带调制系统中解调器输入信号功率的一半。因此，不难看出，在噪声功率谱密度相同的情况下，即信道环境相同的情况下，只要调制功率相同，不论是单边带调制还是双边带调制，解调器的输出信噪比是相等的。也就是说，从抗噪声性能上来说，单边带调制系统的性能和双边带调制系统的性能是相同的。

残留边带调制系统的抗噪声性能更复杂，我们就不介绍了。

4. 小结

综上所述，对于不同的线性调制系统，其信噪比增益可概括为

$$G=\frac{S_{o}/N_{o}}{S_{i}/N_{i}}=\begin{cases}2 & (\text{DSB})\\ 1 & (\text{SSB})\\ 2\eta_{AM}<1 & (\text{AM})\end{cases} \qquad (3-2-34)$$

从抗噪声性能的角度出发，单边带调制系统和双边带调制系统相仿，由于常规双边带调制系统的大部分功率都浪费在载波功率上，因此其抗噪声性能最差。

3.3 模拟信号的非线性调制

3.3.1 基本概念

调制实质上就是利用高频载波信号的 3 个参数(幅度、频率、相位)之一携带调制信号的信息。线性调制使载波信号的幅度随调制信号 $f(t)$发生线性变化，而载波信号的瞬时频率或相位随$f(t)$发生线性变化的调制称为角度调制，即角度调制由 $f(t)$控制载波信号的瞬时频率或相位变化，变化的周期由 $f(t)$的频率决定，而载波信号的幅度则保持不变。根据 $f(t)$控制的是载波信号的频率还是相位，可将角度调制分为频率调制(Frequency Modulation)和相位调制(Phase Modulation)。其中，频率调制简称调频，记为 FM；相位调制简称调相，记为 PM。

角度调制时已调信号的频谱不像线性调制那样还和调制信号的频谱之间保持某种线性关系，其频谱结构已经完全变化，出现了许多新的频率分量，因此也称角度调制为非线性调制。

设载波信号为 $A\cos(\omega_c t+\theta_0)$，则角度调制信号可统一表示为瞬时相位 $\theta(t)$的函数，即

$$s(t)=A(t)\cos[\theta(t)] \tag{3-3-1}$$

根据调频的定义，调频信号的载波频率增量和调制信号 $f(t)$成比例，即

$$\Delta\omega(t)=\frac{\mathrm{d}\theta(t)}{\mathrm{d}t}=K_{FM}f(t) \tag{3-3-2}$$

式中，K_{FM}称为频偏指数，它完全由电路参数决定，而与信号无关。由式(3-3-2)可知，此时瞬时相位 $\theta(t)$为

$$\theta(t)=\omega_c t+K_{FM}\int f(t)\,\mathrm{d}t \tag{3-3-3}$$

故调频信号的时域表达式为

$$s_{FM}(t)=A\cos\left[\omega_c t+K_{FM}\int f(t)\,\mathrm{d}t\right] \tag{3-3-4}$$

与此类似，根据调相的定义，调相信号的相位增量为

$$\Delta\theta=K_{PM}f(t) \tag{3-3-5}$$

式中，K_{PM}称为相偏指数，由电路参数决定。调相信号的时域表达式为

$$s_{PM}(t)=A\cos[\omega_c t+K_{PM}f(t)] \tag{3-3-6}$$

令调制信号为单频信号，即 $f(t)=A_m\cos\omega_m t$，代入式(3-3-4)和式(3-3-6)，可以得到单频正弦信号的调频、调相信号表达式分别为

$$\begin{aligned}s_{FM}(t)&=A\cos\left[\omega_c t+K_{FM}\int A_m\cos\omega_m t\,\mathrm{d}t\right]\\&=A\cos\left[\omega_c t+\frac{K_{FM}A_m}{\omega_m}\sin\omega_m t\right]\\&=A\cos[\omega_c t+\beta_{FM}\sin\omega_m t]\end{aligned} \tag{3-3-7}$$

$$\begin{aligned}s_{PM}(t)&=A\cos[\omega_c t+K_{PM}A_m\cos\omega_m t]\\&=A\cos[\omega_c t+\beta_{PM}\cos\omega_m t]\end{aligned} \tag{3-3-8}$$

式中，β_{FM}称作调频指数，$\beta_{FM}=\frac{K_{FM}A_m}{\omega_m}=\frac{\Delta\omega_{max}}{\omega_m}=\frac{\Delta f_{max}}{f_m}$，$\Delta f_{max}$为最大频偏；$\beta_{PM}$称为调相指数，$\beta_{PM}=K_{PM}A_m$，它表示调相过程中的最大相位偏移。

显然，调频指数β_{FM}和调相指数β_{PM}由电路参数和调制信号共同决定。

根据式(3-3-7)和式(3-3-8)画出的正弦信号$f(t)=A_m\cos\omega_m t$对载波信号$A\cos\omega_c t$进行调相和调频时的信号波形如图3.3.1所示。

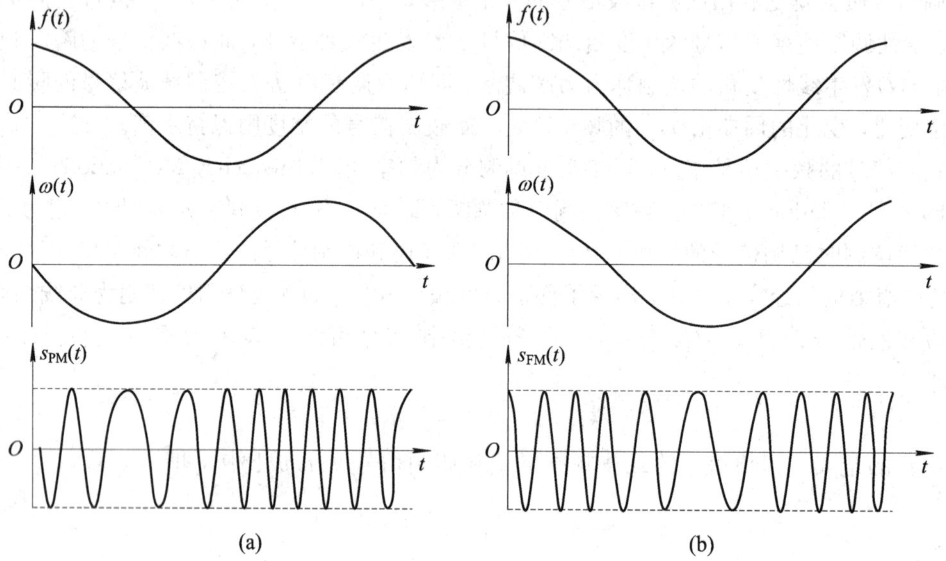

图3.3.1 调频、调相信号波形

(a) 调相信号；(b) 调频信号

通过比较可以看出，调频信号的波形疏密程度跟调制信号$f(t)$有关。当$f(t)$取正的最大值时，$s_{FM}(t)$的频率最高，即此时频偏最大，波形上对应位置的波形最密；当$f(t)$取负的最大值时，$s_{FM}(t)$的频率最低，即此时频偏也最大(最大负频偏)，波形上对应位置的波形最疏。而调相信号的波形疏密程度却和调制信号$f(t)$的有90°的偏差，这是因为瞬时相位和瞬时频率之间是微分和积分的关系。

下面分别具体分析频率调制的相关问题。

3.3.2 窄带调频(NBFM)

调频通常可分为窄带调频和宽带调频两种。其划分的依据就是瞬时相位偏移是否远小于0.5(rad)或$\frac{\pi}{6}$，即按下式进行划分：

$$\Delta\theta(t)=K_{FM}\int f(t)\,dt\ll\frac{\pi}{6}\text{ 或 }0.5(\text{rad})\tag{3-3-9}$$

当满足式(3-3-9)时，调频为窄带调频(NBFM)；否则为宽带调频(WBFM)。本小节主要介绍窄带调频。

前面已介绍了调频信号的时域表达式，根据式(3-3-9)，窄带调频信号的时域表达式为

$$s_{NBFM}(t)=A\cos\left[\omega_c t+K_{FM}\int f(t)\mathrm{d}t\right]$$
$$=A\cos\omega_c t\cos\left[K_{FM}\int f(t)\mathrm{d}t\right]-A\sin\omega_c t\sin\left[K_{FM}\int f(t)\mathrm{d}t\right] \quad (3-3-10)$$

因为 $\Delta\theta(t)=K_{FM}\int f(t)\mathrm{d}t\ll\frac{\pi}{6}$ 或 0.5(rad)，所以有 $\cos\left[K_{FM}\int f(t)\mathrm{d}t\right]\approx1$，代入式(3-3-10)中有

$$s_{NBFM}(t)=A\cos\omega_c t-A\sin\left[K_{FM}\int f(t)\mathrm{d}t\right]\sin\omega_c t \quad (3-3-11)$$

设调制信号 $f(t)$ 为零均值信号，其频谱为 $F(\omega)$，对式(3-3-11)进行傅里叶变换，可得出窄带调频信号的频谱为

$$s_{NBFM}(\omega)=\pi A[\delta(\omega-\omega_c)+\delta(\omega+\omega_c)]+\frac{AK_{FM}}{2}\left[\frac{F(\omega-\omega_c)}{\omega-\omega_c}-\frac{F(\omega+\omega_c)}{\omega+\omega_c}\right] \quad (3-3-12)$$

当调制信号为单频信号时，设 $f(t)=\cos\omega_m t$，则由式(3-3-12)可画出此时调频信号的频谱，如图 3.3.2 所示。

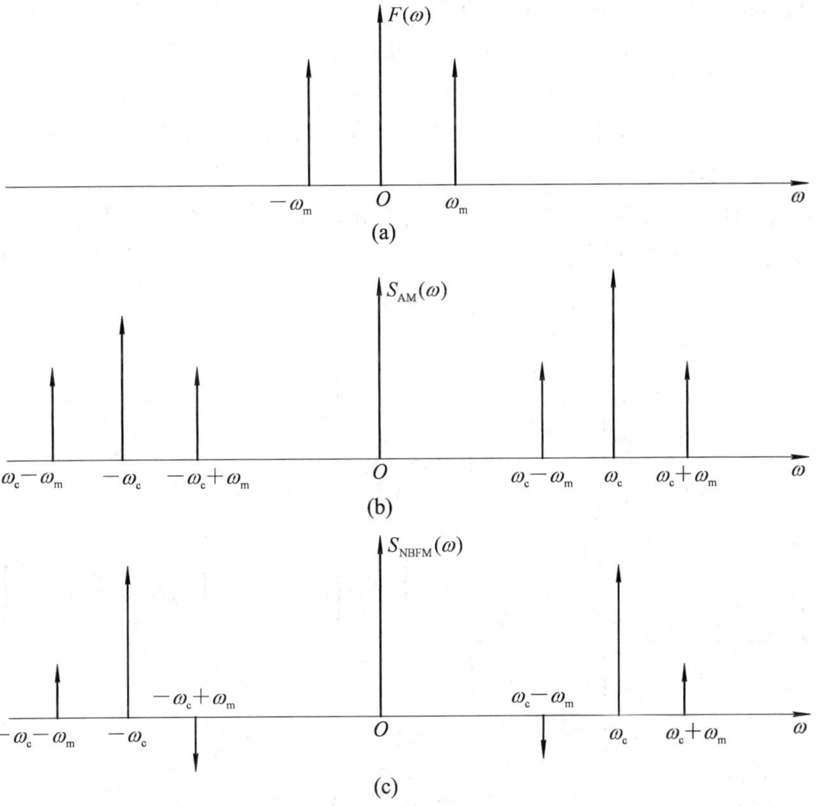

图 3.3.2　单频调制时的常规双边带调制(AM)信号和窄带调频(NBFM)信号的频谱
(a) 调制信号的频谱；(b) 常规双边带调制信号的频谱；(c) 窄带调频信号的频谱

图 3.2.2(b)和图(c)非常相似，这说明单频信号的窄带调频信号和常规双边带调制信

号的频谱是比较接近的，它们都含有 ω_c 和 $\omega_c \pm \omega_m$ 的频率分量，且两种信号的带宽也一样，即 $B_{AM}=B_{NBFM}=2f_m$（f_m 为调制信号的最高频率），两者的区别在于窄带调频信号的 $\omega_c+\omega_m$ 分量与 $\omega_c-\omega_m$ 分量是反相的，即图(c)中 $\omega_c-\omega_m$ 频率分量的谱线是向下的。

由式(3-3-12)可以画出任意波形的窄带调频信号的频谱，它们和常规双边带调制信号的频谱相似，即窄带调频信号的 $-\omega_c+\omega_m$ 与 $-\omega_c-\omega_m$ 分量彼此反相，其带宽 $B_{NBFM}=2f_m$。

3.3.3 宽带调频(WBFM)

当调频信号瞬时相位的偏移不满足窄带调频的条件时，就称此频率调制为宽带调频。

由于调频信号瞬时相位偏移不满足式(3-3-9)，故调频信号的表达式(3-3-10)不能简化成式(3-3-11)那样的形式。一般信号的调频信号的分析比较困难，因此我们主要介绍单频信号的宽带调频信号，使读者理解和掌握宽带调频信号的一些基本性质。

利用三角公式，对单频信号的调频信号的表达式(式(3-3-7))进行变换得

$$\begin{aligned} s_{FM}(t) &= A\cos[\omega_c t+\beta_{FM}\sin\omega_m t] \\ &= A\cos\omega_c t\cos(\beta_{FM}\sin\omega_m t)-A\sin\omega_c t\sin(\beta_{FM}\sin\omega_m t) \end{aligned} \tag{3-3-13}$$

式中 $\cos(\beta_{FM}\sin\omega_m t)$、$\sin(\beta_{FM}\sin\omega_m t)$ 可通过贝塞尔函数求得。由于贝塞尔函数的计算过程过于复杂，这里不予介绍，有兴趣的读者可自行查阅相关书籍。我们仅给出一些相关的结论：

(1) 当调频指数 β_{FM} 很小时，利用贝塞尔函数求得的结果与式(3-3-12)一致，相应的频谱如图 3.3.2 所示。

(2) 对 β_{FM} 的任意取值，调频信号的频谱由载频和无穷多个边频组成，这些边频对称地分布在载频的两侧，相邻频率间隔为 ω_m，图 3.3.3 分别给出了 β_{FM} 为 2 和 6 时的频谱图。

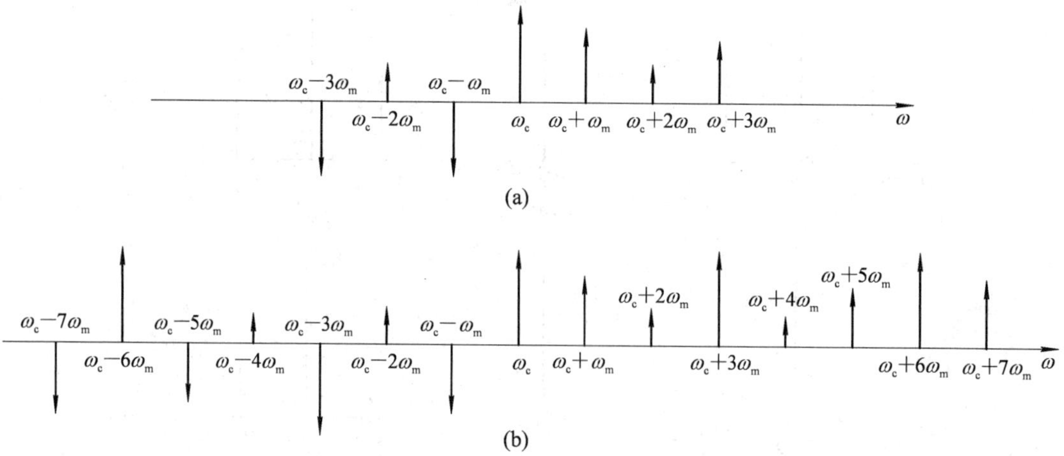

图 3.3.3 宽带调频信号的频谱分布图

(a) $\beta_{FM}=2$；(b) $\beta_{FM}=6$

(3) 调频信号所有边频分量的功率之和加上载波分量的功率为常数，而且可以证明，这个常数就是未调载波信号功率的 $A^2/2$。也就是说，由于调频信号只改变载波信号的频率疏密程度，而不改变其幅度，故调频前后信号的总功率不变，只是调频前信号功率集中在

载波信号上，而调频后信号功率则分配在载频和各个边频分量上。

由图 3.3.3 可以看出，尽管 FM 信号具有无穷多的边频信号，即从理论上来讲，其带宽是无限宽的，但由贝塞尔函数的特性可知，当 $\beta_{FM} \gg 1$ 时，边频分量中偏离载波大于 $\beta_{FM}\omega_m$ 的高阶分量可以忽略。换句话来说，FM 信号中的绝大部分能量包含在有限的频谱中。通常利用卡森公计算 FM 信号的带宽，即

$$B_{FM} = 2(1+\beta_{FM})f_m = 2f_m + 2\Delta f_{max} \tag{3-3-14}$$

式中 Δf_{max} 为最大频偏。请读者结合图 3.3.3 以及卡森公式，弄清调频信号的带宽计算公式与频谱图之间的联系。

由卡森公式可知：

当 $\beta_{FM} \ll 1$，即窄带调频时，卡森公式可近似为

$$B_{FM} = 2(1+\beta_{FM})f_m \approx 2f_m$$

当 $\beta_{FM} \gg 1$ 时，卡森公式可以近似为

$$B_{FM} = 2(1+\beta_{FM})f_m \approx 2\beta_{FM}f_m = 2\Delta f_{max}$$

【例 3.3.1】 用 10 kHz 的单频正弦信号对 1 MHz 的载波进行 FM 调制，峰值频偏为2 kHz。

(1) 求该调频信号的带宽；

(2) 若调制信号的幅度加倍，求该调频信号的带宽；

(3) 若调制信号的频率加倍，求该调频信号的带宽。

解 (1) 由卡森公式可知：

$$B_{FM} = 2(1+\beta_{FM})f_m = 2(f_m + \Delta f_{max}) = 2(10+2) = 24\ (\text{kHz})$$

(2) 由卡森公式和式(3-3-7)可知：

$$B_{FM} = 2(1+\beta_{FM})f_m = 2(f_m + \Delta f_{max}) = 2\left(f_m + \frac{K_{FM}A_m}{2\pi}\right)$$

所以当调制信号的幅度 A_m 加倍时，最大频偏 Δf_{max} 也加倍。因此，此时该调频信号的带宽为

$$B_{FM} = 2(1+\beta_{FM})f_m = 2(f_m + \Delta f_{max}) = 2(10+2\times 2) = 28\ (\text{kHz})$$

(3) 由卡森公式可知，当调制信号的频率加倍时，对最大频偏没有影响。因此，此时该调频信号的带宽为

$$B_{FM} = 2(1+\beta_{FM})f_m = 2(f_m + \Delta f_{max}) = 2(20+2) = 44\ (\text{kHz})$$

3.4　调频信号的解调与调频系统的抗噪声性能

3.4.1　调频信号的解调方式

调频信号解调有两种方式：相干解调和非相干解调。一般来说，窄带调频信号采用相干解调，其主要原理与前述线性调制信号的相干解调的相同；宽带调频信号采用非相干解调，解调系统主要组成部分就是鉴频器。鉴频器的数学模型可等效为一个带微分器的包络检波器。调频信号的解调模型如图 3.4.1 所示。

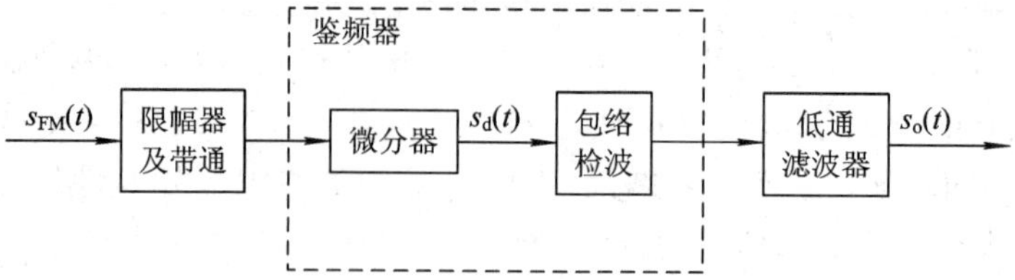

图 3.4.1 调频信号的解调模型

我们知道，调频信号可以表示成

$$s_{FM}(t)=A\cos\left[\omega_c t+K_{FM}\int f(t)\,dt\right]$$

因此，在图 3.4.1 中，调频信号经过微分器之后的信号 $s_d(t)$为

$$s_d(t)=\frac{\partial\left(A\cos\left[\omega_c t+K_{FM}\int f(t)\,dt\right]\right)}{\partial t}$$

$$=-A[\omega_c+K_{FM}f(t)]\sin\left[\omega_c t+K_{FM}\int f(t)\,dt\right] \quad (3-4-1)$$

由式(3-4-1)可知，$s_d(t)$经过微分器之后变成了调幅、调频信号，其幅度为

$$A(t)=A[\omega_c+K_{FM}f(t)] \quad (3-4-2)$$

$s_d(t)$的瞬时幅度 $A(t)$与调制信号 $f(t)$成线性比例关系，可以经过包络检波来实现 $s_d(t)$的解调，再经过低通滤波器输出 $s_o(t)$，此时

$$s_o(t)=AK_{FM}f(t) \quad (3-4-3)$$

3.4.2 调频系统的抗噪声性能

宽带调频系统的抗噪声性能分析模型如图 3.4.2 所示，其中带通滤波器(BPF)的作用是限制带外噪声，并保证 FM 信号无失真通过；低通滤波器(LPF)的作用是抑制调制信号频率范围之外的高频分量和噪声。

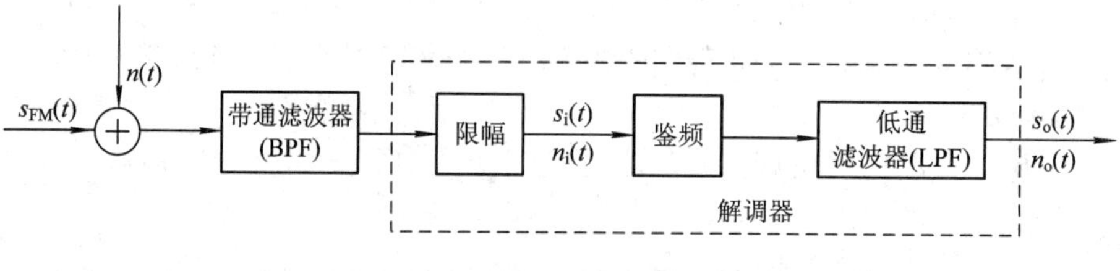

图 3.4.2 宽带调频系统的抗噪声性能分析模型

跟线性调制方式一样，调频系统的抗噪声性能也可以用信噪比增益来衡量，由于计算过于复杂，我们仅给出相关结论。调频系统的信噪比增益为

$$G_{FM}=3\beta_{FM}^2(1+\beta_{FM}) \quad (3-4-4)$$

当 $\beta_{FM}\gg 1$ 时，有近似式

$$G_{FM}=3\beta_{FM}^3$$

【例 3.4.1】 当调频指数 β_{FM}分别为 1 和 2 时，求调频信号的带宽与调频系统的信噪比增益。

解　当 β_{FM} 为 1 时，由卡森公式得

$$B_{FM} = 2(1+\beta_{FM})f_m = 4f_m$$

而信噪比增益为

$$G_{FM} = 3\beta_{FM}^2(1+\beta_{FM}) = 6$$

当 β_{FM} 为 2 时，由卡森公式得

$$B_{FM} = 2(1+\beta_{FM})f_m = 6f_m$$

而信噪比增益为

$$G_{FM} = 3\beta_{FM}^2(1+\beta_{FM}) = 36$$

由例 3.4.1 可知，调频信号的带宽高于调幅信号的带宽，但调频系统的信噪比增益却远远大于调幅系统的。从系统的有效性、可靠性角度来分析，调频系统就是用高带宽来换取高信噪比，即牺牲有效性来换取可靠性。

3.5　模拟调制系统的性能比较

本章前面几节分别介绍和分析了模拟线性调制和模拟非线性调制技术。总的来说，线性调制系统的频带利用率高，但抗干扰能力较差；非线性调制系统则正好与此相反。为了使读者更好地熟悉和掌握各种调制系统的性能，表 3.5.1 列出了调制信号为单频信号时各调制系统的基本特点和公式。由该表可知，从抗噪声性能的角度出发，调频系统的性能最好，单边带调制系统和双边带调制系统次之。由于常规双边带调制信号的绝大部分功率都浪费在载波功率上，因此常规双边带调制系统的抗噪声性能最差。

表 3.5.1　调制信号为单频信号时各调制系统的基本特点和公式

调制系统	带宽(B)	信噪比增益(G)
DSB 调制系统	$2B$	2
SSB 调制系统	B	1
VSB 调制系统	略大于 B	近似 SSB
AM 系统	$2B$	$\dfrac{2\overline{f^2(t)}}{A_0^2+\overline{f^2(t)}}$
FM 系统	$2(1+\beta_{FM})f_m$	$3\beta_{FM}^2(1+\beta_{FM})$

3.6　频分复用(FDM)

通信中的“复用”是指将若干个彼此独立的信号合并为一个可在同一信道上传输的复合信号的方法或技术。电话系统中，每路话音信号的频带都是 300～3400 Hz。把若干路这样的信号分别调制到不同的频段上，再把它们合并在一起，通过同一个信道进行传输，在接收端再根据不同的载波频率将它们彼此分离，进而解调还原的过程就是频分复用。

在通信系统中，信道所能提供的带宽往往比传送一路信号所需的带宽大得多。随着通信技术的发展，各式各样的通信方式、制式层出不穷，频率资源日益紧张，一个信道只传送一路信号显然是非常浪费的。为了充分利用信道带宽，解决频率紧张的问题，人们提出了频分复用这种方法。

所谓频分复用(FDM，Frequency Division Multiplex)，就是指用不同频率传送各路消息，以实现多路通信。无线电广播和电视广播是大家最熟悉也是最典型的频分复用的例子。每个电台选用不同频率的载波传输，接收机通过适当的调谐则可选择需要的信号。

图 3.6.1 为FDM系统的原理框图。图中，复用的信号共有 n 路，每路信号首先通过低通滤波器 LPF 以限制各路信号的最高频率 f_m，再分别对不同频率的载波信号进行调制，经带通滤波器滤波后，由相加器把各路调制信号叠加，然后发送出去。

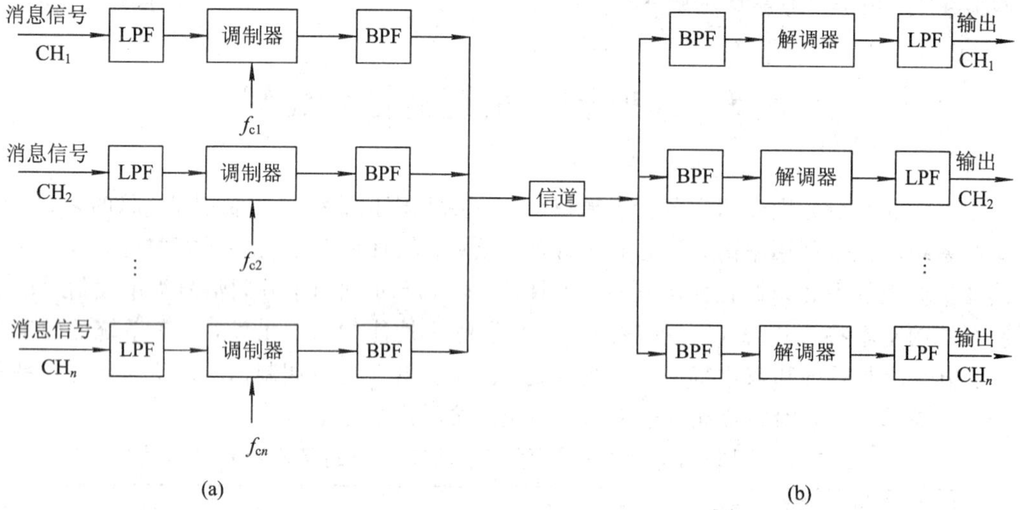

图 3.6.1　FDM系统的原理框图

(a) 发送端；(b) 接收端

为简单起见，设各路信号的最高频率 f_m 都相等，若每路信号都是话音信号，则它们的 f_m 均为 3400 Hz。调制方式和电路可有多种选择，但实际上多采用单边带调制，这是因为它最节约频带。相应地，图 3.6.1 中的 BPF 也是一个边带滤波器(SBF)。选择载频时，既要考虑边带频谱宽度，还要留出一定的保护频带，以防止邻路信号之间的相互干扰。频分复用信号的频谱结构如图 3.6.2 所示。载频选择应遵循如下关系：

$$\Delta f = f_m + f_g \tag{3-5-1}$$

式中，Δf 为相邻两路信号之间的频率间隔；f_m 为每一路信号的最高频率；f_g 是邻路间隔保护频带。

显然，在邻路信号干扰相同的情况下，f_g 越大，对边带滤波器的技术指标要求越低，但每一路信号占用的频带宽度越大；在信道带宽不变的情况下，可以复用的信号路数必然减少，这不利于提高信道利用率。因此，实际上一般都以提高边带滤波器的技术指标来换取 f_g 的减少。按国际电报电话咨询委员会(International Telegraph and Telephone Consultative Committee，CCITT)标准，当保护频带间隔为 900 Hz 时，可使邻路干扰电平不高于－40 dB。

如图 3.6.2 所示，经过单边带调制的各路信号，由于其载频不同，所以它们在频率上被分开了，此时可以通过相加器将它们合并成适合于信道传输的复用信号进行传送。在接收端，信号先分别送往中心频率与发送端各调制载波频率相同的带通滤波器(BPF)，把各路信号的频谱分离开来，再通过各自的相干解调器进行相干解调，恢复出各路调制信号。

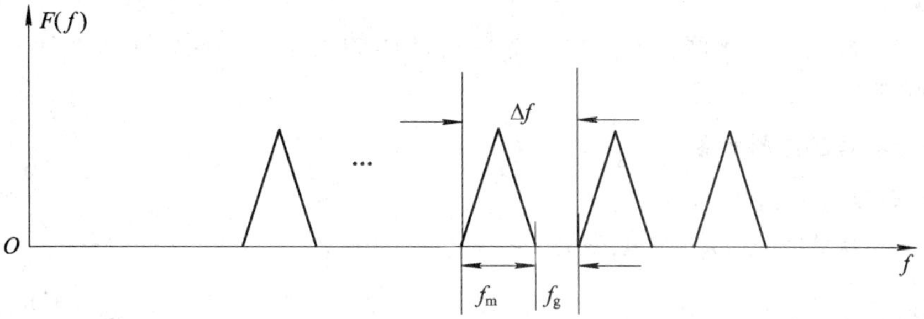

图 3.6.2　频分复用信号的频谱结构

频分复用的优点是复用率高，容许复用的路数多，同时分路也很方便；其缺点是设备较为复杂，且容易因滤波器特性不够理想和信道的非线性而产生邻路干扰。频分复用是目前模拟通信系统中最主要的信道复用方式，其在有线通信和微波通信系统中应用特别广泛。

3.7　模拟调制系统的应用

前已述及，为实现信号在信道中有效、可靠的传输，通常需要先将信号进行调制。不同的调制系统，其有效性指标和抗噪声性能是有显著区别的。从抗噪声性能的角度出发，调频系统最好，单边带调制系统和双边带调制系统次之，常规双边带调制系统最差。而从有效性指标考虑，单边带调制系统的有效带宽最小，双边带调制系统次之，调频系统的带宽最大。

模拟调制技术在 20 世纪曾有较大应用，如短波通信、微波中继、模拟调频广播和模拟调幅广播等。具体来说，调频系统的调频指数 β_{FM} 越大，其抗噪声性能越好，但传输信号所需的带宽也越宽，常用于高质量、远距离通信系统，如微波中继、卫星通信系统以及调频广播。单边带调制系统由于传输带宽最大，且解调输出信噪比较高，被广泛应用于短波无线电通信系统中。虽然 AM 调制系统的抗噪声性能最差，但该调制系统线路特别简单，在民用收音机系统(即调幅广播)中仍有较广泛的应用。

本章知识点小结

1. 调制的概念

(1) 调制目的：将基带信号进行频谱搬移，使之适合信道传输的要求。

(2) 调制方法：将基带信号去调制载波信号的某个参数，使受控参数随调制信号的变化而变化。

(3) 调制的分类。

① 根据调制信号不同，调制可分为模拟调制和数字调制。

② 根据用于携带信号的高频载波是正弦波还是脉冲序列，调制可分为连续波调制和脉冲载波调制。

③ 根据已调信号的频谱和未调信号的频谱之间的关系的不同，调制可分为线性调制和非线性调制。

2. 模拟信号的线性调制

(1) 常规双边带调制(AM)。

① 时域表达式：$s_{AM}(t)=[A_0+f(t)]\cos(\omega_c t+\theta_0)$

② 频域表达式：$S_{AM}(\omega)=\pi A_0[\delta(\omega-\omega_c)+\delta(\omega+\omega_c)]+\frac{1}{2}[F(\omega-\omega_c)+F(\omega+\omega_c)]$

③ 当调制信号为单频信号 $f(t)=A_m\cos\omega_m t$ 时，若调幅指数$m_a=A_m/A_0>1$，则已调信号的包络严重失真，这种情况称为过度调幅。为避免失真，应使$m_a\leqslant 1$。

④ AM 信号的带宽：$B_{AM}=2B$，B 为基带信号带宽。

⑤ AM 信号的功率：$P_{AM}=\frac{1}{2}\overline{A_0^2}+\frac{1}{2}\overline{f^2(t)}$。

⑥ AM 调制效率：$\eta_{AM}=\frac{\overline{f^2(t)}}{A_0^2+\overline{f^2(t)}}<1$，最高调制效率为 50%(当满调幅，且调制信号为矩形方波)。

⑦ AM 信号的解调方式：相干解调和包络检波(常用)。

⑧ 信噪比增益：$G_{AM}=\frac{2\overline{f^2(t)}}{\overline{f^2(t)}+A_0^2}=2\eta_{AM}$。

(2) 抑制载波的双边带调制(DSB-SC)：简称双边带调制(DSB)。

① 时域表达式：$s_{DSB}(t)=f(t)\cos\omega_c t$。

② 频域表达式：$S_{DSB}(\omega)=\frac{1}{2}[F(\omega-\omega_c)+F(\omega+\omega_c)]$。

③ DSB 信号的带宽：$B_{DSB}=2B$，B 为基带信号带宽。

④ DSB 信号的功率：$P_{DSB}=\frac{1}{2}\overline{f^2(t)}=P_s$。

⑤ DSB 调制效率：$\eta_{DSB}=1$，即调制效率为 100%。

⑥ DSB 信号的解调方式：相干解调。

⑦ 信噪比增益：$G_{DSB}=2$。

(3) 单边带调制(SSB)。

① SSB 信号的带宽：$B_{SSB}=B$，B 为基带信号带宽。

② SSB 信号的功率：$P_{SSB}=\frac{1}{2}\overline{f^2(t)}$。

③ SSB 调制效率：$\eta_{SSB}=1$，即调制效率为 100%。

④ SSB 信号的解调方式：相干解调。

⑤ 信噪比增益：$G_{SSB}=1$。

(4) 残留边带调制(VSB)。

① VSB 信号的带宽：$B<B_{VSB}<2B$，B 为基带信号带宽。

② VSB 信号的功率：$P_{SSB}<P_{VSB}<P_{DSB}$。

③ VSB 信号的解调方式：相干解调。

由此可见：

① SSB 占用带宽最小，故频带利用率(有效性)最好。

② DSB 系统与 SSB 系统的抗噪声性能相同(调制功率相同时)，均优于 AM 系统。

③ AM 包络检波最易实现，而 SSB 的实现最为困难。

3. 模拟信号的非线性调制

(1) 调频信号和调相信号的时域表达式分别为

$$s_{FM}(t)=A\cos\left[\omega_c t+K_{FM}\int f(t)\,\mathrm{d}t\right]$$

$$s_{PM}(t)=A\cos[\omega_c t+K_{PM}f(t)]$$

(2) 窄带调频和宽带调频。

① 满足 $\Delta\theta(t)=K_{FM}\int f(t)\,\mathrm{d}t\ll\frac{\pi}{6}$ 或 0.5(rad) 的调频为窄带调频(NBFM)，否则为宽带调频(WBFM)。

② 窄带调频信号的带宽为 $2f_m$，宽带调频信号的带宽为 $2(1+\beta_{FM})f_m$。

(3) 调频系统的抗噪声性能。

调频系统的信噪比增益为 $G_{FM}=3\beta_{FM}^2(1+\beta_{FM})$，远大于调幅系统的信噪比增益，故调频系统的抗噪声性能较好。

4. 频分复用

通信中的复用是指将若干个彼此独立的信号合并为一个可在同一信道上传输的复合信号的方法或技术。频分复用是指用不同频率传送各路消息，以实现多路通信。

频分复用的优点是复用率高，容许复用的路数多，同时分路也很方便，其缺点是设备较复杂，且容易因滤波器特性不够理想和信道的非线性而产生邻路干扰。

习　　题

一、填空题

1. 幅度调制就是调制信号 $f(t)$ 改变载波信号 $c(t)$ 的(　　)，即利用 $c(t)$ 的(　　)来传送 $f(t)$ 的信息。

2. 线性调制就是将调制信号的频谱沿频率轴线做(　　)的过程，其已调信号的频谱结构和调制信号的频谱结构(　　)。根据已调信号的频谱与调制信号的频谱之间的不同线性关系，可以得到(　　)、(　　)、(　　)和(　　)等不同的线性调制。

3. 对于调制信号为正弦信号的常规双边带调制，其效率最高为(　　)，当调制信号为(　　)时，常规双边带调制效率最高为(　　)。因此说，常规双边带调制的最大缺点就是

(　　)，其大部分功率都消耗在(　　)和(　　)上，这是极为浪费的。

4. 根据调制信号控制的是载波的频率还是相位，可将角度调制分为(　　)调制和(　　)调制。角调制时，已调信号的频谱和调制信号的频谱之间不再保持(　　)关系，出现许多(　　)分量。因此，也称角调制为(　　)。

5. 调频系统解调的输出信噪比较高，其输出信噪比和输入信噪比之比和(　　)的立方近似成比例。但是，这种性能改善是以(　　)为代价的，线性调制信号的带宽最大，仅为调制信号最高频率的(　　)倍，而调频信号的带宽则是最高频率的(　　)倍。

二、计算题

1. 设已调信号为 $s(t)=(2+\cos 100\pi t)\cos 10^6\pi t$(V)，试画出该信号的频谱及经过包络检波后的输出波形。

2. 若某非线性器件的输入、输出的关系为 $s_o(t)=2s_i(t)+s_i^2(t)$。当其输入为常规双边带调制信号 $s_i(t)=(1+\cos 100\pi t)\cos 20\,000\pi t$ 时，相应的输出信号中有哪些频率分量?

3. 对调制信号 $s_1(t)=(1+\cos\omega_m t)\cos\omega_c t$、$s_2(t)=\cos\omega_m t\ \cos\omega_c t$ 都采用相干解调方式，若接收端产生的本地载波信号与发送的载波信号有 $\Delta\varphi$ 的相位差，试分析它对解调结果的影响。

4. 画出单频信号 $f(t)=\cos 500\pi t$ 对载波 $c(t)=\cos 5000\pi t$ 进行上边带调制的框图以及已调信号的频谱，并写出该已调信号的时域表达式。

5. 幅度为 1 V 的 10 MHz 载波信号受到幅度为 1 V、频率为 100 Hz 的正弦信号调制，最大频偏为 500 Hz。当调制信号的幅度和频率分别变为 2 V、1000 Hz 时，求出新调频信号的带宽，并写出两个调频信号的时域表达式。

实训 1　观察 AM/FM 波形

一、实训目的

(1) 了解示波器、综测仪或频谱仪的使用方法。

(2) 利用示波器观测正弦波信号的时域波形，用综测仪或频谱仪观察正弦波信号的频谱特性。

(3) 了解 AM/FM 调制形成过程，并利用示波器观测 AM/FM 信号的时域波形，用综测仪或频谱仪观察 AM/FM 信号的频谱特性。

(4) 通过实验理解频谱搬移、线性调制和非线性调制的原理，了解带宽的概念。

二、实训内容

(1) 观察正弦波信号、三角波信号、脉冲方波信号、AM 信号及 FM 信号的时域波形图。

(2) 观察正弦波信号、三角波信号、脉冲方波信号、AM 信号及 FM 信号的频域波形图。

三、实训设备与工具

实训所用的设备与工具有双踪同步示波器、音频信号发生器、综测仪或频谱仪和电脑仿真软件。

四、实训原理

1. AM 的形成过程

AM 是幅度调制，就是用随时间变化的调制信号来调制载波信号的幅度，从而使载波信号的幅度随着调制信号而变化，即

$$s_{AM}(t) = [A_0 + f(t)]\cos(\omega_c t + \theta_0)$$

AM 原理图如实训图 3.1 所示。

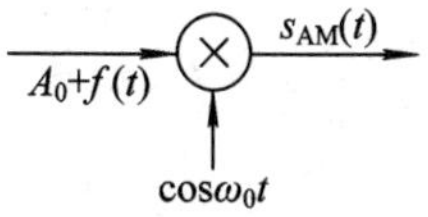

实训图 3.1　AM 原理图

2. FM 的形成过程

FM 是频率调制，就是用随时间变化的调制信号来调制载波信号的频率，从而使载波信号的频率随着调制信号而变化，即

$$s_{FM}(t) = A\cos[\omega_c t + K_{FM}\int f(t)\mathrm{d}t]$$

五、思考题

(1) 正弦波的频谱与 AM 信号的频谱在形状上有什么不同？

(2) AM 信号的频谱与 FM 信号的频谱的形状和带宽一样吗？为什么？

(3) 如果将调制信号换成重复频率为 1 kHz 的三角波、锯齿波，则其 AM、FM 时域波形、频域波形又如何变化？它们分别属于哪一类调制？说说它们的时域和频域特点。

第4章 模拟信号的数字化

本章学习目标

(1) 理解并掌握抽样定理。
(2) 理解并掌握脉冲幅度调制与脉冲编码调制。
(3) 理解并掌握均匀量化与非均匀量化。
(4) 了解增量调制的原理。
(5) 了解时分复用的原理。

本章内容

- 抽样定理与脉冲幅度调制
- 模拟信号的量化
- 脉冲编码调制
- 增量调制
- 时分复用

本章重点

- 抽样定理
- 脉冲幅度调制与脉冲编码调制
- 均匀量化与非均匀量化
- PCM30/32 时分复用帧结构

本章难点

- 脉冲编码调制
- 增量调制

本章学时
14 学时

在模拟调制系统中，采用的载波是正弦波或连续的周期信号，已调信号在时间上是连续的，传输多路信号时只能采用频分复用方式。本章将讨论使用脉冲序列作为载波时的调制技术。因为脉冲序列在时间上是离散的，调制后的已调波也是离散的，所以在传输多路信号时可以采用时间上互不重叠的时分复用方式。

和连续波调制相似，按照调制信号作用于脉冲参数的不同，脉冲调制可以分为脉冲幅度调制、脉冲宽度调制、脉冲相位调制等不同方式。由于调制信号使脉冲参数的改变是连续的，所以脉冲调制仍然属于模拟调制。

如果在调制过程中采用抽样、量化、编码等手段，使已调波不但在时间上是离散的，且在幅度变化上用数字信号来体现，那么这就是模拟信号数字化。图 4.0.1 是一个典型的模拟信号数字化的过程框图。

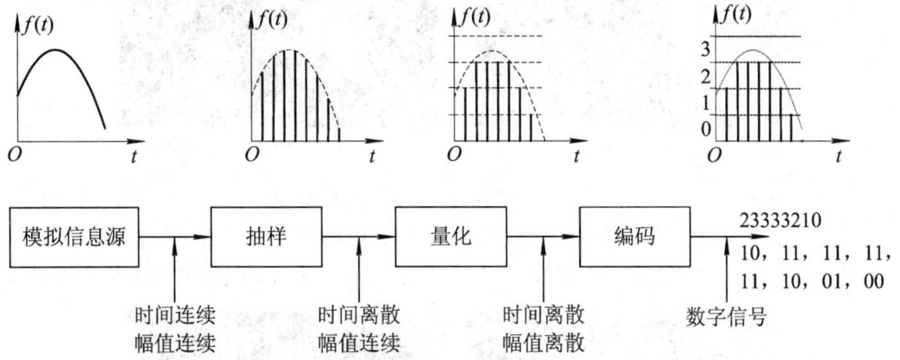

图 4.0.1　模拟信号数字化的过程框图

在日常生活中，模拟信号数字化的实例比比皆是。我们上网听的音乐、用数码相机拍摄的图片都涉及模拟信号数字化技术。那么采集图片或录制音乐的过程是如何完成抽样、量化、编码这三个步骤的呢？同一张图片，以 8 位色位图进行存储，或者是以 24 位色位图进行存储，它们之间又有什么差别呢？

我们先来看图片的数字化过程。比如，用数码相机对着模特拍照，那么相机的 CCD 像素便对模特做了数字化的第一步，即抽样。相机 CCD 像素的数量便是整幅图采样点的数量，若相机为 130 万像素，则图片采样点有 130 万个。

为了清楚地对比不同数量的像素抽样效果，我们选取模特的眼睛部分作细节分析。如图 4.0.2 所示，图(b)是用 256×256 的像素进行抽样的细节图，图(c)是用 512×512 的像素进行抽样的细节图，图(d)是用 1024×1024 的像素进行抽样的细节图。我们可以看到，抽样像素较少的图片，图像细节容易出现马赛克的情况；而抽样像素较多的图片，图像细节更为清晰。

当像素点对于图像完成抽样以后，需要对每个像素点的值进行量化。不同量化级之间的对比如图 4.0.3 所示，其中图(a)是 24 位色位图的显示结果，图(b)是 8 位色位图的显示结果，图(c)是 4 位色位图的显示结果，图(d)是单色位图的显示结果。我们可以看到，量化级较多的图片，如 24 位色位图，图像颜色过渡更为平滑，与原图差距较小；而量化级较少的图片，颜色过渡则不够平滑，容易出现突兀的颜色块，与原图差距较大；而量化级最少的单色位图仅有黑白两色。

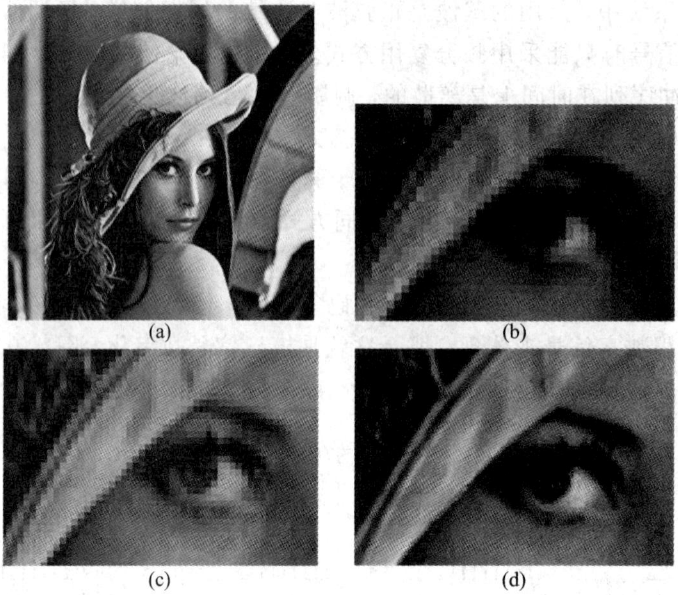

图 4.0.2 不同抽样频率之间的对比

(a) 原图；(b) 用 256×256 的像素进行抽样的细节图；

(c) 用 512×512 的像素进行抽样的细节图；(d) 用 1024×1024 的像素进行抽样的细节图

图 4.0.3 不同量化级之间的对比

(a) 24 位色位图的显示结果；(b) 8 位色位图的显示结果；(c) 4 位色位图的显示结果；(d) 单色位图的显示结果

通过上面的实例分析我们可以知道，在模拟信号数字化的过程中，采用不同的抽样频率和不同的量化级，最终的结果也会有所不同。抽样频率越高，量化级别越多，则数字化信号的精度越高，与原始的模拟信号之间的误差也越小。那么，抽样频率到底多高比较合适？量化级别到底要取多少？正是我们这一章要讨论的问题。

本章在介绍抽样定理和脉冲幅度调制的基础上，重点讨论脉冲编码调制(PCM)和增量调制(ΔM)的原理与性能。

4.1　抽样定理及脉冲幅度调制(PAM)

4.1.1　抽样定理

将时间上连续的模拟信号转换成时间上离散的样值序列的过程称为抽样，如图 4.1.1 所示。

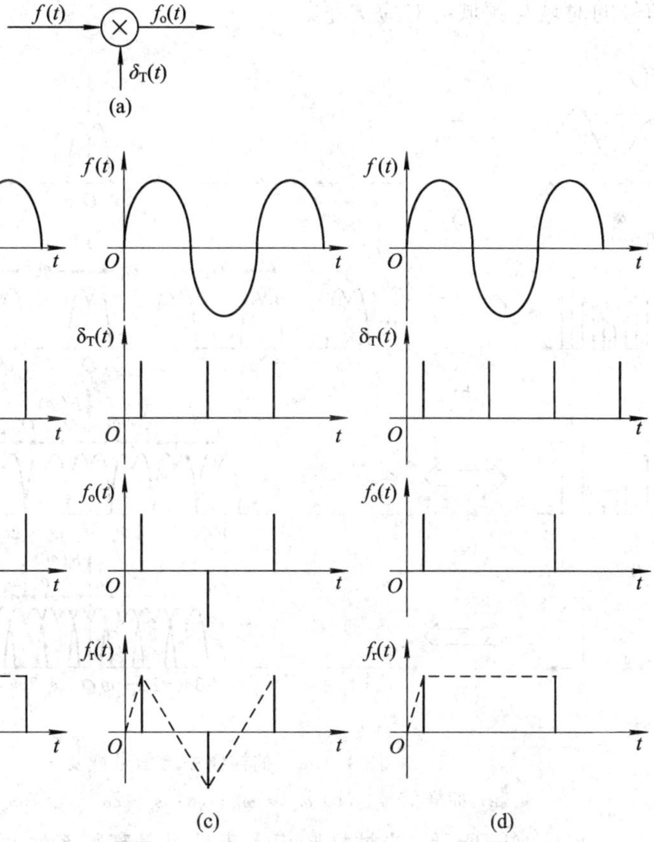

图 4.1.1　模拟信号的抽样

(a) 抽样原理图；(b) 抽样频率为 $4f_b$；(c) 抽样频率为 $2f_b$；(d) 抽样频率为 f_b

图(a)为抽样原理图，即用周期为 T_s 的冲激函数抽样脉冲与被抽样信号 $f(t)$ 相乘后得

到抽样信号 $f_o(t)$。下面分析原始信号相同、用到的冲激函数抽样脉冲的周期不同的结果。

图(b)、图(c)、图(d)中的模拟信号都是正弦波，抽样脉冲的周期不同，图(b)中的抽样脉冲的频率是正弦波的 4 倍，即一个正弦波周期内有 4 个抽样点；图(c)中的抽样脉冲的频率是正弦波的 2 倍，即一个正弦波周期内有 2 个抽样点；图(d)中的抽样脉冲的频率和正弦波的频率相同，即一个正弦波周期内有 1 个抽样点。我们将已抽样信号峰值相连(如 $f_r(t)$)可见，图(b)、图(c)中的虚线基本反映了正弦波的趋势，而图(d)中的虚线无法重现正弦波的形状，这就是我们下面要讲的抽样定理，即抽样频率和信号之间满足怎样的关系才能无失真地恢复原始信号？

1. 低通抽样定理(奈奎斯特抽样定理)

如果模拟信号的频率成分限制在(0，f_H)范围内(f_H 为信号的最高频率)，那么只要抽样频率大于等于信号最高频率的 2 倍，即 $f_s \geqslant 2f_H$，则抽样后的离散样值就可以无失真地恢复原始信号，这个定理称为低通抽样定理，其中 f_s 为抽样频率。当 $f_s=2f_H$ 时，f_s 也称为奈奎斯特抽样频率。

图 4.1.2 分别列出了 $f_s>2f_H(\omega_s>2\omega_H)$，$f_s=2f_H(\omega_s=2\omega_H)$，$f_s<2f_H(\omega_s<2\omega_H)$ 3 种情况下信号的时域与频域的对应关系。

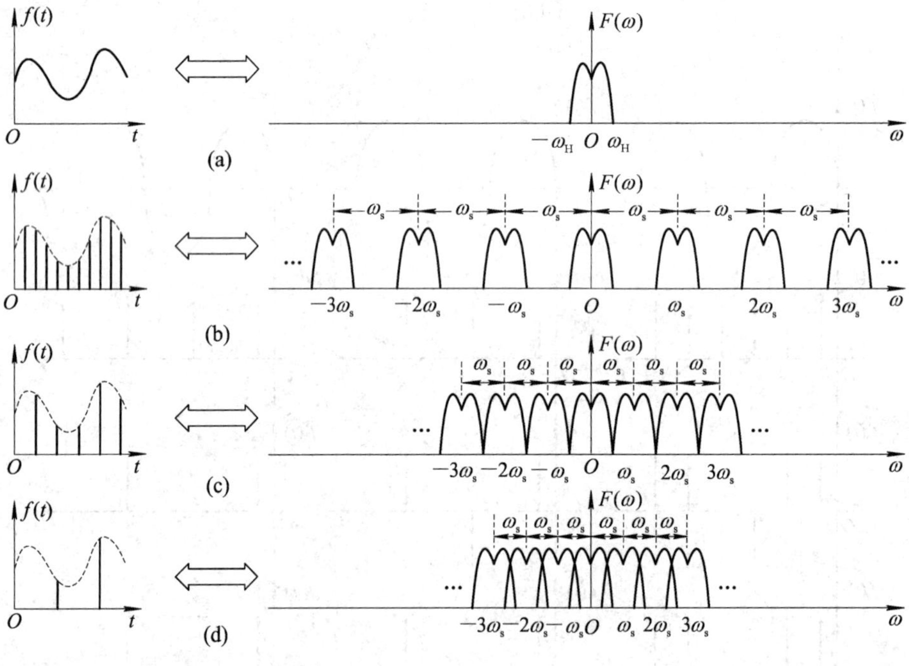

图 4.1.2 抽样频率与信号恢复

(a) 抽样信号；(b) $\omega_s>2\omega_H$；(c) $\omega_s=2\omega_H$；(d) $\omega_s<2\omega_H$

(1) 如图 4.1.2(b)所示，当抽样频率大于信号最高频率的两倍，即 $f_s>2f_H(\omega_s>2\omega_H)$ 时，抽样后的信号的频谱在频域内没有重叠，此时可用一个低通滤波器提取信号的原始频谱，从而恢复原始信号。由于有用信号的频谱之间还存在间隔，因此对低通滤波器精度的要求不是很高。

(2) 如图 4.1.2(c)所示，当抽样频率等于信号最高频率的两倍，即 $f_s=2f_H(\omega_s=2\omega_H)$时，抽样后的信号的频谱在频域内刚好没有重叠，此时也可用一个低通滤波器提取信号的原始频谱，从而恢复原始信号。但是由于信号的频谱之间没有间隔，此时对低通滤波器的精度要求较高。

(3) 如图 4.1.2(d)所示，当抽样频率小于信号最高频率的两倍，即 $f_s<2f_H(\omega_s<2\omega_H)$时，抽样后的信号的频谱在频域内互相重叠，此时无论用什么低通滤波器也无法将原始信号的频谱分离出来，因此不能恢复原始信号。

比如，在标准的电话系统中，由于语音信号的频带通常都在 300～3400 Hz 之间，根据抽样定理可知，只要抽样频率大于语音信号最高频率的 2 倍，即 6800 Hz，接收端就可以无失真地恢复发送端的语音信号。在实际的电话系统中，通常留有一定的余地，取抽样频率为 8000 Hz，即每秒采样 8000 个语音样值。

2. 带通抽样定理

实际中我们经常遇到带通信号，即信号的频率分量被限制在(f_L，f_H)内(f_L 为信号的最低频率)，信号带宽 $B=f_H-f_L$，且信号带宽 B 远小于信号的中心频率。如果对带通信号进行抽样，那么抽样频率为多少才可以无失真地还原信号呢？

带通抽样定理告诉我们：只要抽样频率 f_s 介于 $2B$ 到 $4B$ 之间(B 为信号带宽)，就可以无失真地还原信号。这里我们要注意的是，如果信号的带宽 B 大于 f_L，则把信号看作低通信号，应该应用低通抽样定理。可以看出，带通信号的抽样频率 f_s 不需要满足 $f_s>2f_H$，只需满足 $f_s>2B$，这是带通抽样定理与低通抽样定理的区别，也是我们要记住的。

4.1.2 脉冲幅度调制(PAM)

我们在讨论模拟调制(调幅、调频、调相)的时候，都是以正弦波为载波的，正弦波可以改变的 3 个参数就是幅度、频率和相位，因此也就有了调幅、调频和调相。如果我们用脉冲代替正弦波作为载波是否可行呢？答案是肯定的。在时间上离散的脉冲串，同样可以作为载波，这时的调制是用基带信号去改变脉冲的某些参数，人们常把这种调制称为脉冲调制。

离散脉冲可以改变的参数主要有 3 个，分别是幅度、宽度和时间位置，因此也就有以下 3 种调制方式：

(1) 脉冲幅度调制：简称脉幅调制(PAM)，脉冲的幅度随调制信号幅度的变化而改变的调制称为脉幅调制。调制信号的幅度越大，脉冲的幅度越大；调制信号的幅度越小，脉冲的幅度越小。

(2) 脉冲宽度调制：简称脉宽调制(PDM)，脉冲的宽度随调制信号幅度的变化而改变的调制称为脉宽调制。调制信号的幅度越大，脉冲越宽；调制信号的幅度越小，脉冲越窄。

(3) 脉冲位置调制：简称脉位调制(PPM)，脉冲在一段时间内的位置随调制信号幅度的变化而改变的调制称为脉位调制。调制信号的幅度越大，脉冲在该段时间内的位置越靠前；调制信号的幅度越小，脉冲在该段时间内的位置越靠后。

在脉冲幅度调制系统中，如果脉冲载波是由理想冲激脉冲组成的，则前面所说的抽样定理就是脉冲幅度调制的原理。但是，实际上真正的冲激脉冲串是不可能实现的，而通常只能采用窄脉冲串来实现，因此，研究窄脉冲作为脉冲载波的 PAM 方式更具有实际意义。

设脉冲载波用 $c(t)$ 表示，它由脉宽为 τ、重复周期为 T_s 的矩形脉冲串组成，其中 T_s 是按抽样定理确定的，即有 $T_s \leqslant \frac{1}{2f_H}$，且角频率与频率的关系满足 $\omega_H = 2\pi f_H$。脉冲幅度调制的原理框图如图 4.1.3 所示。

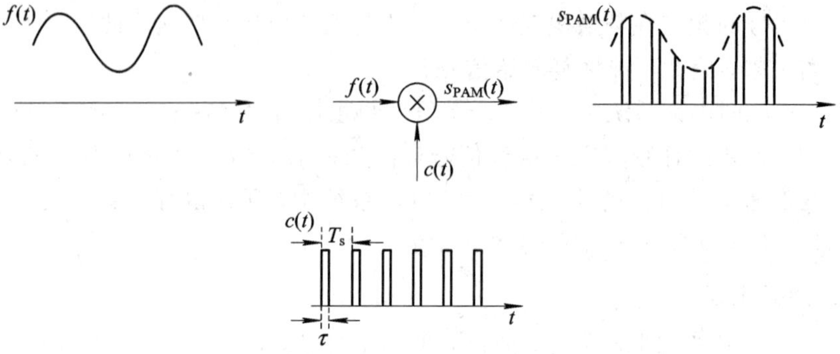

图 4.1.3 脉冲幅度调制(PAM)原理框图

图 4.1.4 所示是由脉冲抽样信号 $s_{PAM}(t)$ 恢复原始信号的原理图，恢复的信号用 $f_d(t)$ 表示，它和原始信号 $f(t)$ 的形状相同。

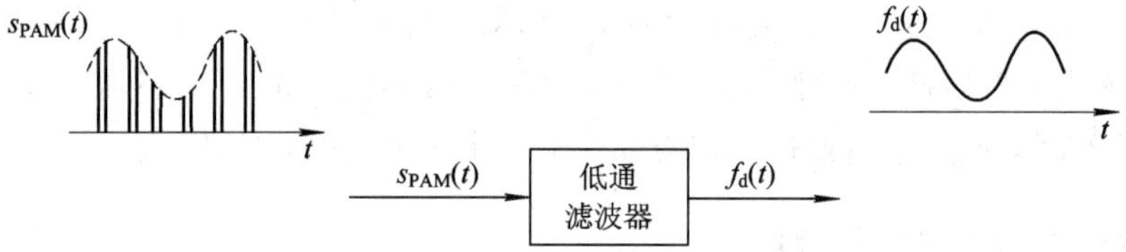

图 4.1.4 脉冲幅度调制(PAM)还原框图

图 4.1.5 是脉冲幅度调制信号的波形和频谱示意图，图中 ω_H 为基带信号的截止频率，τ 为脉冲载波的脉宽，T_s 为脉冲载波的周期。其中，抽样信号的波形及频谱如图 4.1.5(a)所示；脉冲载波的波形及频谱如图 4.1.5(b)所示；已抽样信号的波形及频谱如图 4.1.5(c)所示。

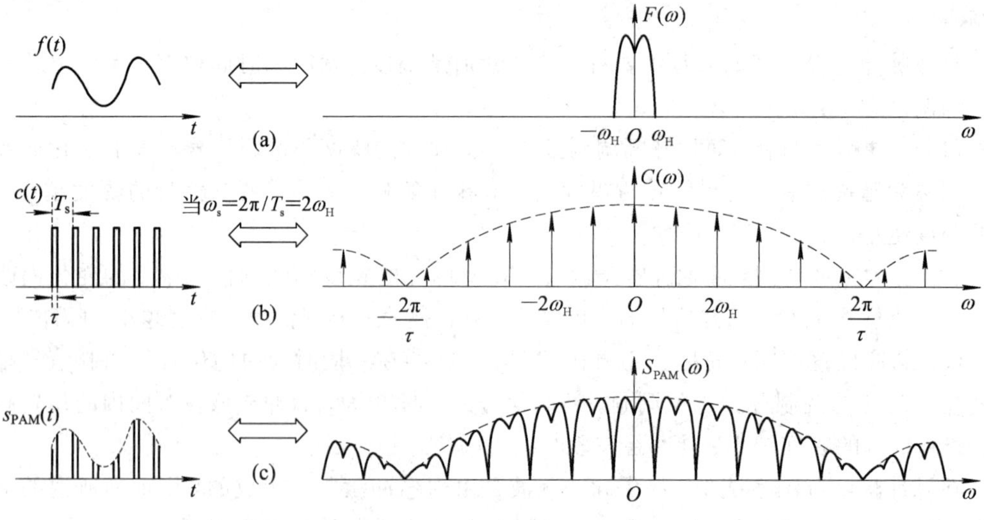

图 4.1.5 脉冲幅度调制信号的波形与频谱

(a) 抽样信号；(b) 脉冲载波；(c) 已抽样信号

把图 4.1.5 所示的采用矩形窄脉冲进行抽样的过程和结果与图 4.1.2 所示的采用冲激函数抽样脉冲进行抽样(理想抽样)的过程和结果进行比较，可以得到以下结论：

(1) 它们的调制(抽样)与解调(信号恢复)过程完全相同，不同的只是采用的抽样脉冲信号不同。

(2) 矩形窄脉冲抽样时包络的总趋势是随 ω 的上升而下降，因此带宽是有限的；而理想抽样时带宽是无限的。矩形窄脉冲时包络的总趋势按 Sa 函数曲线下降，带宽为频谱第一个过零点到 0 频率之间的间隔，即 $\omega_B=\dfrac{2\pi}{\tau}$，$f_B=\dfrac{1}{\tau}$，可见，带宽与 τ 有关。τ 越大，带宽越小；τ 越小，带宽越大。

(3) τ 的大小要兼顾通信中对带宽和脉冲宽度的要求。通信中一般要求信号带宽越小越好，因此要求 τ 大；但为了增加时分复用的路数，又要求 τ 小，二者是矛盾的。

4.2　模拟信号的量化

模拟信号进行自然抽样后，其抽样值还是随信号幅度连续变化的。当这些连续变化的抽样值通过噪声信道传输时，接收端不能准确地估值所发送的抽样信号。如果发送端用预先规定的有限个电平来表示抽样值，且电平间隔比干扰噪声大，则接收端有可能准确地估值所发送的抽样信号。因此，有可能消除随机噪声的影响。

利用预先规定的有限个最接近取样值的量化电平来表示模拟抽样值的过程称为量化。通过 4.1.1 节的学习我们知道，抽样就是把一个时间连续、幅度连续的信号变换成时间离散、幅度连续的信号。而量化则是把时间离散、幅度连续的信号抽样变换成时间离散、幅度离散的信号。连续抽样值和量化值之间的误差称为量化误差(又称量化噪声)。

图 4.2.1　量化的过程

量化的具体过程如图 4.2.1 所示。

举个例子，如果模拟输入信号经过抽样后的样值序列为{0.33，7.9，0.54，2.1，3.9，9.2，0.8}，且量化电平定义为{0，1，2，3，4，5，6，7，8，9}，那么原始模拟输入信号经过量化后的电平变为{0，8，1，2，4，9，1}，显然量化后的信号与原始信号相比是存在量化误差的，此例中的量化误差为{0.33，−0.1，−0.46，0.1，−0.1，0.2，−0.2}。由于量化间隔都是 1，因此 0～9 的输入值总可以用对应的量化电平{0，1，2，3，4，5，6，7，8，9}代替，且最大的量化误差为 0.5。

由于上例中的量化间隔都是固定值 1，即量化间隔相等，因此上例中的量化属于均匀量化，而量化间隔不等的量化则称为非均匀量化。

对于上例中的模拟输入信号{0.33，7.9，0.54，2.1，3.9，9.2，0.8}，如果定义量化电平为{0，0.25，0.5，0.75，1，2，3，4，6，8}，则模拟输入信号量化后的电平变为{0.25，8，0.5，2，4，8，0.75}。显然由于量化间隔不相等(分别为 0.25、1、2)，因此量化电平也不均匀，此量化属于非均匀量化。此时的量化误差为{0.08，−0.1，0.04，0.1，−0.1，1.2，0.05}。对于小于 1 的输入信号，由于量化电平分布比较密，因此量化误差比较小，最大为 0.125；而对于比较大的输入信号，比如 9.2，由于量化电平分布比较稀，因此量化误差比较大，达到 1.2。

4.2.1 均匀量化

把输入信号的取值域按等距离分割的量化称为均匀量化。显然，此时无论信号大小，引入的量化噪声都是一样的，即无论信号大小，量化噪声都是一样的。我们已经知道，信号的信噪比越大，信号的质量越好，那么引入了量化噪声之后，信号的信噪比会是什么样呢？分析量化过程可知，对于小信号而言，由于信号比较小，因此信号功率 S 比较小，而噪声功率 N 是不变的，从而信噪比 S/N 比较小。因此，均匀量化时，小信号的信噪比要远远小于大信号的信噪比，这是均匀量化的缺点。

举个简单的例子，如果把 0～5 V 信号按 10 格分割，每格 0.5 V，此时 0～0.25 V 的信号位于第 1 格，均用 0 V 代替，而 4.75～5 V 的信号位于第 10 格。如果一个信号为 0.20 V，则均匀量化后送出的是第 1 格的电平值 0 V，则均匀量化带来的量化误差是 0.20 V，此时的信噪比是 $S/N=(0.2/0.2)^2=1$；而当输入信号为 4.80 V 的信号时，由于信号位于第 10 格，均匀量化后输出的是第 10 格的电平值，则此时量化误差也是 0.20 V，但是信噪比是 $S/N=(4.8/0.2)^2=576$。显然，在均匀量化系统中，相同的量化误差对大信号的影响比对小信号的影响要小得多。为了保护小信号，提高小信号的信噪比，我们引入了非均匀量化。

4.2.2 非均匀量化

为了克服均匀量化的缺点，实际中往往采用非均匀量化。

非均匀量化是根据信号的不同区间来确定量化间隔的。对于信号取值小的区间，其量化间隔也小；反之，对于信号取值大的区间，其量化间隔就大。它与均匀量化相比，有两个主要的优点：

(1) 当输入量化器的信号具有非均匀分布的概率密度时，非均匀量化器输出端的平均信号的量化噪声功率比较高。

(2) 非均匀量化时，量化噪声功率的均方根值基本上与信号抽样值成比例。因此，量化噪声对大、小信号的影响大致相同，即改善了小信号的量化信噪比。

实际中，非均匀量化的实现方法通常是将抽样值经过压缩后再进行均匀量化，如图 4.2.2 所示。其中 x 为原始信号，z 为经过压缩后的信号，y 为均匀量化后的信号，$\hat{y}$ 表示接收端解码以后的信号，$\hat{x}$ 为 $\hat{y}$ 解压缩后的信号。

由图 4.2.2 可知，非均匀量化的基本思想就是把小信号放大后再进行均匀量化，把大信号进行压缩后再进行均匀量化。这样，信号在进行均匀量化之前，小信号已经被放大，而大信号则被缩小。实质上，就是以牺牲大信号的信噪比来提高小信号的信噪比。由 4.2.1 节的例子可知，大信号的信噪比已经很高了，因此适当地压缩大信号对整个信号的影响并不是很大；相反，适当地放大小信号却可以大幅度提高其信噪比。所以非均匀量化是实际中常用的量化方法。

压缩是指用一个非线性变换电路将输入信号 x 变换成另一个信号 z，即 $z=f(x)$。

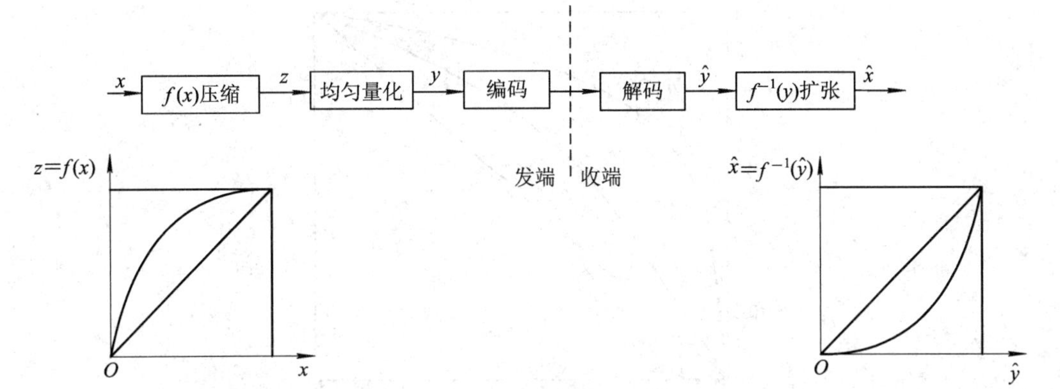

图 4.2.2　非均匀量化的实现

非均匀量化就是对压缩后的信号 z 进行均匀量化。接收端用一个传输特性为 $\hat{x}=f^{-1}(\hat{y})$ 的扩张器来恢复 x。在通常使用的压缩器中，大多数采用对数压缩，即 $z=\ln(x)$。广泛采用的两种对数压缩律是 μ 压缩律和 A 压缩律。中国和欧洲各国主要采用 A 压缩律，而美国和日本则主要采用 μ 压缩律。

A 压缩律的压缩特性定义为

$$f(x)=\begin{cases}\dfrac{Ax}{1+\ln A}, & 0\leqslant x\leqslant \dfrac{1}{A}\\[2ex] \dfrac{1+\ln Ax}{1+\ln A}, & \dfrac{1}{A}\leqslant x\leqslant 1\end{cases} \tag{4-2-1}$$

式中，A 为压缩系数，$A=1$ 时，$f(x)=x$，即无压缩，且 A 越大，压缩效果越明显。在国际标准中，A 取 87.6。图 4.2.3 所示是 A 压缩律曲线图。

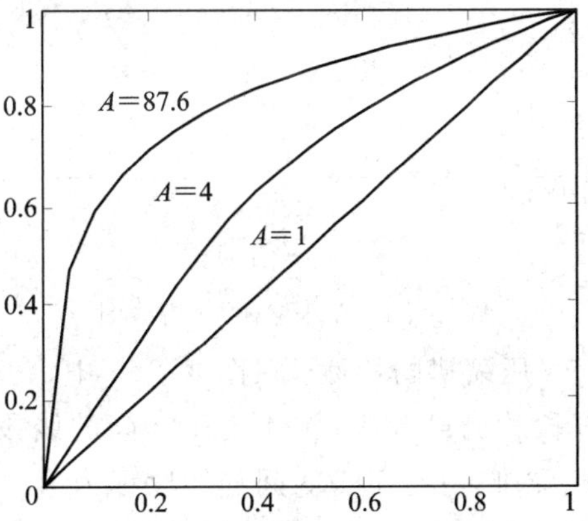

图 4.2.3　A 压缩律曲线

μ 压缩律的压缩特性定义为

$$f(x)=\frac{\ln(1+\mu x)}{\ln(1+\mu)} \tag{4-2-2}$$

式中，μ 为压缩系数，$\mu=0$ 为无压缩，μ 越大，压缩效果越明显，对改善小信号性能越有利。一般地，当 $\mu=100$ 时，压缩器的效果就比较理想了。在国际标准中，取 $\mu=255$。图 4.2.4 所示是 μ 压缩律曲线图。

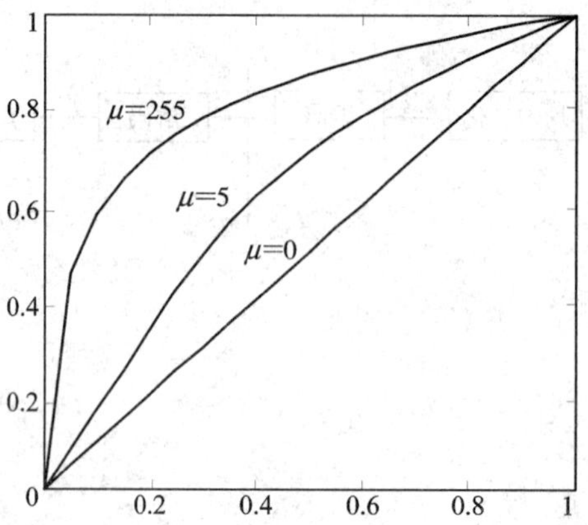

图 4.2.4 μ压缩律曲线

由图 4.2.3 和图 4.2.4 可知，A 压缩律和 μ 压缩律的曲线是连续变化的曲线。在实际的系统中，通常采用折线段来近似连续的压缩曲线，这样可以非常方便地用数字电路和软件来实现。近年来，这种折线近似的方法已经成为国际通用的标准。图 4.2.5 是 A 压缩律 13 折线的正半部分，其负半部分与正半部分成奇对称。

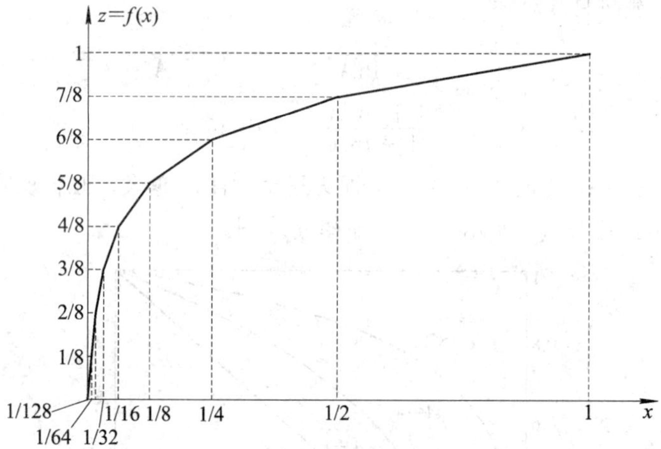

图 4.2.5 A 压缩律 13 折线图

13 折线特性是近似于 A 压缩律的特性。在图 4.2.5 中，x 在 0～1 范围内分为不均匀的 8 段。1/2 至 1 间的线段称为第 8 段；1/4 至 1/2 间的线段称为第 7 段；1/8 至 1/4 间的线段称为第 6 段；依此类推，0 至 1/128 间的线段称为第 1 段。纵坐标 y 则均匀地划分为 8 段，将这 8 段相应的坐标点(x, y)相连，就得到了一条折线。除第 1 段和第 2 段外，其他各段折线的斜率都不相同。对于交流信号，在 16 段折线中，正负第 1 段和第 2 段(共四段)的斜率相同，可合并为一段，正负双向共有 16－4＋1＝13 段折线，故称此方法为 13 折线法。

显然，A 压缩律 13 折线图可以近似模拟原始的压扩特性(A＝87.6)。同样，μ 压缩律的压缩特性也可以用折线法近似模拟，通常 μ 压缩律用 15 折线逼近。图 4.2.6 是 μ 压缩律(μ＝255)15 折线的正半部分折线图，其负半部分与正半部分成奇对称。

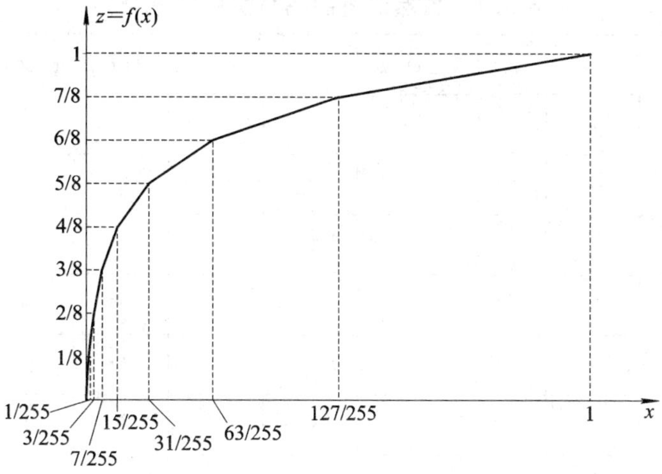

图 4.2.6　μ 压缩律($\mu=255$)15 折线图

在图 4.2.6 中，x 在 0～1 范围内也分为不均匀的 8 段。127/255 至 1 间的线段称为第 8 段；63/255 至127/255 间的线段称为第 7 段；31/255 至 63/255 间的线段称为第 6 段；依此类推，0 至 1/255 间的线段称为第 1 段。纵坐标 y 则均匀地划分为 8 段，将这 8 段相应的坐标点(x, y)相连，就得到了一条折线。8 段折线的斜率都不相同。对于交流信号，正负第 1 段的斜率相同，故共有 15 段折线，因此称该方法为 15 折线法。

4.3　脉冲编码调制(PCM)

脉冲编码调制(PCM)是将模拟信号变成数字信号的一种编码方式。PCM 在实际的系统中应用十分广泛，目前我们常用的电话系统采用的就是 PCM 编码。此外，在光纤通信、数字微波通信以及微波通信中都应用了 PCM 技术。

PCM 主要包括 3 个步骤，分别是抽样、量化和编码。

(1) 抽样：把时间上连续的模拟信号转换成时间上离散的抽样信号。注意，此时抽样信号在幅度上是连续的。此时用低通抽样定理，且 $f_s \geq 2f_H$。

(2) 量化：把幅度上连续的抽样信号转换成幅度上离散的量化信号。量化后，连续的幅度被有限的、离散的幅度值代替，量化前的信号和量化后的信号之间的差值称为量化误差。显然量化误差越小，量化后信号的精度越高。PCM 采用非均匀量化。

(3) 编码：把量化后的离散值用二进制代码表示。显然，量化后的离散值越多，需要的二进制代码的位数也越多，因此编码的精度越高。我们经常听的 CD 音乐采用的是 16 bit 量化编码，可以表示 2^{16} 个离散样值，显然其精度要远远大于我们的电话系统(8 bit 编码，可表示 2^8 个离散样值)，这也是 CD 音乐比电话更逼真的原因。

常用的编码码型主要有自然二进制码(Natural Binary Code，NBC)和折叠二进制码(Folded Binary Code，FBC)。自然二进制编码是从小到大按自然顺序编码的，而折叠二进制编码是用码的最高位表示信号的符号(即信号的正负)，其余位表示信号绝对值的大小。表 4.3.1 列出了它们的区别。

表 4.3.1 自然二进制码与折叠二进制码

电平序号	自然二进制码				折叠二进制码			
	b_1	b_2	b_3	b_4	b_1	b_2	b_3	b_4
15	1	1	1	1	1	1	1	1
14	1	1	1	0	1	1	1	0
13	1	1	0	1	1	1	0	1
12	1	1	0	0	1	1	0	0
11	1	0	1	1	1	0	1	1
10	1	0	1	0	1	0	1	0
9	1	0	0	1	1	0	0	1
8	1	0	0	0	1	0	0	0
7	0	1	1	1	0	0	0	0
6	0	1	1	0	0	0	0	1
5	0	1	0	1	0	0	1	0
4	0	1	0	0	0	0	1	1
3	0	0	1	1	0	1	0	0
2	0	0	1	0	0	1	0	1
1	0	0	0	1	0	1	1	0
0	0	0	0	0	0	1	1	1

注：b_i(i=1，2，3，4)为二进制代码的位置信息表示。

在 PCM 编码中，使用的是折叠二进制码，即先对信号的正负进行编码，然后对信号的绝对值进行编码。在 A 压缩律 13 折线 PCM 编码中，正负方向共有 16 个段落，在每一段落内有 16 个均匀分布的量化电平，因此总的量化电平数 $L=256$，编码数位 $n=8$。8 位码的排列如下：

$$M_1 \quad M_2 \quad M_3 \quad M_4 \quad M_5 \quad M_6 \quad M_7 \quad M_8$$

其中，M_1 为极性码，“0”表示负，“1”表示正，这样正负各有 128 个量化级；M_2、M_3、M_4 为段落码，表示 8 个段，段落码采用非均匀量化；M_5、M_6、M_7、M_8 为段内码，段内码采用均匀量化，分 16 个段。

表 4.3.2 是 A 压缩律 13 折线非均匀量化的编码表。

表 4.3.2　A 压缩律 13 折线非均匀量化的编码表

段落号	段落码			段落码对应的起始电平	段内码对应的电平				段内量化间隔
	M_2	M_3	M_4		M_5	M_6	M_7	M_8	
1	0	0	0	0	8	4	2	1	1
2	0	0	1	16	8	4	2	1	1
3	0	1	0	32	16	8	4	2	2
4	0	1	1	64	32	16	8	4	4
5	1	0	0	128	64	32	16	8	8
6	1	0	1	256	128	64	32	16	16
7	1	1	0	512	256	128	64	32	32
8	1	1	1	1024	512	256	128	64	64

【例 4.3.1】 假设输入信号的抽样值为 $+1270\Delta$ 个量化级，试根据逐次比较型编码器原理将它按照 A 压缩律 13 折线特性编成 8 位码。

解　极性码 M_1 是 1；段落码 $M_2M_3M_4$ 是 111；段内码 $M_5M_6M_7M_8$ 是 0011，8 位编码是 11110011。

解码输出为

$$1024+128+64+\frac{64}{2}=1248\Delta$$

量化误差为

$$1270-1248=22\Delta<\frac{64}{2}$$

4.4　增量调制(ΔM)

增量调制简称 ΔM，它是继 PCM 之后出现的又一种模拟信号数字化的方法。它最早是由法国工程师 De Loraine 于 1946 年提出来的，目的在于简化模拟信号的数字化方法。增量调制在被提出后的 30 多年间有了很大发展，特别是在军事和工业部门的专用通信网和卫星通信中得到了广泛应用。不仅如此，近年来在高速超大规模集成电路中，增量调制已被用作 A/D 转换器。

增量调制获得广泛应用的原因主要有以下几点：

(1) 在比特率较低时，增量调制的量化信噪比高于 PCM 的量化信噪比。

(2) 增量调制的抗误码性能好，能工作于误码率为 $10^{-2}\sim10^{-3}$ 的信道中，而 PCM 通常要求误比特率为 $10^{-4}\sim10^{-6}$。

(3) 增量调制的编、译码器比 PCM 的简单。

增量调制最主要的特点就是它所产生的二进制代码用于表示模拟信号前后两个抽样值的差别(增加或减少)，而不表示抽样值本身的大小，这就是增量调制名称的由来。在增量调制系统的发送端，调制后的二进制代码1和0只表示信号在这一个抽样时刻相对于前一个抽样时刻是增加(用1码)还是减少(用0码)。接收端的译码器每收到一个1码，译码器的输出相对于前一个时刻的值上升一个量化阶；每收到一个0码，译码器的输出相对于前一个时刻的值下降一个量化阶。通过上述分析可知，ΔM可以看成是PCM的一种特例。它只用一位编码，不表示采样值的大小，而表示采样时刻波形的变化趋势。ΔM波形编码如图4.4.1所示。

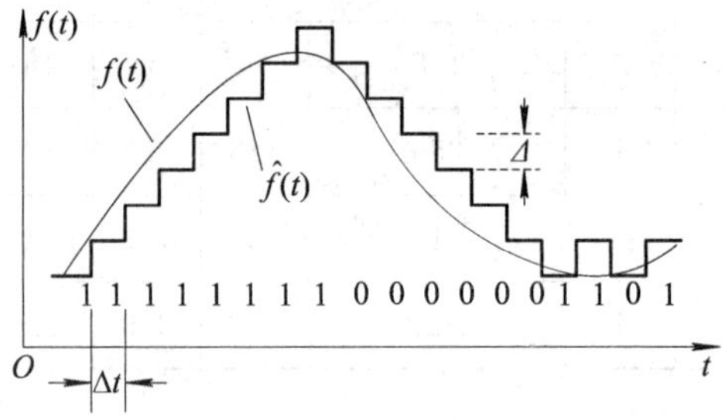

图 4.4.1　ΔM 波形编码

图4.4.2是增量调制的编码原理框图。由图4.4.2可知，增量调制的编码主要分为以下几个步骤：

(1) 输入信号与本地译码(预测)信号进行比较，产生误差信号 $e(t)$。

(2) 利用量化器对 $e(t)$ 进行量化，若 $e(t)>0$，则输出 $\hat{e}(t)=+\Delta$；若 $e(t)<0$，则输出 $\hat{e}(t)=-\Delta$。

(3) $\hat{e}(t)$ 为 $+\Delta$ 时输出数字信号“1”；$\hat{e}(t)$ 为 $-\Delta$ 时输出数字信号“0”。

(4) $\hat{e}(t)$ 与上一次的译码信号 $\hat{f}(t-\Delta t)$ 相加得到新的译码信号 $\hat{f}(t)$。

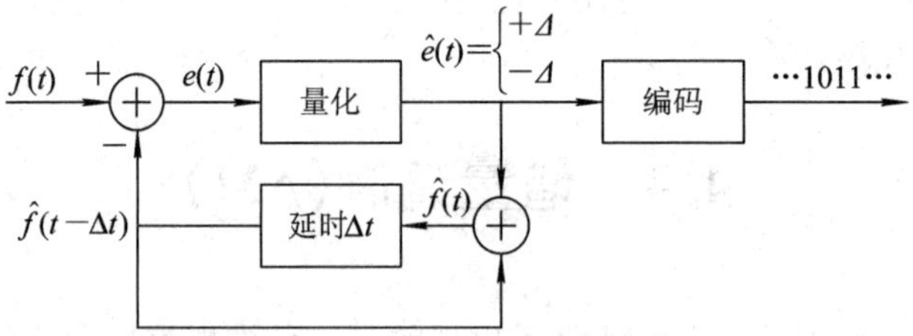

图 4.4.2　增量调制的编码原理框图

图4.4.3是增量调制的译码原理图。

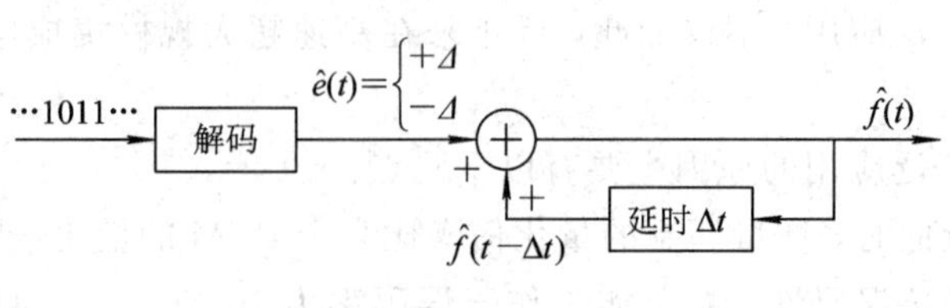

图 4.4.3　增量调制的译码原理框图

增量调制的译码可分成以下几个步骤：

(1) 输入信号为数字信号，解码产生增量信号 $\hat{e}(t)$，"1"对应"$+\Delta$"，"0"对应"$-\Delta$"。

(2) $\hat{e}(t)$与上一时刻的译码信号 $\hat{f}(t-\Delta t)$相加，得到当前时刻的译码信号 $\hat{f}(t)$。

通过对增量调制的介绍，我们掌握了增量调制的基本原理，那么增量调制的参数如何设置呢？

首先，增量调制的抽样频率要远远大于信号的最高频率，即 Δt 要足够小，这是增量调制与 PCM 调制不同的地方。在 PCM 编码中，抽样频率只要大于信号最高频率的两倍即可，而增量调制中抽样频率通常要远大于信号最高频率的两倍。如果抽样频率不够大，则编码信号跟不上信号的变化，从而导致失真过大。图 4.4.4 显示了抽样频率过小时的增量调制波形图。由图可知，抽样频率过小会导致失真过大。

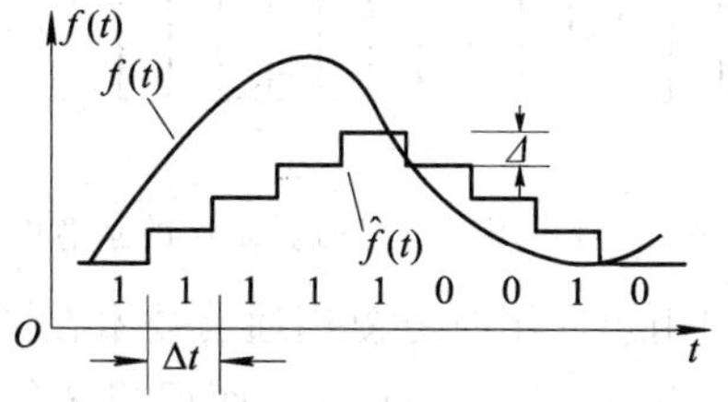

图 4.4.4　抽样频率过小时的增量调制波形

其次，增量调制的增量值 Δ 要取适当的值。如果 Δ 太小，则需要非常大的抽样频率才能保证编码后的信号与原始信号一致；如果 Δ 太大，则量化阶距比较粗，从而导致量化误差太大。图 4.4.5 是量化阶距较大时的增量调制波形图。

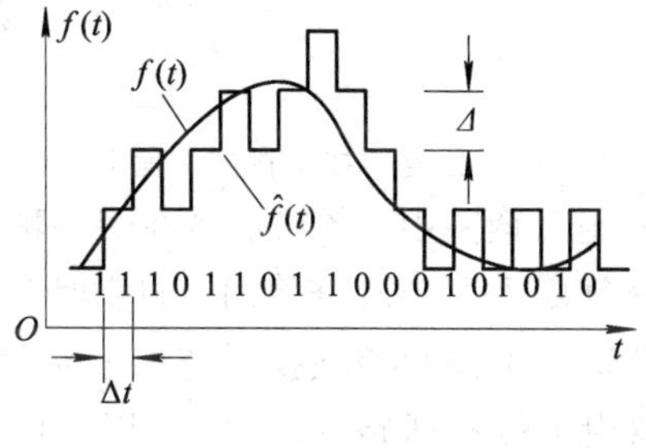

图 4.4.5　量化阶距较大时的增量调制波形

4.5　时分复用(TDM)

为了提高通信系统信道的利用率，话音信号的传输往往采用多路复用通信技术。这里所谓的多路复用通信技术通常是指在一条信道上同时传输多个话音信号的技术，有时也将这种技术简称为复用技术。复用技术有多种，如频分复用、时分复用以及码分复用等。

时分复用(Time-Division Multiplexing，TDM)技术是指将若干路不同的信号相互交织地安排在不同的时间段内，沿着同一个信道传输，在接收端用某种方法将各个时间段内的信号提取出来以还原原始信号的通信技术。利用这种技术可以在同一个信道上传输多路信号。

时分复用是建立在抽样定理基础上的。抽样定理使连续(模拟)的调制信号被时间上离散的抽样值所代替。这样，当抽样脉冲较窄时，在抽样脉冲之间就有较大的时间间隔，利用这种时间间隔便可以传输其他信号的抽样值。因此，就有可能沿一条信道同时传送若干个调制信号。图 4.5.1 所示是两个信号时分复用的示意图。由图 4.5.1 可知，两路不同的时域信号 $f_1(t)$、$f_2(t)$，用相同频率的抽样脉冲对两个信号进行抽样，两信号抽样后的信号值交织地安排在不同的时间段内沿着同一条信道进行传输，这就实现了时分复用。

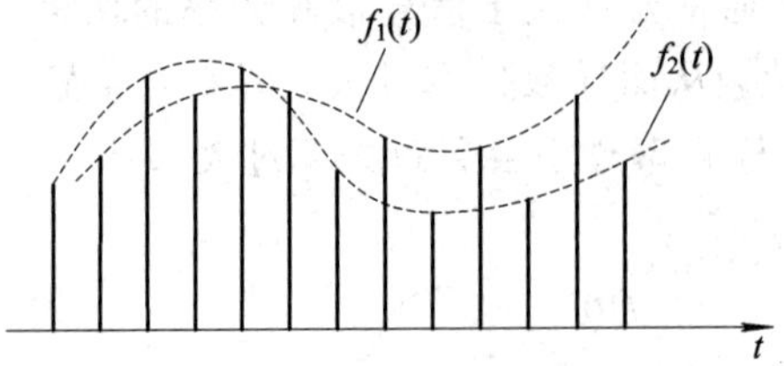

图 4.5.1 两个信号时分复用的示意图

图 4.5.2 所示为 3 个不同用户利用时分复用通信技术在同一信道上传输各自信号的示意图。其中用户 1 传输 1234，用户 2 传输 ABCD，而用户 3 传输 WXYZ，且 1、A、W，2、B、X，3、C、Y，4、D、Z 组成的数据均称为帧。

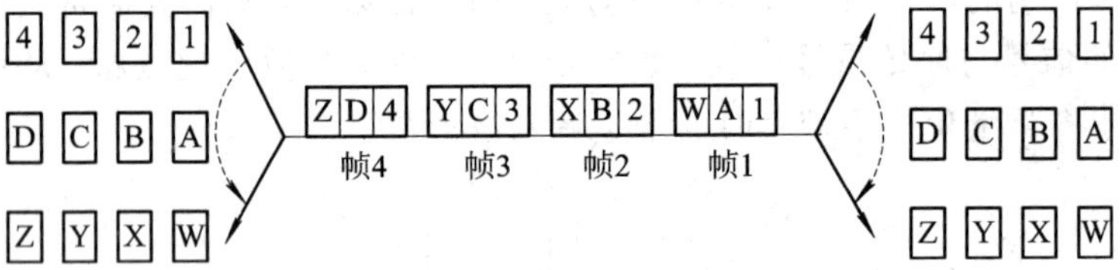

4.5.2 3 个不同用户利用时分复用技术在同一信道上传输各自信号的示意图

在图 4.5.2 所示的时分复用示意图中，各路信号在每一帧中占用的时隙位置是预先指定且固定不变的，故称该时分复用为同步时分复用。同步时分复用在程控交换系统中被广泛使用。图 4.5.3 所示是 PCM30/32 路程控交换系统的帧结构。通过时分复用，线路被分为 32 个时隙，其中 30 个时隙用于传输话路，2 个时隙用于传输同步信息和信令信息。在 PCM30/32 路程控交换系统的帧中，一帧占用 125 μs，共传输 256 bit，每个时隙时长约为 3.9 μs，传输8 bit，所以整个帧的传输速率是 2.048 Mb/s。PCM30/32 时分复用帧结构与 A 压缩律被中国和欧洲各国的电话通信系统采用，而美国和日本的电话系统则采用 24 时隙的时分复用结构和 μ 压缩律。

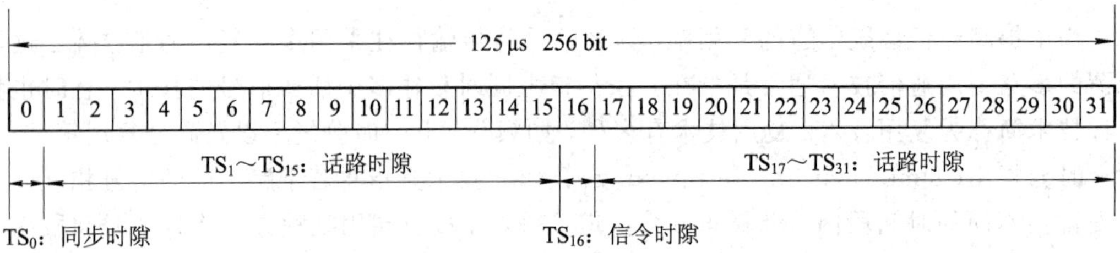

图 4.5.3 PCM30/32 路程控交换系统的帧结构

本章知识点小结

模拟信号数字化的三个步骤是抽样、量化、编码。

1. 抽样

(1) 定义：将时间上连续的模拟信号转换成时间上离散的样值序列的过程称为抽样。

(2) 实现方法：用一个周期为 T_s 的冲激函数抽样脉冲与被抽样信号 $f(t)$ 相乘后得到抽样信号 $f_o(t)$，T_s 称为抽样周期，f_s 称为抽样频率，$f_s=1/T_s$。

(3) 抽样定理。

① 低通抽样定理。如果模拟信号的频率成分限制在$(0，f_H)$范围(f_H 为信号的最高频率)内，那么只要抽样频率大于等于信号最高频率的 2 倍，即 $f_s \geqslant 2f_H$，则抽样后的离散样值就可以无失真地恢复原始信号，这个定理称为低通抽样定理，其中 f_s 为抽样频率。

② 带通抽样。当信号的频率分量被限制在$(f_L，f_H)$(f_L 为信号的最低频率)内，信号带宽 $B(=f_H-f_L)$远小于信号的中心频率，只要抽样频率满足 $2B \leqslant f_s \leqslant 4B$，就可以无失真地还原信号。

(4) 脉冲幅度调制(PAM)。当抽样信号为脉宽为 τ、重复周期为 T_s 的矩形脉冲时的抽样称为脉冲幅度调制，抽样频率依然需要满足 $f_s \geqslant 2f_H$。

① PAM 和低通抽样具有相同的过程。

② 矩形窄脉冲抽样时包络的总趋势是随 ω 的上升而下降，因此带宽比低通抽样时的窄。τ 越大，带宽越小；τ 越小，带宽越大。

2. 量化

(1) 定义：利用预先规定的有限个最接近取样值的量化电平来表示模拟抽样值的过程。量化又分为均匀量化和非均匀量化。

(2) 量化的目的：将模拟信号转换成数字信号。量化产生的误差称为量化误差。

(3) 均匀量化：把输入信号的取值域按等距离分割的量化。

① 优点：分割简单。

② 缺点：小信号的量化误差较大，抗噪声性能较差。

(4) 非均匀量化：把输入信号的取值域按不等距离分割的量化。

① 优点：提高小信号的量化信噪比，扩大量化器的动态范围。

② 缺点：量化方法复杂。

③ 常用的非均匀量化方法：A 压缩律 13 折线法、μ 压缩律 15 折线法。

3. 编码

(1) 定义：把量化后的离散值用二进制代码表示。

(2) 常用的编码码型：自然二进制码、折叠二进制码。

4. 两种常用编码调制

(1) 脉冲编码调制(PCM)。

① 抽样：低通抽样定理或 PAM，抽样频率 $f_s \geqslant 2f_H$。

② 量化：A 压缩律 13 折线法。

③ 编码：8 位码(1 位极性码、3 位段落码、4 位段内码)。

(2) 增量调制(ΔM)。

① 抽样：抽样频率 $f_s \gg 2f_H$。

② 量化：均匀量化。

③ 编码：1 位码。当采样值大于前一个样值的量化电平时，编码为 1，否则编码为 0。

(3) 性能比较。

① 量化信噪比：当比特率较低时，ΔM 的量化信噪比优于 PCM 的量化信噪比。

② 抗误码性能：ΔM 优于 PCM。

③ ΔM 的编译码器比 PCM 的简单。

5. 时分复用(TDM)

(1) 定义：将若干路不同的信号相互交织地安排在不同的时间段内，沿着同一个信道传输，在接收端用某种方法将各个时间段内的信号提取出来以还原原始信号的通信技术。

(2) 应用：PCM30/32 路程控交换系统。

习　题

一、选择题

1. PAM 是 Pulse Amplitude Modulation 的缩写，其中文含义是(　　)。

A. 脉冲放大调制　　B. 脉冲模拟调制

C. 脉冲编码方式　　D. 脉冲幅度调制

2. PCM 是 Pulse Code Modulation 的缩写，其中文含义是(　　)。

A. 脉冲编码调制　　B. 脉冲解码调制

C. 脉冲编码方式　　D. 脉冲解码方式

3. PCM30/32 路程控交换系统是(　　)系统。

A. 时分复用　　B. 频分复用

C. 波分复用　　D. 多普勒效应

4. 我国模拟用户在程控交换用户接口电路 A/D 转换过程中采用(　　)实现非均匀量化编码。

A. μ 压缩律　　B. 11 折线

C. 15 折线　　D. A 压缩律

5. 模拟电话用户经 A/D 转换时的量化级为(　　)。

A. 64 个　　B. 128 个

C. 256 个　　D. 512 个

6. 模拟话音信号在抽样前是(　　)。

A. 时间离散但幅度连续的模拟信号　B. 时间和幅度都离散的数字信号

C. PCM 编码数字信号　D. 时间和幅度都连续的模拟信号

二、简答题

1. 简述低通抽样定理的内容。如果语音信号的频率范围是 200～3400 Hz，则采样频率应该为多少？为什么？

2. 增量调制的抽样频率与脉冲编码调制的抽样频率有什么不同？为什么？

3. 简述模拟信号与数字信号的区别和各自的优缺点。

三、计算题

1. 已知某信号 $f(t)=\cos 2\pi t+2\cos 4\pi t$，对其进行理想抽样。

(1) 为了在接收端不失真地从已抽样信号 $f_s(t)$ 中恢复 $f(t)$，应如何选择抽样间隔？

(2) 若抽样间隔为 0.2 s，试画出已抽样信号的频谱图。

2. 采用 A 压缩律 13 折线法编码，设最小的量化级为 1 个单位，已知抽样脉冲值为 +635 单位。

(1) 试求此时编码器输出的码组，并计算量化误差(段内码用自然码)；

(2) 写出对应于该 7 位码(不含极性码)的均匀量化 11 位码。

3. 12 路载波电话信号占用的频率范围为 60～108 Hz，求出其最低抽样频率 $f_{s\min}$ 并画出理想抽样后的频谱。

4. 某模拟带通信号 $f(t)$ 的频率限制在 100～101 kHz 范围内，现在对 $f(t)$ 进行理想抽样。

(1) 最低抽样频率为多少？

(2) 对抽样结果进行 16 级等量级量化，并将其编成自然二进制码，所得数据速率为多少？

5. 幅度范围为 −1～+1 V 的语音信号的某个抽样值经过 A 压缩律 13 折线编码后的结果是 01110001，此码字经过信道传输后，由于误码的原因收到的是 011000001，则译码结果中纯由误码造成的输出电压的误差是多少伏(不考虑量化自身引起的误差)？

实训 2　模拟信号的抽样与还原

一、实训目的

(1) 掌握抽样定理的概念。

(2) 掌握模拟信号抽样与还原的原理及实现方法。

(3) 了解模拟信号抽样过程中的频谱。

二、实训内容

(1) 采用不同频率的方波对同一模拟信号抽样并还原，观测并比较抽样信号及还原信号的波形和频谱。

(2) 采用同一频率但不同占空比的方波对同一模拟信号抽样并还原，观测并比较抽样信号及还原信号的波形和频谱。

三、实训设备与工具

根据各自实验的设计方案确定设备，可以通过硬件搭建平台实现和通过实验箱实现，也可以通过各类软件编程实现。

四、实训原理

1. 模拟信号抽样原理

实训图 4.1 是模拟信号的抽样原理框图。

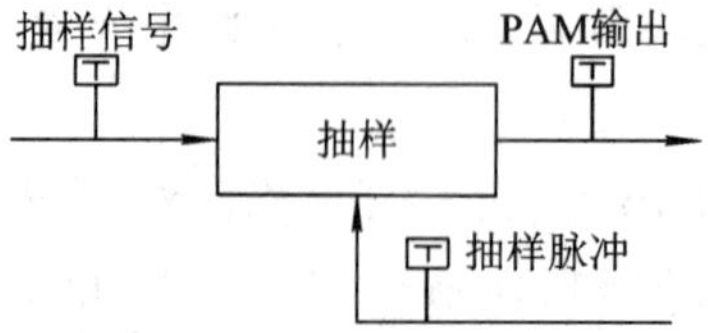

实训图 4.1 模拟信号的抽样原理框图

实际上，理想冲激脉冲串的物理实现比较困难，实验中可以采用利用直接数字频率合成(DDS)技术合成的信源产生的矩形脉冲来代替理想的冲激脉冲串。

规定，300～3400 Hz 范围内的音频信号由信号源模块提供。根据抽样定理的描述，抽样脉冲的频率应大于或等于输入的音频信号频率的 2 倍，可以选择为 8 kHz。

抽样信号和抽样脉冲送入模拟信号的数字化模块抽样电路中，产生 PAM 抽样信号。

2. 抽样信号的还原

若要解调出原始语音信号，则将抽样信号送入截止频率为 3400 Hz 的低通滤波器即可。抽样信号的还原原理框图如实训图 4.2 所示。

实训图 4.2 抽样信号的还原原理框图

五、思考题

(1) 当输入的调制信号是频率为 2 kHz、峰峰值为 3 V 的正弦波，抽样脉冲是频率为 2 kHz 的脉冲方波时，解调出来的信号会怎样？

(2) 当输入的调制信号是频率为 2 kHz、峰峰值为 3 V 的正弦波，抽样脉冲是频率分别为4 kHz、8 kHz、16 kHz 的脉冲方波时，解调出来的信号会怎样？哪个更接近原始信号?

(3) 解调还原回来的信号的强弱与抽样频率、抽样脉冲宽度有关吗? 为什么?

(4) 抽样脉冲的宽度会影响解调结果吗? 为什么?

实训 3　脉冲编码调制与解调

一、实训目的

(1) 掌握抽样信号的量化原理。

(2) 掌握脉冲编码调制的基本原理。

(3) 了解 PCM 系统中噪声的影响。

二、实训内容

(1) 对模拟信号进行脉冲编码调制，观测 PCM 编码。

(2) 将 PCM 编码解调还原。

三、实训设备与工具

根据各自实验设计方案确定设备，可以通过硬件搭建平台实现和通过实验箱实现，也可以通过各类软件编程实现。如果用硬件搭建平台，则需要双踪示波器和函数信号发生器各一台。

四、实训原理

PCM 原理如实训图 4.3 所示。

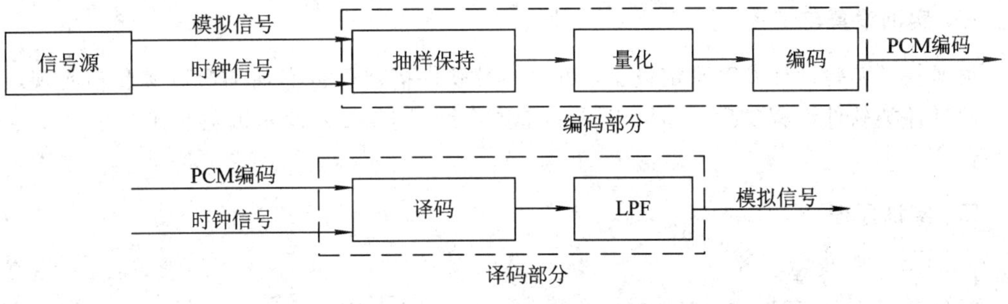

实训图 4.3　PCM 原理框图

在实训图 4.3 中，可以设计一个信号源模块，使其提供一定音频范围内的模拟信号和时钟信号。时钟信号包括帧同步信号和位同步信号，抽样脉冲信号通常是频率为 8 kHz 的脉冲方波，两个相邻的抽样点之间的时间间隔为一帧，因此一帧的传播速率为 8 kb/s。帧同步信号的频率与抽样脉冲信号的频率相同，都是 8 kHz。而抽样脉冲信号对调制信号每抽样一次，就进行一次量化和 PCM 编码。PCM 编码为 8 位码，将每一位数字代码用电波形式表达时需要一个位定时同步时钟来实现，因此每一个 PCM 编码需要一个频率为 8 kHz×8=64 kHz 的位同步时钟信号。

译码部分同样，将 PCM 编码与各时钟信号送入，经译码与低通滤波器后还原出模拟信号。

五、思考题

(1) 当信号源输出频率为 2 kHz、峰峰值为 3 V 的正弦波，抽样脉冲是频率为 8 kHz 的脉冲方波时，PCM 编码是怎样的？多少位后会有重复现象？为什么？

(2) 当信号源输出频率为 1 kHz、峰峰值为 3 V 的正弦波，抽样脉冲是频率为 8 kHz 的脉冲方波时，PCM 编码是怎样的？多少位后会有重复现象？为什么？

(3) 当信号源输出信号是频率为 2 kHz 的正弦波，抽样脉冲是频率为 8 kHz 的脉冲方波时，改变正弦波的峰值，观察 PCM 编码值是否与(1)中的值一样？

(4) 解调还原回来的信号的强弱与抽样频率、抽样脉冲的宽度有关吗？为什么？

实训 4　时分复用

一、实训目的

(1) 了解时分复用的基本概念。

(2) 掌握时分复用与解复用的原理框图。

(3) 掌握时分复用信号的结构。

二、实训内容

(1) 对双路模拟信号分别进行 PCM 编码和时分复用，观测时分复用信号。

(2) 对时分复用信号进行时分解复用，再分别进行 PCM 译码和还原。

三、实训设备与工具

根据各自实验设计方案确定设备，可以通过硬件搭建平台实现和通过实验箱实现，也可以通过各类软件编程实现。如果用硬件搭建平台，则需要双踪示波器和函数信号发生器各一台。

四、实训原理

1. 时分复用原理

时分复用原理框图如实训图 4.4 所示(硬件搭建原理图)。

在实训图 4.4 中，选择四路数字信号通过时分复用模块组成一个帧结构，包括帧同步时隙传输的数据 0 和三路数字信息数据 1、数据 2、数据 3。这三路数字信息中，数据 1、数据 2 可以选择实训 3 中语音信号形成的 PCM 编码，数据 3 可以用拨码开关实现 8 位码，而数据 0 占用帧同步时隙，传输的数据为 01110010(巴克码，第 8 章会讲到)。将此四路信号数据和位同步时钟信号、帧同步时钟信号一起送入复用模块合成一个由四个时隙组成的帧结构，见实训图 4.5 所示的帧结构。由实训 3 可知，用 8 kHz 脉冲方波对调制信号进行抽样时，每个时隙 PCM 编码的信息速率为64 kb/s，故位同步时钟信号的频率为 64 kHz，帧同步时钟信号的频率为 8 kHz。

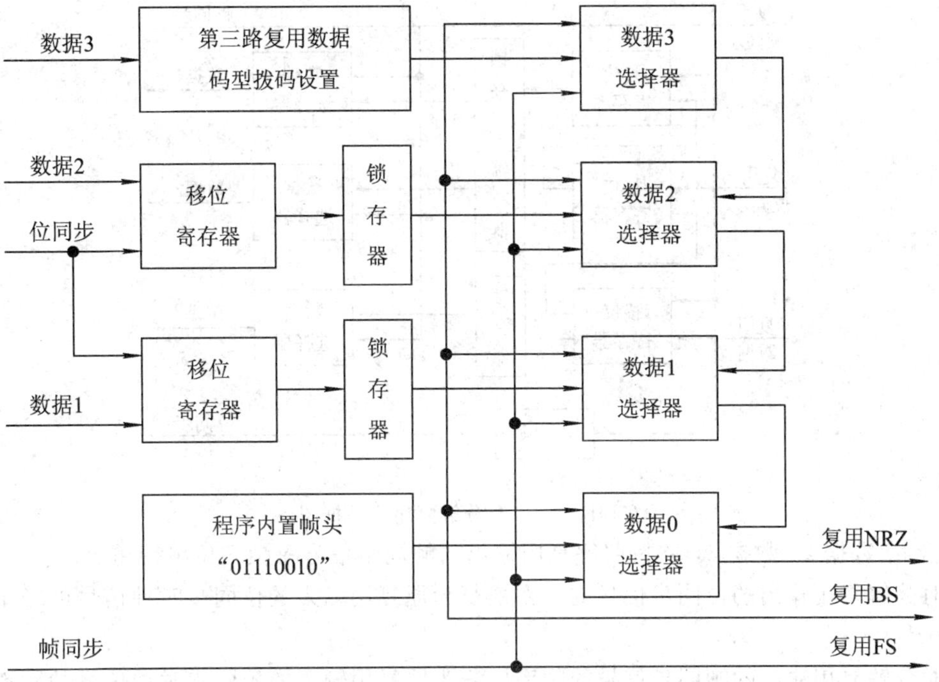

实训图 4.4　时分复用原理框图

时分复用输出的位同步信号的频率设定为输入位时钟频率(64 kHz)的 4 倍，即 256 kHz。

时分复用输出的帧同步信号的一帧由 32 位组成，故帧同步信号的频率为位同步信号的 1/32，即 8 kHz。

时分复用输出信号的结构如实训图 4.5 所示。

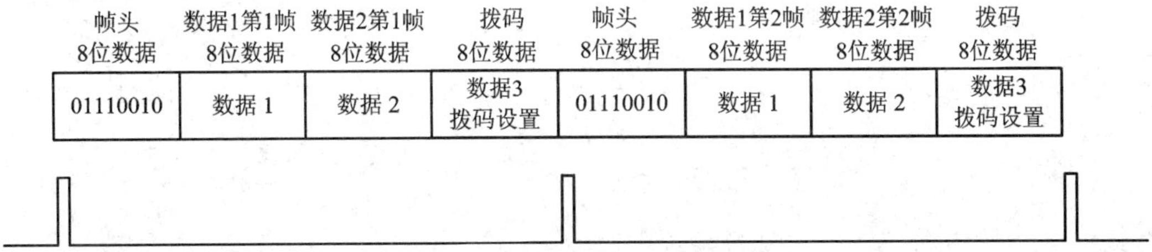

实训图 4.5　时分复用输出信号的结构

2. 时分解复用原理

时分解复用原理如实训图 4.6 所示。

复用数据连同对应的位同步信号、帧同步信号一起送入复用模块，时分解复用输入对应的插孔，复用数据的信息速率是 256 kb/s，位同步信号的频率是 256 kHz，帧同步信号的频率是 8 kHz。

在时分解复用过程中，工作时钟频率仍为 2048 kHz，首先由三个移位寄存器对已复用数据(一帧)进行串行到并行的转换，将其转换为 24 位并行数据并输出，原复用数据中的帧头自动丢弃；然后在帧同步信号的控制下，数据选择器按照解复用输出的位同步信号恢复

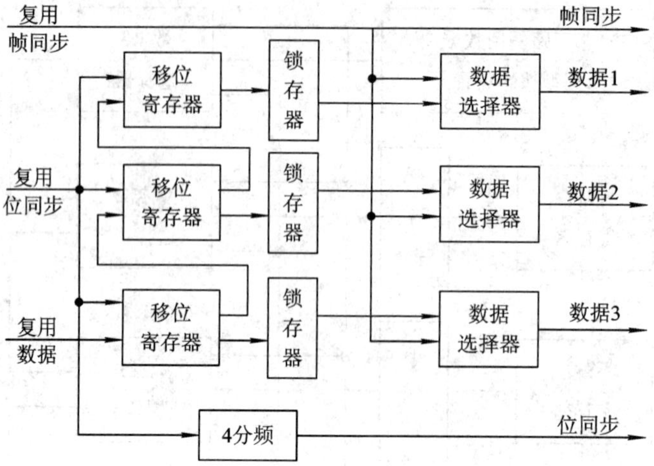

实训图 4.6　时分解复用原理框图

原数据 1、数据 2、数据 3，并按照解复用输出的帧同步信号每帧 8 位串行输出。

时分解复用输出的位同步信号的频率恢复为原复用输入的位同步时钟信号的频率，即 64 kHz。

时分解复用输出的帧同步信号的频率恢复为原复用输入的帧同步时钟信号的频率，即 8 kHz。

解复用输出的数据连同解复用输出的位同步信号、帧同步信号一起再送入模拟信号数字化模块中，PCM 译码并还原即可。

五、思考题

(1) 当两路模拟信号的频率、幅度改变时，帧结构中的编码是否变化？

(2) 当调整拨码开关为 01110010 码型时(与帧定位信号一致)，系统会出现什么情况？

第 5 章　数字信号的基带传输

本章学习目标

(1) 理解数字基带信号的概念，掌握数字基带传输的基本码型。
(2) 了解数字基带信号的频谱特性。
(3) 掌握数字基带传输系统无码间串扰的传输条件。
(4) 了解眼图。

本章内容

- 数字基带传输的基本码型
- 数字基带信号的频谱特性
- 数字基带传输系统无码间串扰的传输条件
- 数字基带传输系统的误码率
- 眼图

本章重点

- 数字基带传输的基本码型
- 数字基带传输系统无码间串扰的传输条件

本章难点

- 数字基带信号的频谱特性
- 数字基带传输系统无码间串扰的传输条件

本章学时

14 学时

在数据通信中，由计算机或终端等数字设备直接发出的二进制数字信号是典型的矩形电脉冲信号，其频谱包括直流、低频和高频等多种成分。在数字信号的频谱中，把直流(零频)开始到能量集中的一段频率范围称为基本频带，简称为基带。因此，数字信号又被称为数字基带信号，在信道中直接传输这种数字基带信号称为基带传输。在基带传输中，整个信道只传输一种信号，通信信道利用率低。

从传输的角度看，数字通信系统有两个基本的变换：一个是把消息变换成数字基带信号；另一个则是把数字基带信号变换成信道可传输的信号。但在实际的数字通信中并不一定都要进行这两个变换，有时做完第一种变换后，就将数字基带信号直接进行传输。这种不经过调制和解调过程、直接传输数字基带信号的传输系统称为基带传输系统；对应地，将包括调制与解调过程的传输系统称为数字频带传输系统。

直接传输数字基带信号一般是因为传输信号的信道带宽与数字基带信号的频带宽度大致相同。例如，计算机网的网线、电传机的电话线、石油测井的井下仪到地面设备的测量电缆等都是直接传输数字基带信号的。在上述信道情况下，如果再将数字基带信号调制到高频上，就无法传输了。传输数字基带信号的信道一般都是导线或电缆。

在日常生活中，常见的基带传输系统是计算机网络中的局域网，计算机终端直接发出的二进制信号是典型的数字基带信号。计算机终端在局域网范围内通过网线、交换机与路由器进行通信。在 4 G 制式的移动通信中，用户通过手机上网，基站在接收用户的频带信号后将频带信号解调为数字基带信号，再通过路由器接入到 IP 网络中。

从通信的有效性方面考虑，基带传输不如频带传输用得广泛，但在基带传输中要讨论的许多问题在频带传输中也必须考虑，因此掌握好数字信号的基带传输原理是十分重要的。由于在近距离范围内，基带信号的功率衰减不大，从而信道容量不会发生变化，因此，在局域网中通常使用基带传输技术。在基带传输中，需要对数字信号进行编码。

本章在介绍数字基带传输的基本码型和数字基带信号的频谱特性的基础上，重点介绍数字基带传输系统无码间串扰的传输条件和数字基带传输系统的误码率。

5.1 数字基带传输的基本码型

一般情况下，数字信息可以表示为一个数字序列，即

$$\cdots, a_{-2}, a_{-1}, a_0, a_1, a_2, \cdots, a_n, \cdots$$

上述序列被记作$\{a_n\}$，其中 a_n 是数字序列的基本单元，称为码元。每个码元只能取离散的有限个值。例如，在二进制中，a_n 只能取 0 或 1 两个值；在三进制中，a_n 可取 0、1、2 三个值；在 M 进制中，a_n 可取 0，1，2，…，$M-1$ 共 M 个值，或者取二进制码的 M 种排列。通常用不同幅度的脉冲表示码元的不同取值，这样的脉冲信号就是数字基带信号。也就是说，数字基带信号是数字信息的电脉冲表示，电脉冲的形式称为码型。在有线信道中传输的数字基带信号又称为线路传输码型。把数字信息表示为电脉冲的过程称为码型编码，而由码型还原为数字信息的过程称为码型译码。

5.1.1　码型设计原则

数字基带信号是数字信息的电脉冲表示，不同形式的数字基带信号(又称为码型)具有不同的频谱结构，因而频率特性不尽相同。合理地设计数字基带信号的频谱结构，使数字信息变换为更适合于给定信道的传输信息，是基带传输首先要考虑的问题。码型设计原则如下：

(1) 码型中的低频、高频分量应尽量少。因为码型中的低频、高频分量在传输中均有较大的衰减，且低频分量要求元件尺寸大，高频分量会对邻近线路造成较大干扰，所以码型中的低频、高频分量应尽量少。这样做还可以节省传输频带，提高信道利用率。

(2) 码型中应包含位定时信息，以便定时提取。在基带传输系统中，位定时信息是接收端再生原始信息所必需的。在某些应用中，位定时信息可以用单独的信道与基带信号同时传输，但在远距离传输系统中这样做常常是不经济的，因而需要从基带信号中提取位定时信息，这就要求基带信号本身或经简单的非线性变换后能产生出位定时信号频谱。

(3) 码型具有一定检错能力。若传输码型有一定的规律，则可根据这一规律来检测传输质量，以便进行自动监测。

(4) 编码方案对发送信息的类型不应有任何限制，即能适合于信源变化。这种与信源的统计特性无关的特性称为对信源具有透明性。不受信源统计特性影响的线路码型不会长时间出现高电平或低电平的现象。

(5) 低误码增值。误码增值是指单个的数字传输错误在接收端解码时，造成错误码元的平均个数增加。从传输质量要求出发，误码增值越小越好。

(6) 码型变换(编译码)设备要简单可靠。

(7) 编码效率要高。

上述各项原则不是任何基带传输码型均能完全满足的，往往是依照实际要求满足其中的若干项。

数字基带信号的码型种类繁多，根据各种数字基带信号中每个码元的幅度取值不同，可以把它们归纳分类为二元码、三元码和多元码。这里仅介绍几种应用广泛的码型。

5.1.2　二元码

幅度取值只有两种电平的码型称为二元码。最简单的二元码基带信号的波形为矩形波，幅度的两种取值分别对应于二进制码中的 1 和 0。图 5.1.1 给出了常用的几种二元码的波形图。

1. 单极性非归零码

单极性非归零码中用高电平和低电平(通常为零电平)两种取值分别表示二进制码的 1 和 0，在整个码元期间电平保持不变，一般记作 NRZ(L)。由于这种码的低电平常取作零电平，而一般设备都有固定的零电平，因此应用非常方便。单极性非归零码的波形如图5.1.1(a)所示。

2. 双极性非归零码

双极性非归零码中用正电平和负电平分别表示 1 和 0，在整个码元期间电平保持不变，

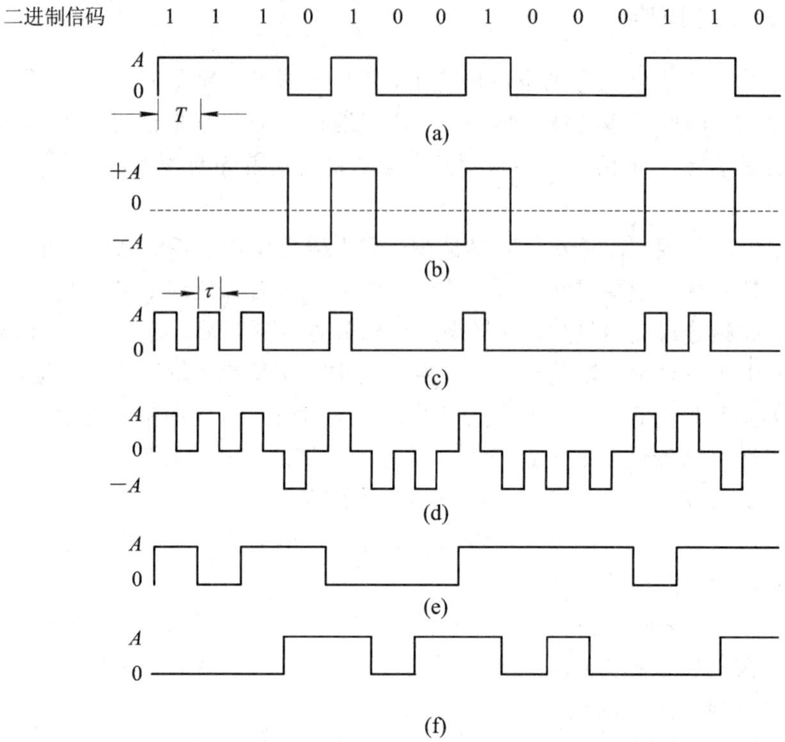

图 5.1.1　几种常用的二元码波形图

(a) 单极性非归零码；(b) 双极性非归零码；(c) 单极性归零码

(d) 双极性归零码；(e) 传号差分码；(f) 空号差分码

常记作 NRZ。双极性非归零码的优点是无直流分量，可以在无接地的传输线上传输，因此应用较为广泛，其波形如图 5.1.1(b)所示。

3. 单极性归零码

单极性归零码(RZ)与单极性非归零码的区别在于，当发送 1 时，高电平在整个码元期间 T 内只保持一段时间 $\tau(\tau<T)$，其余时间则返回到零电平；当发送 0 时，用零电平表示。τ/T 称为占空比，一般如无特别说明，单极性归零码使用半占空比码，即 $\tau/T=0.5$。这种码的优点是码中含有丰富的位定时信息，其波形如图 5.1.1(c)所示。

4. 双极性归零码

双极性归零码中用正极性的归零码表示 1，用负极性的归零码表示 0。显然双极性归零码有 3 种幅度取值，但它用脉冲的正、负极性表示两种信息，因此其一般仍归类于二元码中。这种码兼有双极性和归零的特点，其波形如图 5.1.1(d)所示。

上述 4 种码型是二元码中最简单的。它们的功率谱中有着丰富的低频分量，有些码甚至有直流分量，显然不能在有交流耦合的传输信道中传输。非归零码常常不含有位定时信息。当信息中包含长串的连续 1 或 0 时，非归零码呈现出连续的固定电平。由于信号中不出现跳变，因此无法提取位定时信息。单极性归零码在传输连 0 时，存在同样的问题。此外，相邻信号之间取值独立，不具有检错能力。由于信道频带受限并且存在其他干扰，因此经信道传输后基带信号波形会产生畸变，从而导致接收端错误地恢复原始信息。在上述二元码信息中，每个 1 与 0 分别独立地对应某个传输电平，相邻信号之间不存在任何制约，从而使这些基带信号不具有检测错误信号状态的能力。因此，这 4 种码型通常用于机内和近距离的传输。

图 5.1.2 画出了归零码和非归零码的归一化功率谱。它们的分布如花瓣一般，第一个过零点内的花瓣最大，称作主瓣，其余称作旁瓣。主瓣内集中了大部分功率，因此通常将主瓣的宽度近似地作为信号的带宽，称为谱零点带宽。可见，归零码的带宽比非归零码的带宽宽，归零码的高频成分比非归零码的丰富。

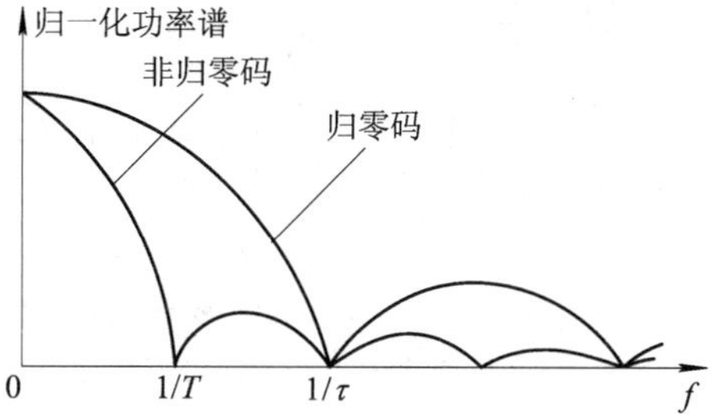

图 5.1.2　归零码和非归零码的归一化功率谱

5. 差分码

在电报通信当中，称 1 为传号，称 0 为空号。差分码为单极性非归零码，分别用电平的跳变和不变来表示 1 和 0。如果用电平跳变表示 1，则称为传号差分码，记作 NRZ(M)，其波形如图 5.1.1(e)所示；如果用电平跳变表示 0，则称为空号差分码，记作 NRZ(S)，其波形如图 5.1.1(f)所示。

差分码又称为相对码，其与信息 1 和 0 之间没有绝对的对应关系，只有相对的对应关系，它在相移键控信号的解调中用来解决相位模糊的问题。

6. 数字双相码

数字双相码又称为分相码或曼彻斯特(Manchester)码，其编码原理是将一个码元划分成两个等宽的间隔，用相位观点来描述，也就是对每个二进制代码“0”和“1”分别用两个具有不同相位的二进制新码去取代。通常二进制代码“0”用“10”表示，二进制代码“1”用“01”表示，10、01 均为双极性非归零码。

数字双相码具有以下特点：

(1) 含有丰富的位定时信息，因为每个码元间隔的中心部分都存在电平跳变，所以其频谱中存在很强的定时分量；

(2) 不受信源统计特性的影响；

(3) 无直流分量；

(4) 00 和 11 为禁用码组，具有一定的宏观检错能力。

数字双相码的上述优点是用频带加倍换来的。数字双相码通常用于终端设备之间的短距离传输，其波形如图 5.1.3(a)所示。

7. 密勒码

密勒码是数字双相码的一种变形，它用码元间隔中心出现跃变表示 1，即用 01 或 10

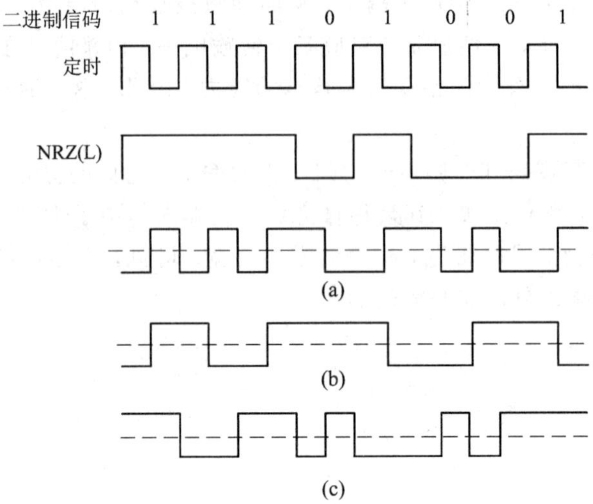

图 5.1.3 1B2B 码波形图

(a) 数字双相码；(b) 密勒码；(c) 传号反转码(CMI 码)

表示 1；而在单 0 时，码元间隔内不出现电平跃变，在相邻码元边界处也无跃变；出现连 0 时，在两个 0 的边界处出现电平跃变，即 00 与 11 交替。这种码不会出现多于 4 个连码的情况，其波形如图 5.1.3(b)所示。

密勒码实际上是数字双相码经过一级触发器后得到的。因此，密勒码是数字双相码的差分形式，它能克服数字双相码中存在的相位不确定的问题。利用密勒码的最大宽度为两个码元周期，而最小宽度为一个码元周期这一特点，可以检测传输误码或线路故障。

8. 传号反转码

传号反转(Code Mark Inversion，CMI)码与数字双相码类似，也是一种双极性二电平非归零码。它用 00 和 11 两位码交替地表示 1，用 01 表示 0，10 为禁用码组，其波形如图 5.1.3(c)所示。

CMI 码无直流分量，含有位定时信息，用负跳变可直接提取位定时信号，不会产生相位不确定问题。另外，CMI 码具有一定的宏观检错能力，这是因为“1”相当于用交替的“00”和“11”两位码组表示，而“0”则固定地用“01”表示。在正常情况下，“10”是不可能在波形中出现的，连续的“00”和“11”也是不可能出现的，这种相关性可以用来检测因信道而产生的部分错误。

CMI 码实现起来比较容易，其在高次群脉冲编码调制终端设备中广泛用作接口码型。

数字双相码、密勒码和 CMI 码的原始的二元码在编码后都用一组两位的二元码来表示，因此这类码又称为 1B2B 码。

密勒码和数字双相码的功率谱如图 5.1.4 所示。密勒码的信号能量主要集中在 1/2 码速以下的频率范围内，直流分量很小，其频带宽度约为数字双相码的一半。

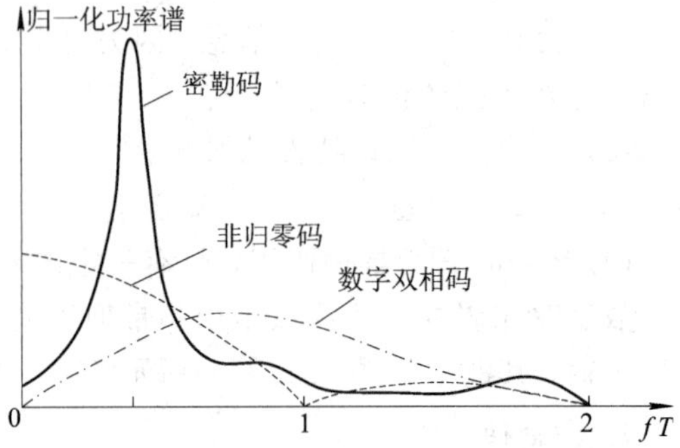

图 5.1.4 密勒码和数字双相码的功率谱

5.1.3　三元码

信号幅度取值有 3 种电平的码型称为三元码。幅度的三种取值一般为 $+A$、0 和 $-A$，记作 +1、0 和 -1。这不是将二进制变为三进制，而是表示某种特定的取代关系，因此三元码又称为伪三元码。三元码有许多种，被广泛地用作脉冲编码调制的线路传输码型。

1. 传号交替反转(Alternative Mark Inversion，AMI)码

在传号交替反转码中，二进制码的“0”用零电平表示，二进制码的“1”交替地用 +1 和 -1 的半占空归零码表示。AMI 的波形如图 5.1.5(a)所示。

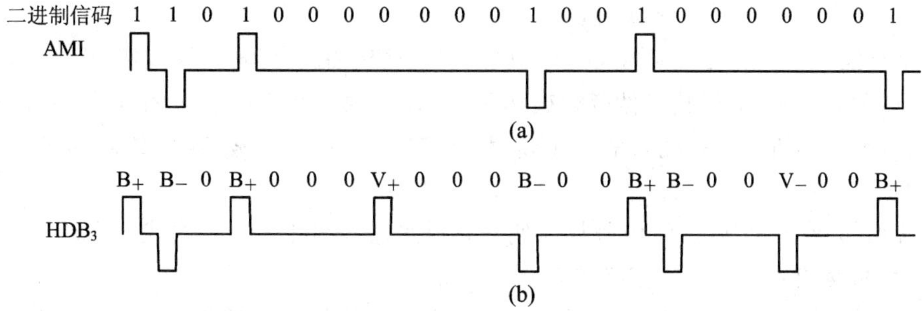

图 5.1.5　三元码波形图

(a) AMI 码；(b) HDB_3 码

AMI 码的优点是功率谱中无直流分量，低频分量较小，能量集中在 1/2 码速处，如图 5.1.6 所示；解码容易，通过整流电路就可将接收的信号码元恢复成单极性归零码；利用传号是否符合极性交替原则可以检测误码。

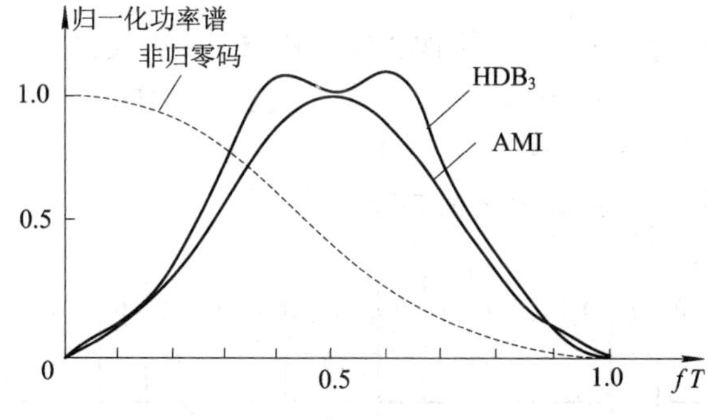

图 5.1.6　AMI 码和 HDB_3 码的功率谱图

AMI 码的缺点是：其性能与信源统计特性相关，功率谱形状随信息流中的传号率(“1”码出现的概率)而变化；当信息流中出现长连“0”码时，AMI 码中不出现电平跳变，给定时提取带来了困难(通常 PCM 传输线中连“0”码不允许超过 15 个)。

现在对 AMI 码有多种改进方案，既能保持 AMI 码的优点又能克服其缺点，其中被采纳且应用广泛的是 HDB_3 码。

2. 三阶高密度双极性(High Density Bipolar of Order 3 Code, HDB_3)码

HDB_3 码可看作 AMI 码的一种改进型，其主要用于解决原信码中出现连“0”码时所带来的问题。在 HDB_3 码中，当出现连“0”码的个数为 4 时，用 B00V 或 000V 代替 4 个连“0”码，其中 B 表示符合极性交替规律的传号，V 表示破坏极性交替规律的传号，也称为破坏点。

HDB_3 码编码规则如下：

(1) 当二进制数码流中连“0”个数不超过 3 时，编码规则同 AMI 码的编码规则。

(2) 当二进制数码流中连“0”个数大于或等于 4 时，按以下规则进行处理：

① 对 4 个或 4 个以上连“0”，从第一个“0”码起，每 4 个连“0”码划分为一组，称为四连零组。

② 每个四连零组用 B00V 或 000V 取代。其中“V”码称为插入的破坏码，实质上是插入的一个传号(“1”码)，但其极性变化破坏了 AMI 码的极性交替反转的规律；B 码称为插入的非破坏码，实质上也是插入的一个传号，但其极性变化不破坏 AMI 码的极性交替反转的规律。

③ 若相邻两个“V”码之间传号数为偶数，则四连零组用 B00V 取代；若相邻两个“V”码之间传号数为奇数，则四连零组用 000V 取代。

HDB_3 码变换完成后，应具有如下规律：“V”码的极性与相邻的前一个传号极性相同；相邻两个“V”码的极性交替反转；相邻两个“1”码(包括 B 码)的极性交替反转。

HDB_3 码的波形图如图 5.1.5(b)所示，其功率谱如图 5.1.6 所示。

【例 5.1.1】 设 NRZ 码为 01000001100001011，并设前一个 V 码为 V_+，且其后到第一个传号间有两个“1”码，试将其变换为 AMI 码和 HDB_3 码，并画出相应的波形。

解　AMI 码为 0+100000−1+10000−10+1−1 或者为 0−100000+1−10000+10−1+1。

NRZ 码中有两个四连零组，第一个四连零组应以 000V 取代，且 V 为 V_+；第二个四连零组应以 B00V 取代，且 B 为 B_-，V 为 V_-。因此，HDB_3 码为 $0+1000V_+0-1+1B_-00V_-+10+1-1$ 或 $0-1000V_+0+1-1B_-00V_-+10-1+1$。

AMI 码和 HDB_3 码的波形如图 5.1.7 所示。

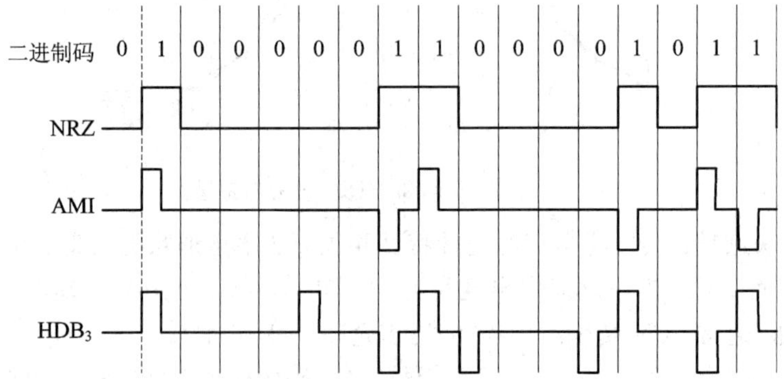

图 5.1.7　AMI 码和 HDB_3 码的波形

5.1.4　多元码

数字信息中有多种符号时称为多元码。M 元码的数字信息中有 M 种符号，相应地，必须有 M 种电平才能表示 M 元码。一般认为多元码是 $M>2$ 的 M 元码。

在多元码中，用一个符号表示一个二进制码组，则 n 位二进制码组要用 $M=2^n$ 元码来传输。在码元速率相同，即其传输带宽相同的情况下，多元码的信息传输速率比二元码的信息传输速率提高了 $\text{lb}M$ 倍。

多元码一般用格雷码表示，相邻幅度电平所对应的码组之间只相差 1 bit，这样接收时因错误判定电平而引起的误比特率就减小了。

多元码广泛地应用于频带受限的高速数字传输系统中。使用多进制数字调制进行传输可以提高频带利用率。

5.2　数字基带信号的频谱特性

前面介绍了几种常见的数字基带信号，欲知它们是否满足基带传输对线路码型的要求，还必须对其频域特性有一定的了解。由于数字基带信号都是随机的脉冲序列，因此只能用功率密度函数(又称功率谱)来描述它们的频域特性。

为了不失普遍性，假设任意二进制随机脉冲序列“1”码的基本波形为 $g_1(t)$，“0”码的基本波形为 $g_2(t)$，则数字基带信号 $f(t)$ 就是由 $g_1(t)$ 和 $g_2(t)$ 组成的随机脉冲序列。由于 $g_1(t)$ 和 $g_2(t)$ 可以是宽度为 T_b 的任意波形，因此我们不可能画出它的确切波形，但可以用一个熟悉的波形来描述。例如，在图 5.2.1 所示的随机脉冲序列的波形中，二进制代码“1”用矩形波表示，二进制代码“0”用三角波表示。二进制代码“1”的波形就是 $g_1(t)$，二进制代码“0”的波形就是 $g_2(t)$。

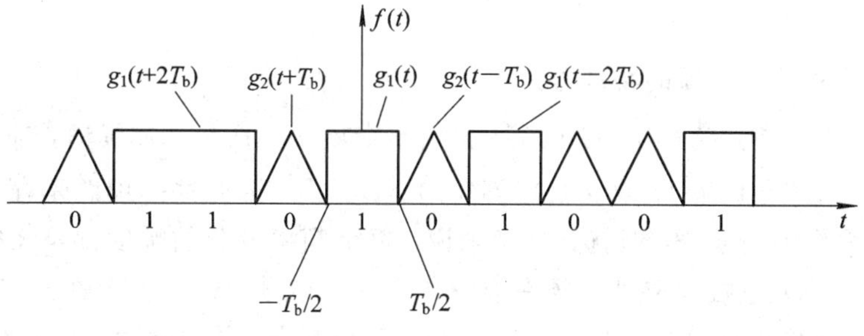

图 5.2.1　随机脉冲序列的波形

$f(t)$ 是一个二进制随机脉冲序列，虽然每个码元间隔出现哪种波形是随机的，但出现的概率经过统计是可以得到的。假设“1”码出现的概率为 P，则“0”码出现的概率为 $1-P$，于是 $f(t)$ 可以用下面的数学表达式表示：

$$f(t)=\sum_{n=-\infty}^{\infty} g_n(t) \tag{5-2-1}$$

其中

$$g_n(t)=\begin{cases} g_1(t-nT_b)\text{，以概率 }P\text{ 出现} \\ g_2(t-nT_b)\text{，以概率 }1-P\text{ 出现} \end{cases} \tag{5-2-2}$$

为了使 $f(t)$ 频谱的物理意义更加清楚，一般把 $f(t)$ 这个随机脉冲序列分解为稳态项 $v(t)$ 和交变项 $u(t)$。其中，$v(t)$ 可以看作随机脉冲序列中的平均分量，$u(t)$ 则是 $f(t)$ 中减去 $v(t)$ 后留下来的部分，即

$$f(t)=v(t)+u(t) \tag{5-2-3}$$

$f(t)$ 的功率谱密度 $P_f(\omega)$ 的数学推导比较复杂，下面直接给出结论。

$f(t)$ 的双边功率谱密度 $P_f(\omega)$ 为

$$P_f(\omega)=f_bP(1-P)\mid G_1(f)-G_2(f)\mid^2+\sum_{m=-\infty}^{\infty}\mid f_b[PG_1(mf_b)+(1-P)G_2(mf_b)]\mid^2\delta(f-mf_b) \tag{5-2-4}$$

$P_f(\omega)$ 通常用其单边形式表示，即

$$P_f(\omega)=f_bP(1-P)\mid G_1(f)-G_2(f)\mid^2+f_b^2\mid PG_1(0)+(1-P)G_2(0)\mid^2\delta(f)+2f_b^2\sum_{m=1}^{\infty}\mid PG_1(mf_b)+(1-P)G_2(mf_b)\mid^2\delta(f-mf_b),\ f\geqslant 0 \tag{5-2-5}$$

为了对式(5-2-5)中各符号的意义和各项的物理意义有清楚的认识，下面对 $P_f(\omega)$ 做简单的讨论。

1. $P_f(\omega)$ 表达式中各符号的意义

$f_b=1/T_b$，在数值上等于码元速率，但在这里 f_b 表示频率，这个频率是单极性归零码有离散频谱时的基频，也可称为码元重复频率。

P 是"1"码出现的概率，$1-P$ 是"0"码出现的概率。通常二进制码元序列中的 $P=(1-P)=0.5$，即"1"码和"0"码等概率出现。

$G_1(f)$ 和 $G_2(f)$ 分别为"1"码和"0"码的基本波形 $g_1(t)$ 和 $g_2(t)$ 的频谱函数，而 $G_1(mf_b)$ 和 $G_2(mf_b)$ 是当 $f=mf_b$ 时 $g_1(t)$ 和 $g_2(t)$ 的频谱函数，m 为正整数，mf_b 是 f_b 的各次谐波。

2. $P_f(\omega)$ 表达式中各项的物理意义

第一项 $f_bP(1-P)|G_1(f)-G_2(f)|^2$ 是由交变项 $u(t)$ 产生的连续谱，对于实际应用的数字信号，$P\neq0$，$P\neq1$，$g_1(t)\neq g_2(t)$，$G_1(f)\neq G_2(f)$，因此这一项总是存在的。连续频谱中包含无穷多个频率成分，但就其幅度来说，每个频率成分的幅度都是无穷小的，因此在连续频谱中不可能直接提取某一频率成分作为同步信号。对于连续频谱，我们关心的是它的分布规律，即它的能量主要集中在哪一个频率范围内，并由此确定信号的带宽。

第二项 $f_b^2|PG_1(0)+(1-P)G_2(0)|^2\delta(f)$ 是稳态项 $v(t)$ 产生的直流成分的功率谱。这一项不一定存在，因为当 $PG_1(0)+(1-P)G_2(0)=0$ 时，直流成分就不存在，而这种情况是很容易出现的。例如，对于一般的双极性码，有 $g_1(t)=-g_2(t)$，$G_1(0)=G_2(0)$，只要 $P=0.5$，就有 $PG_1(0)+(1-P)G_2(0)=0$，即没有直流成分。

第三项 $2f_b^2\sum\limits_{m=1}^{\infty}\mid PG_1(mf_b)+(1-P)G_2(mf_b)\mid^2\delta(f-mf_b)$ 是由稳态项 $v(t)$ 产生的离散频谱，这一项对于位同步信号的提取特别重要(f_b 这个成分是否存在对位同步提取最重

要)。这一项也不一定存在。例如，对于双极性码，由于$G_1(f)=-G_2(f)$，因此当$P=0.5$时，这一项就不存在了。

【例5.2.1】 设原信码流中出现“1”码和“0”码是等概率的，且

$$g_1(t)=0$$

$$g_2(t)=g(t)=\begin{cases}1, & |t|\leqslant \dfrac{T_b}{2}\\ 0, & t\text{为其他值}\end{cases}$$

试求单极性非归零码的功率谱密度。

解 由傅里叶变换对$D_\tau(t)\leftrightarrow \tau\,\mathrm{Sa}\left(\dfrac{\omega\tau}{2}\right)=\tau\dfrac{\sin\dfrac{\omega\tau}{2}}{\dfrac{\omega\tau}{2}}$，可得$g(t)$的频谱函数为

$$G(f)=T_b\left(\frac{\sin\pi fT_b}{\pi fT_b}\right)=T_b\mathrm{Sa}(\pi fT_b)$$

由式(5-2-5)可得，当$P=0.5$时，单极性非归零码的功率谱密度为

$$\begin{aligned}P_f(\omega)&=f_bP(1-P)\,|G(f)|^2+\sum_{m=-\infty}^{\infty}|f_b[(1-P)G(mf_b)]|^2\delta(f-mf_b)\\&=\frac{T_b}{4}\mathrm{Sa}^2(\pi fT_b)+\frac{1}{4}\delta(f)\end{aligned}$$

上述运算中用到了当$m=0$时，$G(mf_b)=T_b$；当$m\neq0$时，$G(mf_b)=0$。由此可画出单极性非归零码的功率谱图，如图5.2.2所示。可见，功率谱中有直流成分，而无基波分量，故不能提取同步信息。

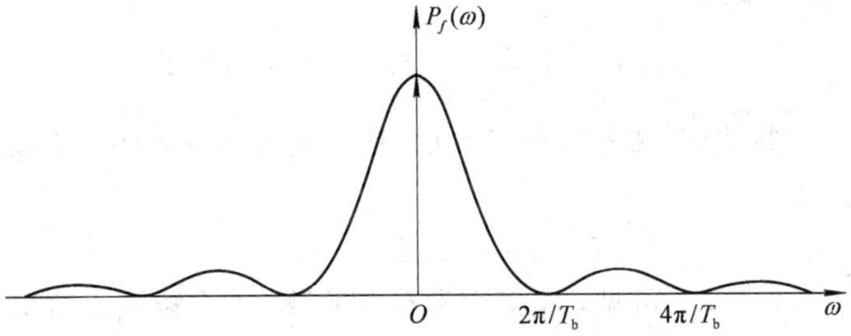

图5.2.2 单极性非归零码的功率谱图

【例5.2.2】 设原信码流中出现“1”码和“0”码是等概率的，且

$$g_1(t)=0$$

$$g_2(t)=g(t)=\begin{cases}1, & |t|\leqslant \dfrac{T_b}{4}\\ 0, & t\text{为其他值}\end{cases}$$

试求单极性归零码的功率谱密度。

解 该题与例5.2.1的不同之处是$g(t)$为半占空比矩形脉冲，故$g(t)$的频谱函数为

$$G(f)=\frac{T_b}{2}\frac{\sin\pi f\dfrac{T_b}{2}}{\pi f\dfrac{T_b}{2}}=\frac{T_b}{2}\mathrm{Sa}\left(\pi f\frac{T_b}{2}\right)$$

由式(5-2-5)可得，当 $P=0.5$ 时，单极性归零码的功率谱密度为

$$P_f(\omega)=\frac{T_b}{16}\mathrm{Sa}^2\left(\pi f\frac{T_b}{2}\right)+\frac{1}{16}\sum_{m=-\infty}^{\infty}\mathrm{Sa}^2\left(\frac{m\pi}{2}\right)\delta(f-mf_b)$$

其功率谱图如图 5.2.3 所示。可见，交变项 $u(t)$产生的连续谱主瓣宽度是非归零二进制序列的两倍；稳态项 $v(t)$除了产生直流分量，还产生奇次谐波。离散谱出现在 f_s 的奇数倍处，接收端的位同步信号可从基波中提取。

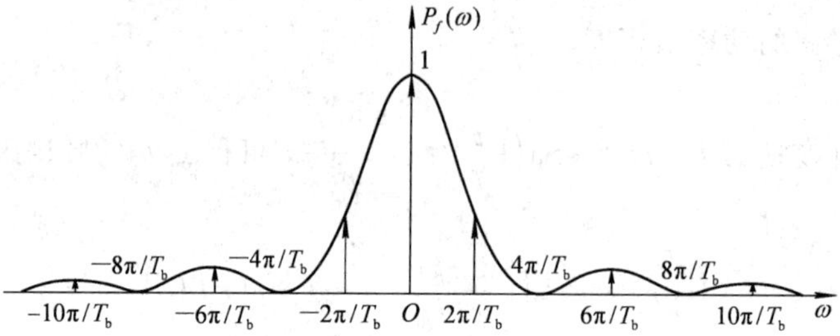

图 5.2.3 单极性归零码的功率谱图

【例 5.2.3】 设原信码流中出现"1"码和"0"码是等概率的，且

$$g_1(t)=-g(t)=-g_2(t)$$

$$g_2(t)=g(t)=\begin{cases}1, & |t|\leqslant\dfrac{T_b}{2}\\ 0, & t\text{ 为其他值}\end{cases}$$

试求双极性非归零码的功率谱密度。

解 $g(t)$的频谱函数为

$$G(f)=T_b\frac{\sin\pi fT_b}{\pi fT_b}=T_b\mathrm{Sa}(\pi fT_b) \tag{5-2-6}$$

且 $G_1(f)=-G_2(f)$。将式(5-2-6)和 $P=0.5$ 代入式(5-2-5)中，经化简得双极性非归零码的功率谱密度为

$$P_f(\omega)=T_b\mathrm{Sa}^2(\pi fT_b)$$

其功率谱图如图 5.2.4 所示。可见，频谱中没有离散谱，不含位同步信息。

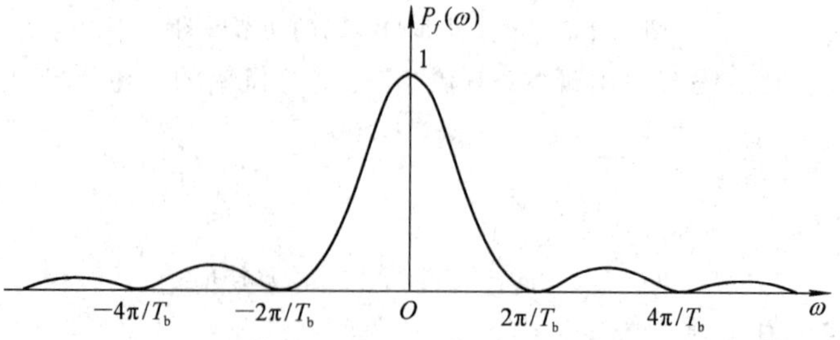

图 5.2.4 双极性非归零码的功率谱图

同理可得双极性归零码(半占空比矩形脉冲且 $P=0.5$)的功率谱密度为

$$P_f(\omega)=\frac{T_b}{4}\mathrm{Sa}^2\left(\pi f\frac{T_b}{2}\right)$$

其功率谱图如图 5.2.5 所示。

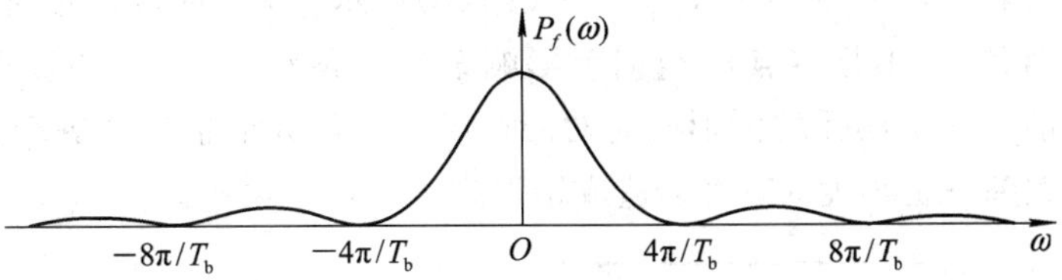

图 5.2.5　双极性归零码的功率谱图

通过以上分析可以得出以下几个结论：

(1) 数字基带信号功率谱的形状取决于单个波形的频谱函数，而码型规则仅起到加权作用，使功率谱的形状有所变化。

(2) 时域波形的占空比越小，频带越宽，一般用谱零点带宽作为矩形信号的近似带宽。

(3) "0"码、"1"码等概率出现的双极性码均无离散谱，即这类码型无直流分量和位定时信息。

(4) 单极性归零码的离散谱中有位定时信息。对于不含位定时信息的码型，将其变换成单极性归零码，便可获取位定时信息。

5.3　数字基带传输系统无码间串扰的传输条件

在前面的讨论中，都假设数字基带信号为矩形波形，矩形波形的频谱是无限延伸的。在实际的传输信道中，频带总是受限的，同时会伴随着噪声。将矩形波形在受限的信道中传输必然会造成信号的失真和畸变。

从时域和频域分析的基本原理可知，任何信号的频域波形和时域波形不可能在各自的频率轴和时间轴上同时受限，所以信号经过频域受限的系统传输后在时域上的波形必定是无限延伸的。这样，在波形的传输过程中，前面的码元对后面的若干码元就会造成不良影响，这种影响被称为码间串扰。另外，信号在传输过程中还要叠加信道噪声，如果噪声的幅度过大，则会引起接收端的判决错误。因此影响基带信号可靠传输的主要因素是码间串扰和信道噪声，二者对数字基带传输系统的传输特性都有直接的影响。数字基带传输系统的设计目标就是将码间串扰和噪声的影响减小到足够小的程度。

码间串扰和信道噪声产生的机理是不同的，分析方法也不一样，下面分别加以讨论。

5.3.1　数字基带传输中的码间串扰

我们通过对数字基带信息码流中的一个"1"码的分析来讨论码间串扰。设发送端输入的二进制码元"1"经码型变换后，由原来的矩形波形(见图 5.3.1(a))变成了升余弦波形(见图 5.3.1(b))。如果这个波形经过信道后未产生任何失真和延迟，则接收端应在其最大时刻 $t=T_b/2$ 时进行判决。第二个码元应在$(T_b/2+T_b)=3T_b/2$ 时进行判决。当 $t=3T_b/2$ 时，第一个码元的幅度已经为零，此时对第二个码元的判决不会有任何影响。但实际信道不可能使信号不失真地通过。在不考虑噪声影响时得到的波形如图 5.3.1(c)所示，其最大

值出现在 t_1 时，而且波形拖尾很长。因此对该码元的抽样判决时刻应选在 t_1 时，这样对第二个码元的判决应在 t_1+T_b 时进行，如图 5.3.1(d)所示。从图中可以看到，在 t_1+T_b 时，第一个码元还没有消失(不是零点)，这时就影响第二个码元的判决。当波形失真比较严重时，可能会出现前面几个码元的波形同时对后面某一个码元的抽样判决产生影响，即码间串扰。码间串扰大到一定程度时，将会造成错误判决而产生误码。

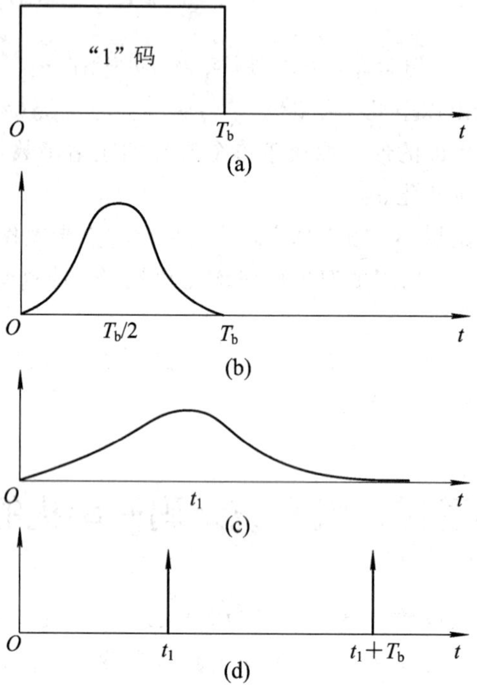

图 5.3.1 码间串扰的形成

(a) 理想的数字基带信号；(b) 码型变换后的数字基带信号；

(c) 信道噪声影响后的数字基带信号；(d) 实际抽样判决点拖延至 t_1+T_b

如图 5.3.2 所示，前 3 个"1"码在第 4 个"0"码的判决时刻的幅度分别为 a_1、a_2、a_3，若 $a_1+a_2+a_3+a_4$ 的值大于判决电平，则会因出现误判而产生误码。

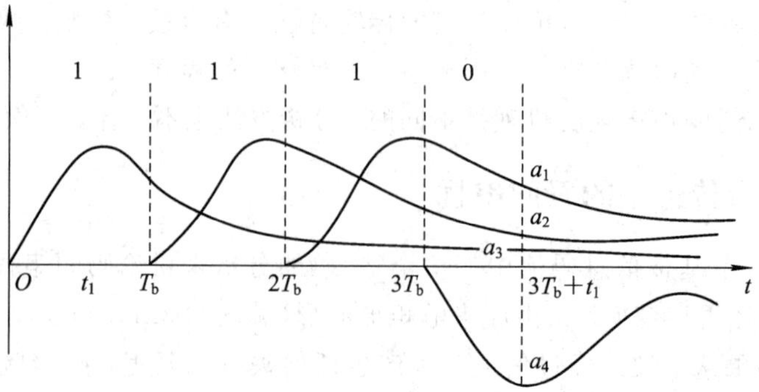

图 5.3.2 码间串扰造成误码

5.3.2　无码间串扰的传输条件

图 5.3.3 给出了数字基带传输系统的典型模型。

数字基带信号的产生过程可以分成码型编码和波形形成两步。第一步通过码型编码，在输出端得到 δ 脉冲序列；第二步通过由发送滤波器、信道和接收滤波器组成的成型网络将 δ 脉冲序列转换成所需形状的接收波形 $s(t)$。$s(t)$与成型网络的冲激响应成正比，成型网络的传递函数 $H(\omega)$也正比于 $s(t)$的频谱函数 $S(\omega)$。一般取比例常数为 1，这样 $S(\omega)$就是成型网络的传递函数 $H(\omega)$。

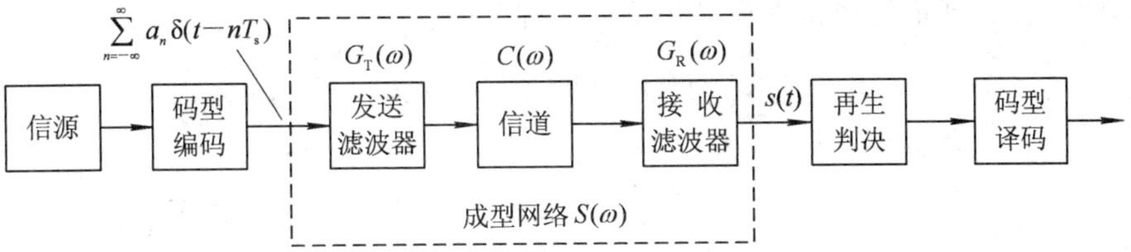

图 5.3.3　数字基带传输系统的典型模型

由图 5.3.3 可得到 $H(\omega)$的表达式为

$$H(\omega) = S(\omega) = G_T(\omega)C(\omega)G_R(\omega) \tag{5-3-1}$$

式中，$G_T(\omega)$为发送滤波器的传输特性函数；$C(\omega)$为信道的传输特性函数；$G_R(\omega)$为接收滤波器的传输特性函数。

在前面讨论基带信号的频谱特性时已经知道，基带信号在频域内的延伸范围主要取决于单个脉冲波形的频谱函数，不同编码规则的基带码型只起到加权函数的作用。因此只需讨论单个脉冲波形传输的情况就可以了解基带信号的传输过程。

首先假设传输系统中没有噪声，此时需要研究的就是在什么条件下不存在码间串扰。在数字信号的传输过程中，码元波形是周期性的。接收端如果经过再生判决能准确地恢复出幅度信息，则说明信码的传输是无误的。因此只需要研究一些特定时刻无码间串扰的条件即可，并不要求波形在所有时间轴上都无延伸。

接收波形在特定时刻无码间串扰的充要条件是仅在本码元的抽样时刻上有最大值，而在其他码元的抽样时刻对信号无影响，也就是说在抽样点上不存在码间串扰。对于如图 5.3.4 所示的典型波形，接收信号的抽样周期为 T，接收波形 $s(t)$在 $t=0$ 时的抽样值为 S_0，在其他抽样时刻 $t=kT(k\neq 0)$时皆为 0，因而不会影响其他抽样值。该条件用数学表达式可以写为

$$s(kT) = S_0\delta(t) \tag{5-3-2}$$

其中

$$\delta(t) = \begin{cases} 0, & t \neq 0 \\ 1, & t = 0 \end{cases} \tag{5-3-3}$$

只要满足上述条件，在抽样点上便无码间串扰。

$s(kT)$是 $s(t)$的一部分值，$s(t)$是经过基带系统后形成的波形。通过数学变换和计算可以得到抽样时刻无码间串扰的充要条件为

$$\sum_{n=-\infty}^{\infty} S\left(\omega + \frac{2n\pi}{T}\right) = S_0 T, \quad -\frac{\pi}{T} \leqslant \omega \leqslant \frac{\pi}{T} \tag{5-3-4}$$

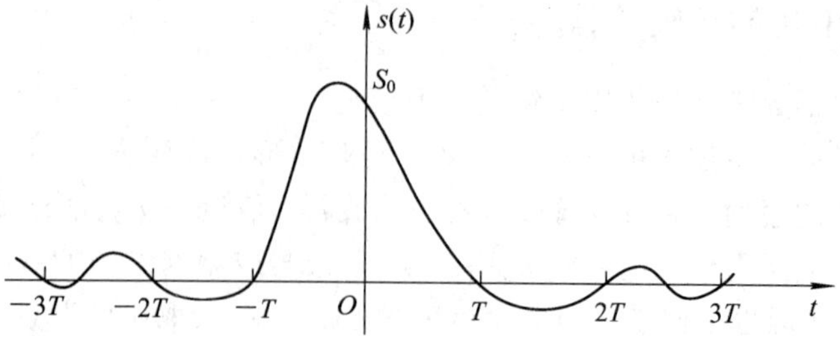

图 5.3.4 抽样点上不存在码间串扰的波形

无码间串扰的基带传输特性应满足下列条件：

$$H_{\mathrm{eq}}(\omega)=\begin{cases}\displaystyle\sum_{n=-\infty}^{\infty}H\left(\omega+\frac{2n\pi}{T}\right)=S_0T, & |\omega|\leqslant\dfrac{\pi}{T}\\[2ex] 0, & |\omega|>\dfrac{\pi}{T}\end{cases}\tag{5-3-5}$$

式中，$H_{\mathrm{eq}}(\omega)$为满足奈奎斯特准则的传输系统特性函数。该式为设计无码间串扰的基带系统提供了一个准则，即奈奎斯特第一准则。

从式(5-3-5)很容易看出，把传递函数在ω轴上以$2\pi/T$为间隔切开，然后分段沿ω轴平移到$[-\pi/T, \pi/T]$区间内，它们叠加起来的结果应当为一常数，如图 5.3.5 所示。将传递函数经过平移叠加在低频段形成一个恒定的具有低通特性的滤波器，具有这种特性的传递函数具有等效低通特性。

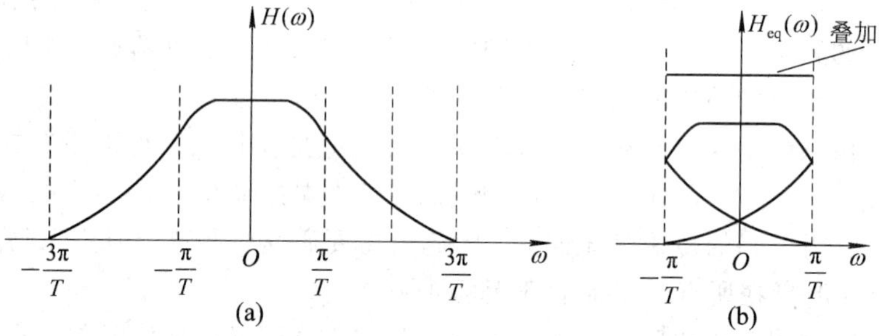

图 5.3.5 $H_{\mathrm{eq}}(\omega)$特性的构成

(a) 实际系统的传递函数；(b) 等效传递函数

满足等效低通特性的传递函数有无数多种。通过分析可知，只要传递函数在$\pm2\pi/T$处，且在π/T到$3\pi/T$间满足奇对称的要求，不管$H(\omega)$的形状如何，都可以消除码间串扰。

那么，什么电路的$H(\omega)$满足式(5-3-5)呢？最简单的就是理想低通滤波器。对于理想低通滤波器，有

$$H(\omega)=H_{\mathrm{eq}}(\omega)=\begin{cases}S_0T, & |\omega|\leqslant\dfrac{\pi}{T}\\[2ex] 0, & |\omega|>\dfrac{\pi}{T}\end{cases}\tag{5-3-6}$$

对于理想低通滤波器可实现无码间串扰传输的结论是比较容易理解的。因为系统为理

想低通滤波器时的冲激响应 $h(t)$ 为

$$h(t) = S_0 \mathrm{Sa}\left(\frac{\pi t}{T}\right) \tag{5-3-7}$$

其波形如图 5.3.6 所示。由图中可以看出，此波形在 $t=0$ 时不为 0，在其他抽样时刻 ($t=\pm nT$，$n\neq 0$) 时均为 0。也就是说，采用这种波形作为接收波形，数字信号以 $R_b=1/T$ 的速率传输时，不存在码间串扰。但是，数字信号以高于 $1/T$ 的速率传输时，将存在码间串扰。

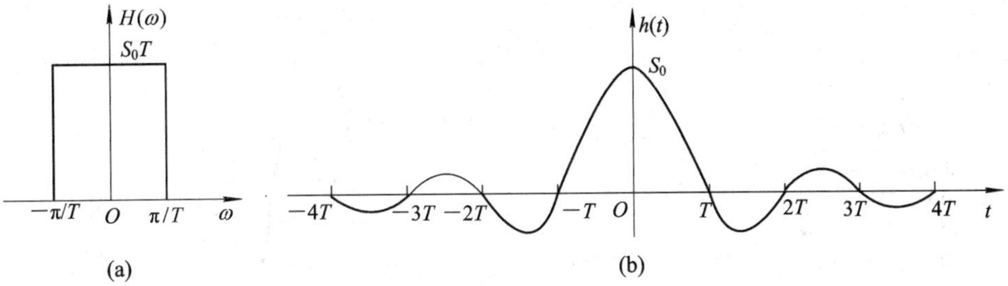

图 5.3.6　具有理想低通滤波器特性的传输系统
(a) 传递函数；(b) 冲激响应

由式(5-3-6)还可看出，当具有理想低通滤波器特性的传输系统无失真传输的码元的周期为 T 时，所需的最小频带宽度 $B=1/(2T)$。称 $B=1/(2T)$ 为奈奎斯特带宽，$T=1/(2B)$ 为奈奎斯特间隔，而码元速率 $1/T$ 为奈奎斯特速率。若定义单位频带内的码元速率为频带利用率，则具有理想低通滤波器特性的传输系统的频带利用率等于 2 bit/(s·Hz)。频带利用率越高，系统的有效性就越好。显然，对于具有理想低通滤波器特性的传输系统，在抽样无失真的条件下，频带利用率达到了最高值。

只要基带传输系统的总传输特性为理想低通特性，则基带信号的传输就不存在码间串扰。但理想低通特性在工程上是无法实现的，因为它要求传递函数有无限陡峭的过渡带。这仅在理论上有意义，即给出基带传输系统传输能力的极限值。

在实际运用当中，升余弦滚降信号(简称升余弦信号)是一种被广泛应用的无码间串扰波形，其具有奇对称升余弦形状。此处的“滚降”是指信号的频域过渡特性或频域衰减特性，即传递函数在 π/T 点处构成奇对称。

能形成升余弦信号的基带系统的传递函数为

$$H(\omega)=\begin{cases}\dfrac{S_0T}{2}\left\{1-\sin\left[\dfrac{T}{2\alpha}\left(\omega-\dfrac{\pi}{T}\right)\right]\right\}, & \dfrac{\pi(1-\alpha)}{T}<|\omega|<\dfrac{\pi(1+\alpha)}{T}\\ S_0T, & 0\leqslant|\omega|\leqslant\dfrac{\pi(1-\alpha)}{T}\\ 0, & |\omega|>\dfrac{\pi(1+\alpha)}{T}\end{cases} \tag{5-3-8}$$

其中，α 为滚降系数，$0\leqslant\alpha\leqslant 1$。

可求出系统的冲激响应为

$$h(t)=S_0\frac{\sin\dfrac{\pi t}{T}}{\dfrac{\pi}{T}}\frac{\cos\dfrac{\alpha\pi t}{T}}{1-\dfrac{4\alpha^2t^2}{T^2}} \tag{5-3-9}$$

滚降系数 α 不同，信号波形的振荡起伏和衰减的快慢则不一样。图 5.3.7 给出了$\alpha=0$、$\alpha=0.5$、$\alpha=1$ 时的传递函数和冲激响应，图中是归一化图形。由图可知，升余弦滚降信号在前后抽样值处的串扰始终为0，因而满足抽样值无失真传输条件。滚降系数 α 愈小，波形的振荡起伏愈大，传输频带愈窄；反之，α 愈大，波形的振荡起伏愈小，传输频带愈宽。显然存在两种极端的情况：当 $\alpha=0$ 时，即为前面所述的理想低通系统；当 $\alpha=1$ 时，所占频带最宽，为 $\alpha=0$ 时频带的两倍，因而频带利用率降为一半，在二元抽样序列时为 12 bit/(s·Hz)。

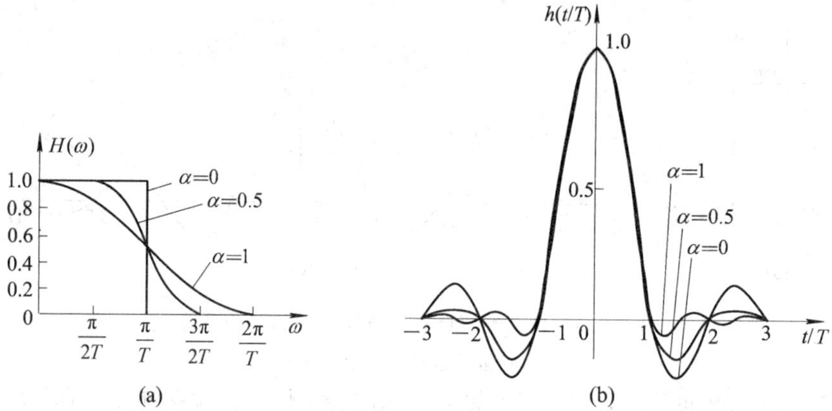

图 5.3.7 升余弦滚降系统

(a) 传递函数；(b) 冲激响应

由于接收波形在再生判决时还要进行一次抽样，以得到无失真的抽样值，而理想的瞬时抽样是不可能实现的，也就是说，抽样的时刻不可能完全没有误差，抽样脉冲宽度也不可能等于0，因此为了减少抽样定时脉冲的误差所带来的影响，滚降系数 α 不能太小，一般选择 $\alpha\geqslant 0.2$。

【例 5.3.1】 证明：当通信系统的传递函数的传输特性如图 5.3.8(a)所示，码元速率为 $1/T_b$ 时，可实现无码间串扰传输。

证 当码元速率为 $1/T_b$ 的数字信号通过截止频率为 $1/(2T_b)$ 的理想低通滤波器(对应的截止频率为 π/T_b)时，可实现无码间串扰传输。在式(5-3-5)中，$n=0$ 的一项为 $H(\omega)$，$|\omega|\leqslant\pi/T_b$，如图 5.3.8(b)所示；$n=-1$ 的一项为 $H(\omega-2\pi/T_b)$，$|\omega|\leqslant\pi/T_b$，如图 5.3.8(c)所示；$n=+1$ 的一项为 $H(\omega+2\pi/T_b)$，$|\omega|\leqslant\pi/T_b$，如图 5.3.8(d)所示；在区间 $[-\pi/T_b,\ \pi/T_b]$ 上 n 取其他值时的各项均为零。因此对图 5.3.8(a)所示的 $H(\omega)$，有

$$\sum_{n=-\infty}^{\infty} H\left(\omega+\frac{2n\pi}{T_b}\right)=H\left(\omega-\frac{2\pi}{T_b}\right)+H(\omega)+H\left(\omega+\frac{2\pi}{T_b}\right)=\begin{cases}T_b, & |\omega|\leqslant\dfrac{\pi}{T_b}\\ 0, & |\omega|>\dfrac{\pi}{T_b}\end{cases} \tag{5-3-10}$$

此式表明，把 $H(\omega)$ 按区间 $[-\pi/T_b,\ \pi/T_b]$ 的宽度分割成 3 段：$H(\omega-2\pi/T_b)$、$H(\omega)$、$H(\omega+2\pi/T_b)$，只要这 3 段在 $[-\pi/T_b,\ \pi/T_b]$ 上能叠加出理想低通滤波器特性，这样的 $H(\omega)$ 就能消除码间串扰，如图 5.3.8(e)所示。由于系统的 $H(\omega)$ 的带宽为 $2\pi/T_b$，数字信号的码元速率为 $1/T_b$，因此该系统的频带利用率为 1 bit/(s·Hz)，只有理想低通系统的

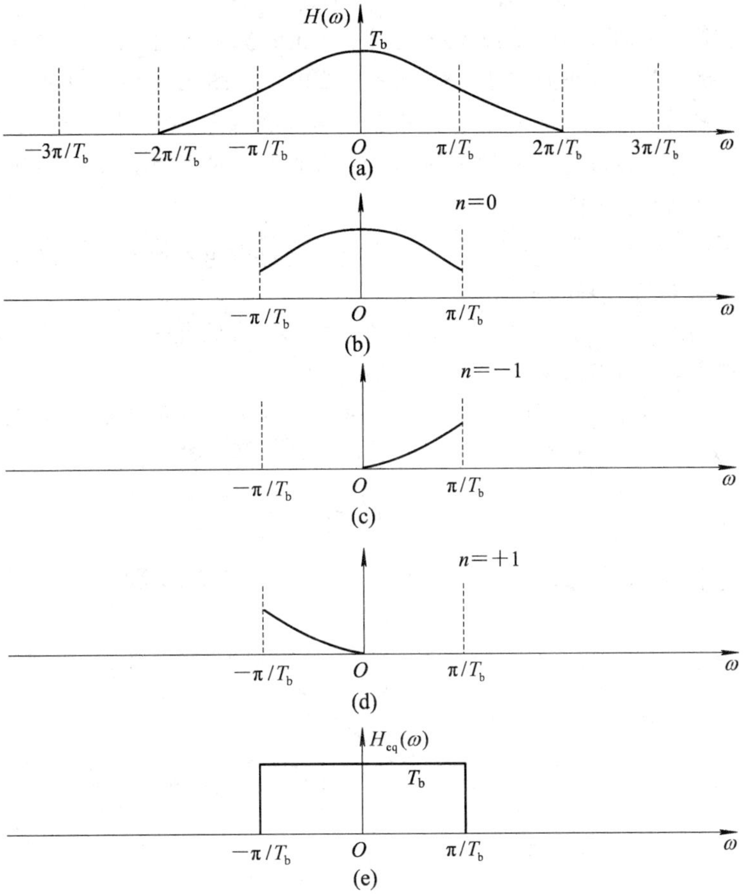

图 5.3.8　例 5.3.1 图

(a) 通信系统的传递函数；(b) $[-\pi/T_b, \pi/T_b]$段传递函数；(c) $[-3\pi/T_b, -\pi/T_b]$段传递函数平移至坐标原点；(d) $[\pi/T_b, 3\pi/T_b]$段传递函数平移至坐标原点；(e) 前三段传递函数的叠加结果

一半。事实上，在相同的码元速率情况下，理想低通系统的频带利用率最高，所需的带宽最小。

【例 5.3.2】　设基带传输系统的传输特性如图 5.3.9 所示，若要求以 $2/T_s$ 的码元速率进行数据传输，试验证图中各 $H(\omega)$是否满足消除抽样点上码间串扰的条件。

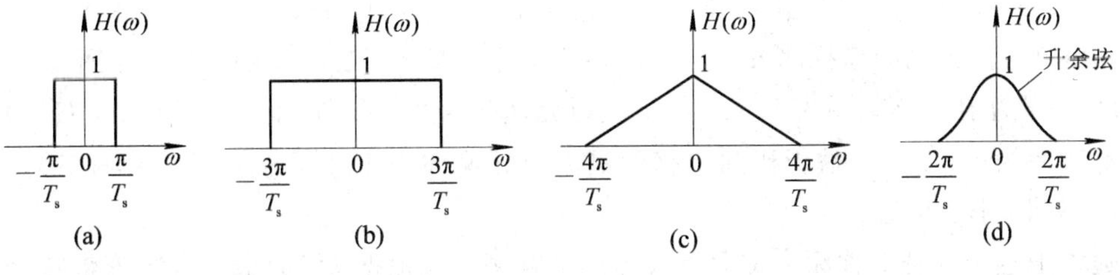

图 5.3.9　例 5.3.2 图 1

(a)、(b) 理想低通系统的传输特性；(c) 三角传输特性；(d) 升余弦传输特性

分析　图 5.3.9(a)和(b)都是理想低通系统的传输特性，频带利用率都是 2 bit/(s·Hz)，可根据此求出它们无码间串扰的最大码元速率。若此最大码元速率是题中码元速率的整数倍，则无码间串扰，否则有码间串扰。对于图 5.3.9(c)和图 5.3.9(d)所示的传输特性，可以用奈奎斯特准则分析，也可先求出它们的冲激响应再按时域条件来分析。显然，当已知频率特性时，用奈奎斯特准则分析较为简单。注意本题中的 T_s 并不代表码元宽度，码元宽度为 $T_s/2$，码元速率为 $2/T_s$。

解　对于图(a)，系统带宽为 $1/(2T_s)$，无码间串扰的最大码元速率为 $1/T_s$，实际码元速率为 $2/T_s$，故此系统有码间串扰。

对于图(b)，系统带宽为 $3/(2T_s)$，无码间串扰的最大码元速率为 $3/T_s$，最大码元速率与实际码元速率之比为 1.5，故此系统有码间串扰。

对于图(c)，将 $H(\omega)$分别向左、右平移 $4\pi/T_s$，得到图 5.3.10。由图 5.3.9(c)可知，$H(\omega)$在 $2\pi/T_s$ 和 $-2\pi/T_s$ 两个频率的两边是互补对称的，所以在$(-2\pi/T_s, 2\pi/T_s)$范围内将平移后的频率特性图相加，结果为常数 1。由于 $\sum\limits_{n=-\infty}^{\infty} H(\omega+n\omega_s)$ 具有周期性，故在整个频率轴上进行平移、相加处理后也为常数 1，所以此系统无码间串扰。

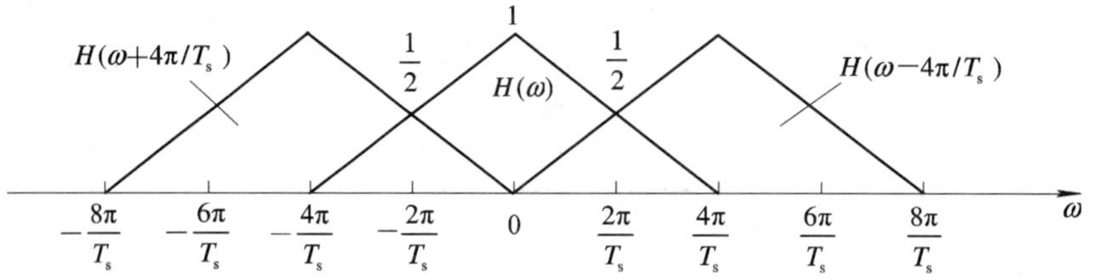

图 5.3.10　例 5.3.2 图 2

对于图(d)，将 $H(\omega)$分别向左、右平移 $4\pi/T_s$ 的整数倍，得到图 5.3.11。显然它不能满足奈奎斯特准则。

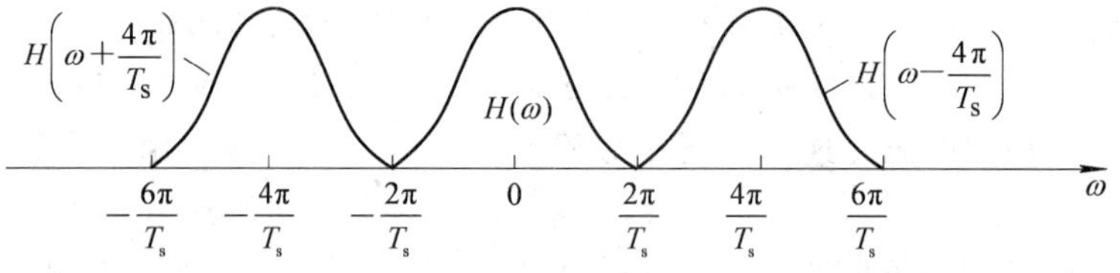

图 5.3.11　例 5.3.2 图 3

由图 5.3.9(c)的分析结论可知，当给定系统的频率特性 $H(\omega)$时，可以找出 $H(\omega)$的互补对称频率，无码间串扰的最大码元速率等于这个互补对称频率的两倍。在图 5.3.9(c)中，$H(\omega)$的互补对称频率为 $1/T_s$，故最大码元速率为 $2/T_s$。在图 5.3.9(d)中，$H(\omega)$的互补对称频率为 $1/(2T_s)$，故无码间串扰的最大码元速率为 $1/T_s$，而实际码元速率为$2/T_s$，因此有码间串扰。

通常把这个互补对称频率称为等效矩形带宽 W。先根据 $H(\omega)$求等效矩阵带宽 W，确定无码间串扰的最大码元速率 $R_{B\max}=2W$，再与实际码元速率 R_B 比较，若 $R_{B\max}/R_B$ 为正整数，则无码间串扰，否则有码间串扰。这是根据系统频率特性 $H(\omega)$分析码间串扰特性的一个简便方法。

5.4　数字基带传输系统的误码率

前面讨论了在不考虑信道噪声的情况下数字基带传输系统无码间串扰的传输条件，下面讨论在无码间串扰的情况下，信道噪声对数字基带传输系统性能的影响。假设信道噪声是均值为 0 的加性高斯噪声。

5.4.1　数字基带传输系统接收端的抽样判决

数字信息 a_n 经发送滤波器后得到基带信号 $g(t)$，经传输后得到的接收波形为 $s(t)$。在传输的过程中叠加了信道噪声 $n(t)$，$n(t)$为高斯白噪声。接收滤波器输出的是信号叠加噪声后的混合波 $r(t)$，即

$$r(t) = s(t) + n_B(t) \tag{5-4-1}$$

式中 $n_B(t)$是窄带高斯白噪声。再生判决器对 $r(t)$进行抽样判决。二元码在抽样时刻的幅度值只有两种电平。设单极性非归零码在抽样时刻 $t=kT$ 时的幅度为 0 或 A，分别对应信码的“0”或“1”，无码间串扰时混合波形的抽样值为

$$r(kT) = A + n(kT)$$

或

$$r(kT) = n(kT) \tag{5-4-2}$$

在接收端设定一个判决门限 d，判决规则为

$$r(kT) > d\text{，判为 } A$$

$$r(kT) < d\text{，判为 } 0$$

上述判决过程的典型波形如图 5.4.1 所示。由图可见，原数码中第 4 个数码“1”经判决后被误判为数码“0”，第 8 个数码“0”被误判为数码“1”。

5.4.2　无码间串扰条件下数字基带传输系统的误码率

为简便起见，不考虑码间串扰，只考虑噪声引起的误码，同时，在接收端也只考虑高斯白噪声，经过接收滤波器以后变成窄带高斯噪声。

在抽样判决时刻混合波瞬时值的概率密度函数 $p_0(x)$、$p_1(x)$均为正态分布，$p_0(x)$为发送“0”码时的概率密度函数，$p_1(x)$为发送“1”码时的概率密度函数。它们的曲线如图 5.4.2 所示，图中 V_d 为最佳抽样电平值。

若发送“0”码的概率为 $P(0)$，发送“1”码的概率为 $P(1)$，则数字基带传输系统的总误码率 P_e 为

$$P_e = P(0)P(1/0) + P(1)P(0/1) \tag{5-4-3}$$

式中，$P(1/0)$为发送“0”码被误判成“1”码的概率；$P(0/1)$为发送“1”码被误判成“0”码的概率。这个总的误码率可以通过计算图 5.4.2 所示的阴影部分的面积得出。以图 5.4.2(a)为例，总误码率是图中 x 轴上方、直线 V_d 右边、曲线 $p_0(x)$下方所夹的阴影部分面积与 x 轴上方、直线 V_d 左边、曲线 $p_1(x)$下方所夹的阴影部分面积之和。

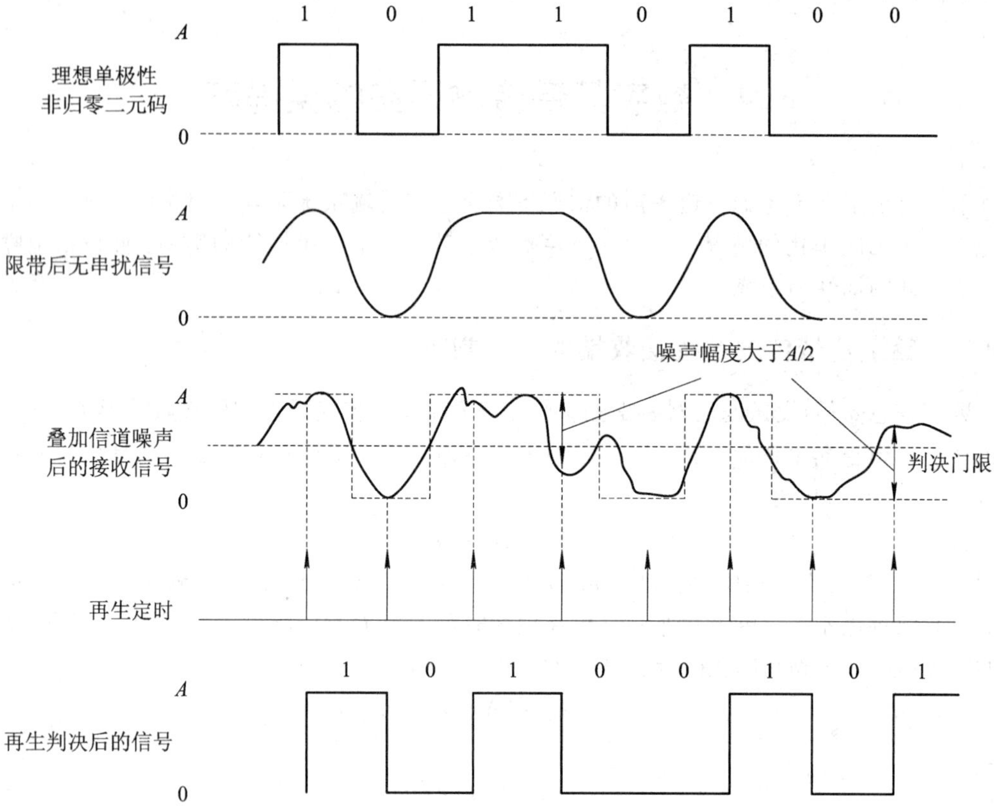

图 5.4.1　接收信号波形及判决过程

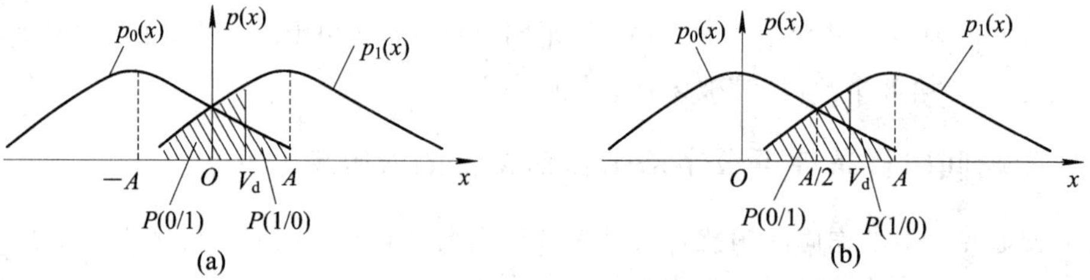

图 5.4.2　概率密度函数曲线
(a) 双极性；(b) 单极性

1. 误码率 P_e 的两种表达方式

假设发送端的数字基带信号经过信道和接收滤波器后，在无码间串扰的条件下，对"1"码抽样判决时刻信号有正最大值，用$+A$表示；对"0"码抽样判决时刻信号有负最大值，用$-A$表示(对双极性码)，或者为0值(对单极性码)；接收端的噪声为高斯白噪声，其单边功率谱密度为n_0(W/Hz)；接收滤波器的带宽为B，接收滤波器输出的噪声功率为$N_0=\sigma_n^2=n_0B$；抽样判决的最佳门限为$A/2$(对单极性码)，或者为0(对双极性码)，则通过数学推导可以求出先验等概率时两种误码率的表达式。

传输单极性信号时数字基带传输系统的误码率公式为

$$P_e = \int_{\frac{A}{2}}^{\infty} \frac{1}{\sqrt{2\pi}\sigma_n} e^{-\frac{x^2}{2\sigma_n^2}} dx = \frac{1}{2}\text{erfc}\left[\frac{A}{2\sqrt{2}\sigma_n}\right] \tag{5-4-4}$$

传输双极性信号时数字基带传输系统的误码率公式为

$$P_e = \int_{0}^{\infty} \frac{1}{\sqrt{2\pi}\sigma_n} e^{-\frac{(x+A)^2}{2\sigma_n^2}} dx = \frac{1}{2}\text{erfc}\left[\frac{A}{\sqrt{2}\sigma_n}\right] \tag{5-4-5}$$

式中，erfc(x)为互补误差函数，通过查附录的数学表可以得到其具体数据，它具有递减特性。

误码率公式还可以用信噪比 $\gamma=S/N$ 来表示，即

传输单极性信号时数字基带传输系统的误码率公式为

$$P_e = \frac{1}{2}\text{erfc}\left[\frac{\sqrt{\gamma}}{2}\right], \quad \gamma = \frac{A^2}{2\sigma_n^2} \tag{5-4-6}$$

传输双极性信号时数字基带传输系统的误码率公式为

$$P_e = \frac{1}{2}\text{erfc}\left[\sqrt{\frac{\gamma}{2}}\right], \quad \gamma = \frac{A^2}{\sigma_n^2} \tag{5-4-7}$$

2. 误码率 P_e 与信噪比 γ 的关系曲线

有了 P_e 与 γ 的计算公式，我们可以通过计算和查数学手册得出 P_e 与 γ 的关系曲线，如图 5.4.3 所示。

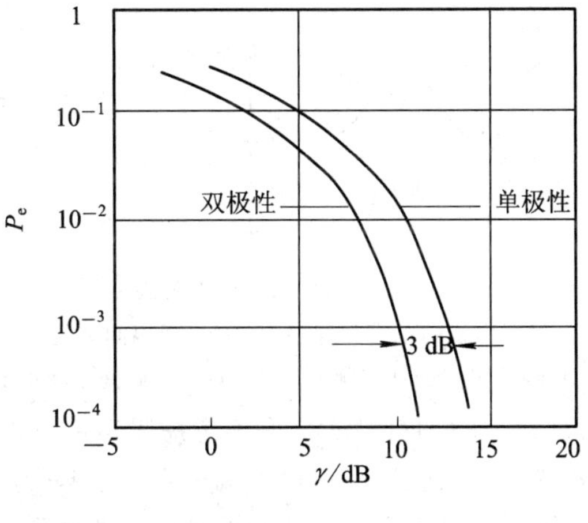

图 5.4.3　$P_e-\gamma$ 曲线

从图 5.4.3 中可以得出如下结论：

(1) 在信噪比 γ 相同的条件下，传输双极性信号时数字基带传输系统的误码率比传输单极性信号时的低，抗干扰性能好。

(2) 在误码率相同的条件下，单极性信号需要的信噪比要比双极性的高 3 dB。

(3) $P_e-\gamma$ 曲线总的趋势是 γ 增大，P_e 减小。但当 γ 达到一定值以后，γ 再增大，P_e 将急剧减小。

5.5 眼　图

在实际工程中，部件调试不理想或信道特性发生变化都可能使系统的性能变差。一个实际的基带传输系统，尽管经过了十分精心的设计，但要使其传输特性完全符合理想情况是困难的，甚至是不可能的。因此，码间串扰也就不可能完全避免。除了用专用精密仪器进行定量的测量，在调试和维护工作中，技术人员希望用简单的方法或通用仪器能宏观监测系统的性能。其中一个有效的实验方法是观察接收信号的眼图。

将一个示波器跨接在接收滤波器的输出端，然后调整示波器的水平扫描周期，使其与接收码元的周期同步。这时就可以从示波器显示的图形上观察出码间串扰和噪声的影响，从而估计出系统性能的优劣程度。对于二进制数字信号，这个图形与人眼相似，所以称为“眼图”，如图 5.5.1(b)、(d)所示。

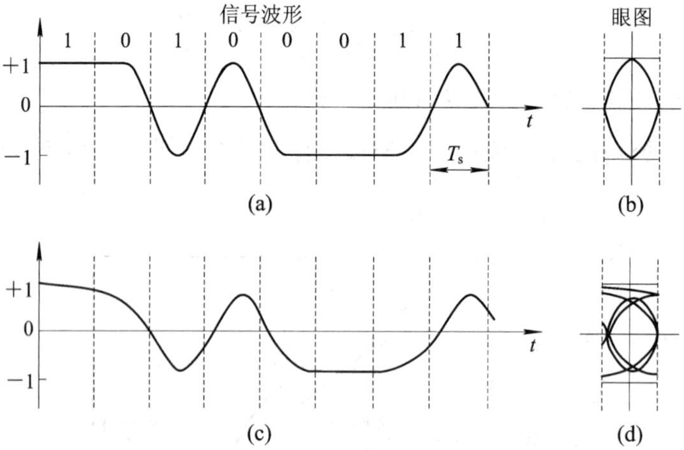

图 5.5.1　基带信号波形及眼图

(a) 无码间串扰的基带脉冲序列；(b) 无码间串扰的眼图；

(c) 有码间串扰的基带脉冲序列；(d) 有码间串扰的眼图

下面解释这种观察方法。为了便于观察，先不考虑噪声的影响。在无噪声存在的情况下，一个二进制的基带系统将在接收滤波器输出端得到一个基带脉冲序列。如果基带传输特性是无码间串扰的，则得到如图 5.5.1(a)所示的基带脉冲序列；如果基带传输是有码间串扰的，则得到如图 5.5.1(c)所示的基带脉冲序列。

用示波器先观察图 5.5.1(a)所示波形，并将示波器扫描周期调整为码元的周期 T，这时，图 5.5.1(a)中的每一个码元将重叠在一起。尽管图 5.5.1(a)所示波形并不是周期的(实际是随机的)，但由于荧光屏的余辉作用，仍将若干码元重叠并显示图形。显然，由于图 5.5.1(a)所示波形是无码间串扰的，因而重叠的图形都完全重合，故示波器显示的迹线又细又清晰，如图 5.5.1(b)所示。当我们观察图 5.5.1(c)所示波形时，由于存在码间串扰，示波器的扫描迹线就不完全重合，于是形成的线迹较粗而且也不清晰，如图 5.5.1(d)所示。从图(b)和图(d)可以看到，当波形无码间串扰时，眼图像一只完全张开的眼睛。眼图中央的垂线对应最佳抽样时刻，信号取值为±1；眼图中央的横轴位置对应最佳判决门限电平。当波形存在码间串扰时，在抽样时刻得到的信号取值不再等于±1，而分布在比 1 小或比−1 大的附近，因而眼图将部分闭合。由此可见，眼图的“眼睛”张开的大小反映码间串扰的强弱。

当存在噪声时，噪声叠加在信号上，因而眼图的线迹更不清晰，于是“眼睛”张开得就更小。不过，应该注意，从图形上并不能观察到随机噪声的全部形态。例如，用于出现机会少的大幅噪声在示波器上一晃而过，因此人眼是观察不到的。所以，在示波器上只能大致估计噪声的强弱。

为了解释眼图与系统性能之间的关系，可把眼图抽象为一个模型，如图 5.5.2 所示。

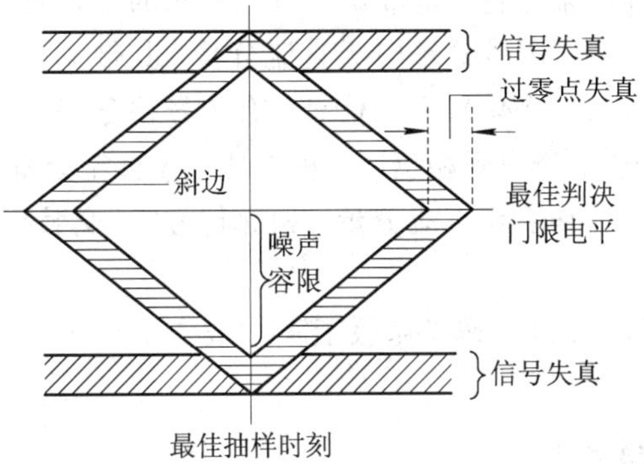

图 5.5.2　眼图模型

对眼图模型有以下几点说明：

(1) 最佳抽样时刻应选在“眼眼”张开最大的时刻，此时信噪比最大。

(2) 眼图斜边的斜率反映系统对定时误差的灵敏度。斜边愈陡，对定时误差愈灵敏，对定时稳定度的要求愈高。

(3) 在抽样时刻，上、下两个阴影区的高度称为信号失真量。它是噪声和码间串扰叠加的结果，因此眼图张开的程度反映了系统的噪声容限。

(4) 眼图阴影区的垂直高度表示信号的畸变范围。

(5) 眼图中央的横轴位置对应最佳判决门限电平。

本章知识点小结

1. 基本概念

(1) 数字基带信号：频率集中在零频率附近的基带信号。

(2) 数字基带传输：数字基带信号在低通信道中的传输。

(3) 数字基带传输系统：传输数字基带信号的系统。

2. 数字基带传输的基本码型

(1) 码型设计原则：

① 码型中的低频、高频分量应尽量少。

② 码型中包含位定时信息。

③ 码型具有一定检错能力。

④ 编码方案对发送信息的类型不应有任何限制，即能适合于信源变化。

⑤ 低误码增值。

⑥ 码型变换设备要简单可靠。

⑦ 编码效率要高。

(2) 常见码型：

① 单极性非归零码：全占空比，含直流分量。

② 双极性非归零码：全占空比，“1”“0”码等概率时无直流分量。

③ 单极性归零码：含直流分量，其带宽比非归零码的带宽宽。

④ 双极性归零码：“1”“0”码等概率时无直流分量，其带宽比非归零码的带宽宽。

⑤ 差分码：用相邻码元的变化来表示信息，有传号差分码和空号差分码。传号差分码遇“1”变，遇“0”不变；空号差分码则相反。全占空比，含直流分量。

⑥ 传号交替反转(AMI)码：无直流分量，相邻传号“1”交替用正、负脉冲表示，“0”用零电平表示。

⑦ 三阶高密度双极性(HDB_3)码：克服了 4 个或 4 个以上连“0”无法提取位定时信息问题。

3. 数字基带信号的频谱特性

(1) 数字基带信号功率谱的形状取决于单个波形的频谱函数，而码型规则仅起到加权作用，使功率谱的形状有所变化。

(2) 时域波形的占空比越小，频带越宽，一般用谱零点带宽作为矩形信号的近似带宽。

(3) “0”码、“1”码等概率出现的双极性码无直流分量和位定时信息。

(4) 单极性归零码的位定时信息丰富。

4. 数字基带传输系统无码间串扰的传输条件

(1) 码间串扰：时域信号经过频域受限的系统传输后在时域上的波形必定是无限延伸的，这样，在波形的传输过程中，前面的码元对后面的若干码元就会造成不良影响，这种影响称为码间串扰。

(2) 接收波形在特定时刻无码间串扰的充要条件是仅在本码元的抽样时刻上有最大值，而在其他码元的抽样时刻对信号无影响，即在抽样点上不存在码间串扰。

(3) 无码间串扰的基带传输特性：

$$H(\omega)=H_{\mathrm{eq}}(\omega)=\begin{cases}\displaystyle\sum_{n=-\infty}^{\infty}H\left(\omega+\frac{2n\pi}{T}\right)=S_0T, & |\omega|\leqslant\dfrac{\pi}{T}\\[2ex] 0, & |\omega|>\dfrac{\pi}{T}\end{cases}$$

只要基带传输系统的总传输特性为理想低通特性，且与基带信号的传输速率匹配，就不存在码间串扰。

5. 数字基带传输系统的误码率

(1) 在信噪比相同的条件下，传输双极性信号时数字基带传输系统的误码率比传输单极性信号时的低，抗干扰性能好。

(2) 在误码率相同的条件下，单极性信号需要的信噪比要比双极性的高 3 dB。

(3) 误码率随着信噪比的增大而减小。但当信噪比达到一定值以后，信噪比再增大，误码率将急剧减小。

6. 眼图

(1) 定义：接收滤波器输出波形在示波器上显示出来的类似于人的眼睛的图形。

(2) 作用：估计码间串扰和噪声的大小。若眼图线迹细而清晰，且张开程度越大，则说明系统性能越好；反之，系统性能越差。

由眼图模型可见：

① 最佳抽样时刻应选在“眼睛”张开最大的时刻。

② 眼图斜边的斜率反映系统对定时误差的灵敏度。

③ 在抽样时刻，上、下两个阴影区的高度称为信号失真量。它是噪声与码间串扰叠加的结果。

④ 眼图阴影区的垂直高度表示信号的畸变范围。

⑤ 眼图中央的横轴位置对应最佳判决门限电平。

习　题

一、简答题

1. 简述数字基带传输系统的基本结构以及各部分的作用。

2. 设二进制脉冲序列为 110010001110，试以矩形脉冲为例，分别画出相应的单极性非归零码波形、双极性非归零码波形、单极性归零码波形、双极性归零码波形和差分码波形。

3. AMI 码和 HDB_3 码是怎样构成的？它们各有什么优缺点？

4. 已知信息代码为 1010000011000011，试确定相应的传号差分码、CMI 码、数字双相码、AMI 码和 HDB_3 码，并分别画出它们的波形。

5. 数字基带信号的功率谱有什么特点？它的带宽主要取决于什么？

6. 为什么单极性信号有直流分量，而双极性信号没有直流分量？

7. 什么是码间串扰？它是怎样产生的？有什么不好的影响？应该怎样消除或减小？

8. 什么是奈奎斯特速率和奈奎斯特带宽？此时的频带利用率有多大？

9. 为什么低通滤波器应具有滚降特性？滚降特性是什么？

10. 无码间串扰时，数字基带传输系统的误码率取决于什么？怎样才能降低误码率？

11. 什么是最佳判决门限？

12. 设信号功率、进制数以及信道的噪声功率谱不变，当信息速率增大时，误码率如何变化？为什么？

13. 在二进制双极性基带传输系统中，若 $P(1)>0.5$，最佳判决门限应大于 0 还是小于 0？试根据抽样判决器输入信号的概率做定性说明。

二、计算题

1. 已知滤波器的 $H(\omega)$ 具有如题 1 图所示的特性(码元速率变化时特性不变)。当采用以下码元速率时(假设码元经过了理想抽样才加到滤波器上),① 码元速率 $R_b=1000$ Baud,② 码元速率 $R_b=4000$ Baud,③ 码元速率 $R_b=1500$ Baud,④ 码元速率 $R_b=3000$ Baud。问:哪种码元速率不会产生码间串扰?哪种码元速率会产生码间串扰,但还能用?哪种码元速率根本不能用?

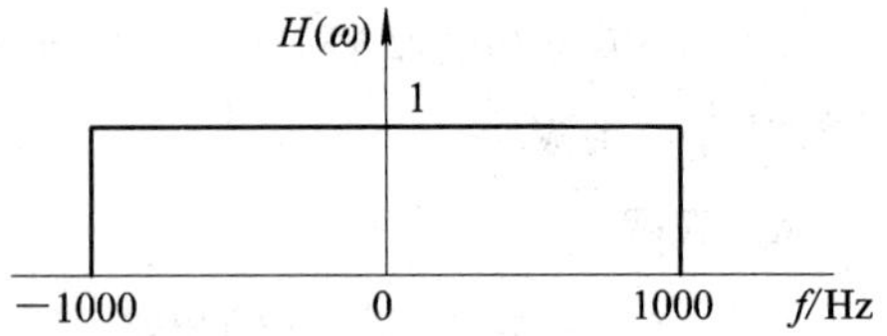

题 1 图

2. 设某数字基带传输系统的频率特性是截止频率为 100 kHz 的理想低通滤波器的特性。

(1) 用奈奎斯特准则分析当码元速率为 150 kB 时,此系统是否有码间串扰。

(2) 当信息速率为 400 kbit/s 时,此系统能否无码间串扰?为什么?

3. 设数字基带传输系统的传输特性 $H(\omega)$ 如题 3 图所示,其中 α 为某个常数($0\leqslant\alpha\leqslant1$)。

(1) 试检验系统能否实现无码间串扰传输。

(2) 试求该系统的最大码元速率和频带利用率。

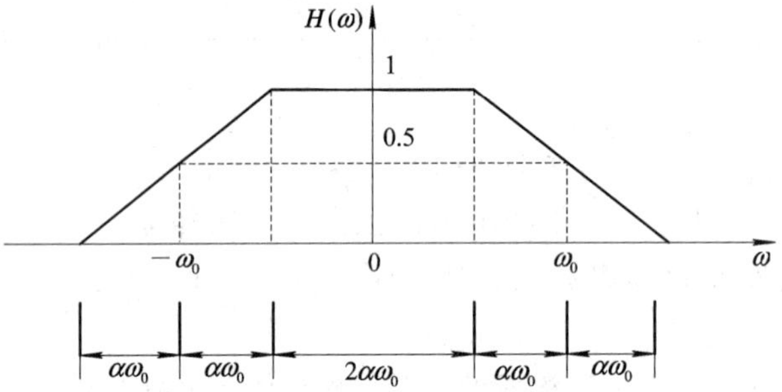

题 3 图

4. 为了传输码元速率为 $R_b=10^3$ Baud 的数字基带信号,试分析系统采用如题 4 图所示的哪一种传输特性较好,并简要说明理由。

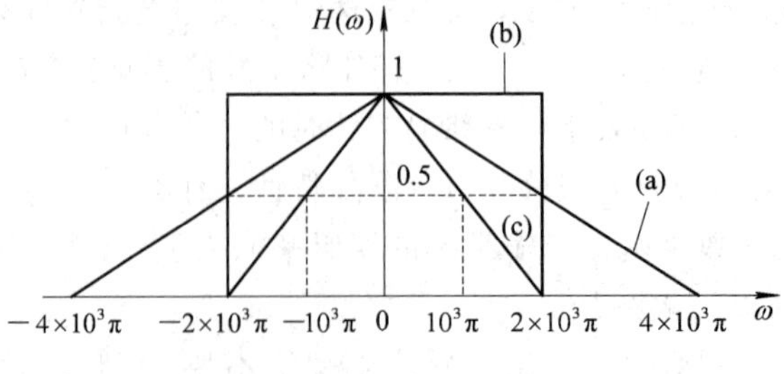

题 4 图

5. 某二进制数字基带系统所传输的是单极性基带信号,且数字信息"1"和"0"的出现概率相等。

(1) 当数字信息为"1"时,接收滤波器输出信号在抽样判决时刻的值 $A=1$ V,且接收滤波器噪声是均值为0、均方根值为0.2 V的高斯噪声，试求这时的误码率 P_e。

(2) 若要求误码率 P_e 不大于 10^{-5}，则 A 至少应该是多少？

实训5　AMI/HDB_3 码型变换

一、实训目的

(1) 了解数字基带传输的基本码型。

(2) 掌握单极性非归零码、AMI、HDB_3 3种典型传输码型的编码规则。

(3) 熟悉 HDB_3 码型的基本特征。

二、实训内容

(1) AMI码型变换与反变换。

(2) HDB_3 码型变换与反变换。

三、实训设备与工具

根据各自实验设计方案确定设备，可以通过硬件搭建平台实现和通过实验箱实现，也可以通过各类软件编程实现。硬件实验箱环境需要双踪示波器一台。

四、实训原理

1. AMI码

AMI码的编码规则是：将信息码的“1”(传号)交替地变换为“+1”和“−1”，而“0”(空号)保持不变。AMI码可看成单极性码的变形，即“0”仍对应零电平，而“1”交替地对应正、负电平。例如，若NRZ码为10010，则该NRZ码变换成的AMI码为+100−10或−100+1。

当AMI码用来获取位定时信息时，由于它可能出现长的连0码，因此会造成提取位定时信息的困难。解决连“0”码问题的有效方法之一是采用 HDB_3 码。

2. HDB_3 码

HDB_3 码的编码规则如下：将4个连“0”码用“000V”或“B00V”代替，当相邻两个“V”码之间有奇数个信息“1”码时，用“000 V”代替；当相邻两个“V”码之间有偶数个信息“1”码(包括0个)时，用“B00V”代替；其他的信息“0”码仍为“0”码。这样，信息码的“1”码变为带有符号的“1”码，即“+1”或“−1”。

实训表5.1为 HDB_3 码的编码规则。

实训表5.1　HDB_3 码的编码规则

前面“1”码的极性	上次取代后“1”码的个数	
	奇数个“1”	偶数个“1”(包括0个)
−	000 V_-	B_+00V_+
+	$000V_+$	B_-00V_-

由实训表5.1可知，NRZ码10000000、11000000变换成的 HDB_3 码分别为 $+1000V_+000$、$-1+1B_-00V_-00$ 或 $-1000V_-000$、$+1-1B_+00V_+00$。其中，V_+、B_+ 表示正逻辑电平，

这里是+5 V；V_-、B_- 表示负逻辑电平，这里是−5 V。

HDB_3 码中“1”“B”的符号符合交替反转原则，而“V”的符号破坏了这种符号交替反转原则，但相邻“V”码的符号又是交替反转的。

五、思考题

(1) AMI 码和 HDB_3 码在全 0 码和全 1 码时的波形是否一致？为什么？

(2) 如果用 7 位和 15 位的随机序列，则它们的 AMI 码和 HDB_3 码是否一致？为什么？

(3) 与 AMI 码相比，HDB_3 码有什么优点？

第 6 章　数字信号的频带传输

本章学习目标

(1) 理解二进制幅度键控调制与解调原理。
(2) 理解二进制频移键控调制与解调原理。
(3) 理解二进制相移键控调制与解调原理。
(4) 了解二进制键控调制系统的抗噪声性能。
(5) 了解多进制数字键控调制原理。

本章内容

- 二进制幅度键控
- 二进制频移键控
- 二进制相移键控
- 二进制键控调制系统的性能比较
- 多进制数字键控调制
- 现代数字调制方式

本章重点

- 二进制幅度键控调制与解调原理
- 二进制频移键控调制与解调原理
- 二进制相移键控调制与解调原理

本章难点

- 多进制数字键控调制原理
- 现代数字调制方式

本章学时
14 学时

数字基带信号能否直接在信道中传输与信道的传输特性有关。数字基带信号具有丰富的低频成分，但现有的许多信道(包括信道端口的一些设备)的传输特性并不能使这些成分有效地传输。图 6.0.1 所示是一个模拟电话用户线的信号传输的例子。模拟电话用户线是指从交换机到电话终端之间的线路，包括交换机中的模拟用户线和双绞线，专用于传送话音信号。尽管双绞线的传输特性可以使低频甚至直流成分通过，但由于在交换机用户端口设置了一个通带范围为 300～3400 Hz 的滤波器，总的信道传输频率范围被限制在 300～3400 Hz，因此含有低频分量的数字基带信号就无法通过这个信道。可以设想，如果将信号的频谱搬移一下，如图 6.0.1(b)所示，基带信号就变成频带信号，这个问题就可以解决。

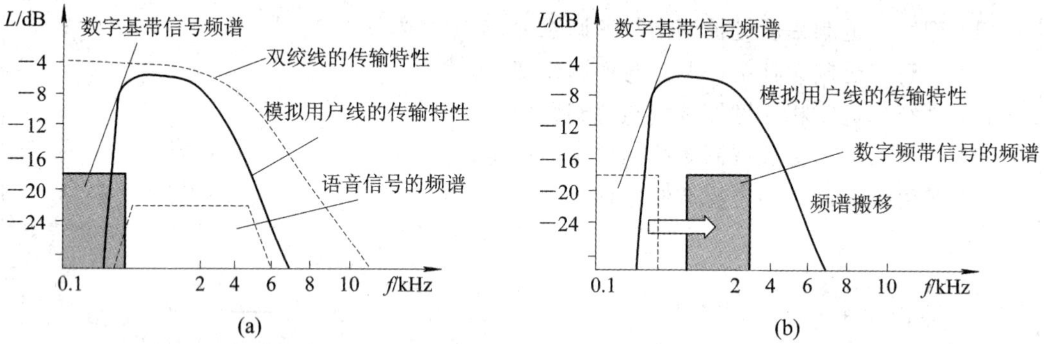

图 6.0.1 模拟电话用户线的信号传输

(a) 信号频谱与信道传输特性不匹配；(b) 频谱搬移后信号可以通过信道

有的信道有很大的频率范围，但用户的信息带宽却很窄，用这样的信道去传输一个用户的信号，显然会造成频率资源的浪费。这时可以将一个信道按频率划分成多个子信道，每个信道分配一个载波，传送一个用户的信号，这种方式称为频分多路复用(FDM)。数字基带信号的频谱必须搬到对应的子信道上。

综上所述，数字基带信号在很多场合要通过频谱搬移才能满足信号传输的要求，这种频谱搬移可以通过对特定频率正弦波的调制来实现。

在 LTE 通信系统中，往往有多个用户处于某个基站所覆盖的范围内，需要同时与该基站进行通信，如图 6.0.2 所示。将多个用户的数据分开，合理利用无线信道的有限带宽进行用户数据的传输是 LTE 通信系统必须要解决的问题。

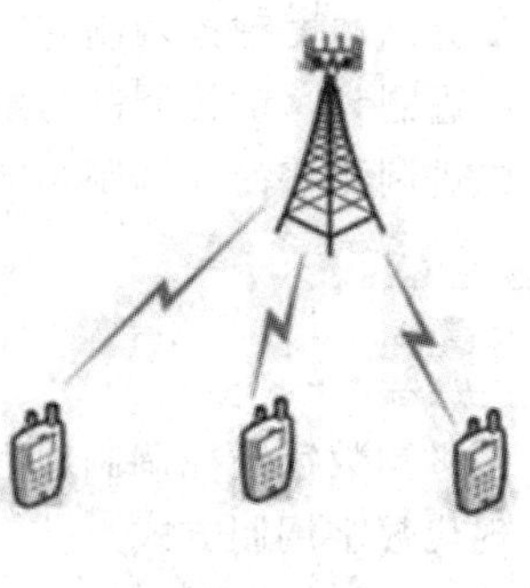

图 6.0.2 多用户与基站之间的通信

LTE 通信系统采用数字通信方式，与模拟通信相似，要使某一数字信号在带限信道中传输，就必须用数字信号对载波进行调制。对于 LTE 通信系统来说，由于数字基带信号具有丰富的低频成分，而实际的无线信道又具有带通性，因此，必须用数字信号来调制某一较高频率的正弦或脉冲载波，使已调信号能通过带限信道传输。这种用数字基带信号控制高频载波的参数(幅度、频率或相位)，把数字基带信号变换成频带数字信号的过程称为数字调制。那么，已调信号通过信道传输到接收端，在接收端通过解调器把频带数字信号还原成数字基带信号，这种数字信号的反变换称为数字解调。通常，把数字调制和解调合起来称为数字调制，把包括调制和解调过程的传输系统叫作数字信号的频带传输系统。

在 LTE 通信系统中，用户手机和基站之间的调制解调主要采用以正交频分复用(Orthogonal Frequency Division Multiplexing，OFDM)技术为基础的多址方式，每 15 kHz 的频率为一个子载波宽带，通过不同的子载波数目组合(72～1200)来实现灵活可变的系统带宽(1.4～20 MHz)。

过去的 FDM 系统中，整个带宽分成 N 个子频带，子频带之间不重叠，为了避免子频带间相互干扰，还需在频带间加保护带宽。而 OFDM 的子载波相关正交，所以可以采用 N 个重叠的子频带，从而大大提升频谱效率和系统容量。FDM 与 OFDM 的基本思想如图 6.0.3 所示。与传统的多载波调制(Multi-Carrier Modulation，MCM)相比，OFDM 调制的各个子载波间可相互重叠，并且能够保持各个子载波之间的正交性。

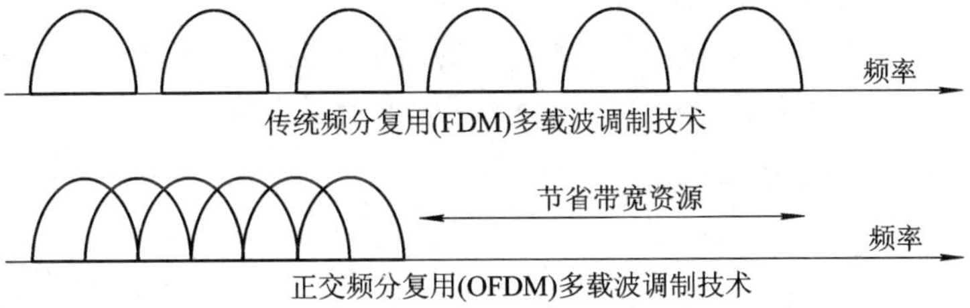

图 6.0.3　FDM 与 OFDM 的基本思想

OFDM 技术的主要原理是将高速数据流信号串/并变换为多个低速率数据流，通过反向快速傅里叶变换(IFFT)，将每个数据流调制到多个正交的子载波上。OFDM 技术还可以结合分集、时空编码、干扰和信道间干扰抑制以及智能天线技术，最大限度地提高系统性能。LTE 通信系统采用正交频分多址(Orthogonal Frequency Division Multiple Access，OFDMA)作为下行多址方式，如图 6.0.4 所示，并采用离散傅里叶变换扩频的正交频分复用多址接入方式(DFT-S-OFDM)作为上行多址方式，如图 6.0.5 所示。具体的 QPSK 及 QAM 调制将在 6.6 节中详细介绍。

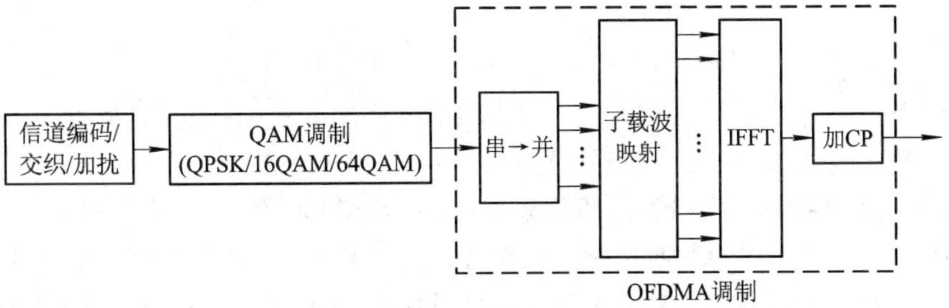

图 6.0.4　OFDMA 调制框图

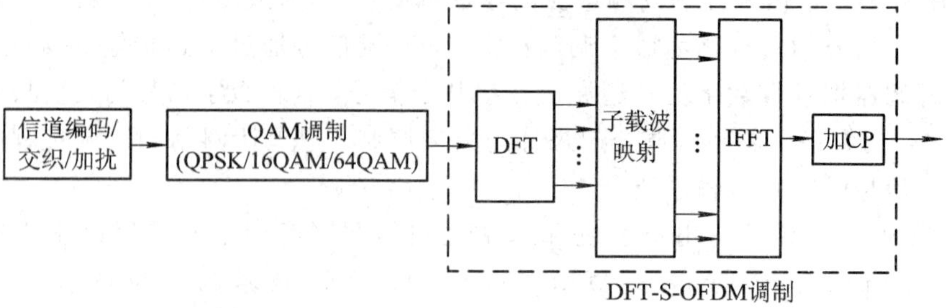

图 6.0.5 DFT-S-OFDM 调制框图

OFDM 将高速的数据流分解为 N 个并行的低速数据流，在 N 个子载波上同时进行传输。这些在 N 个子载波上同时传输的数据符号构成一个 OFDM 符号。下面我们以一个 OFDM 符号内包括 4 个子载波为实例来分析一下 OFDM 的频域特性。

图 6.0.6 是一个 OFDM 符号内的 4 个子载波，从上到下，分别是 1 个波长、2 个波长、3 个波长和 4 个波长。通过第 2 章的学习可以知道，当把 4 个子载波限定在一个 OFDM 的符号周期内，即把矩形函数与 4 个子载波在时域中相乘时，相当于其频谱在频域中进行卷积运算。OFDM 的正交性频域描述如图 6.0.7 所示，由图可以看出，虽然有多个矩形函数的频谱在频域上相互重叠，但对于某一个特定的矩形函数频谱而言，当该频谱达到最高峰时，其他频谱均处于零点位置，因此并不会对该频谱造成干扰。

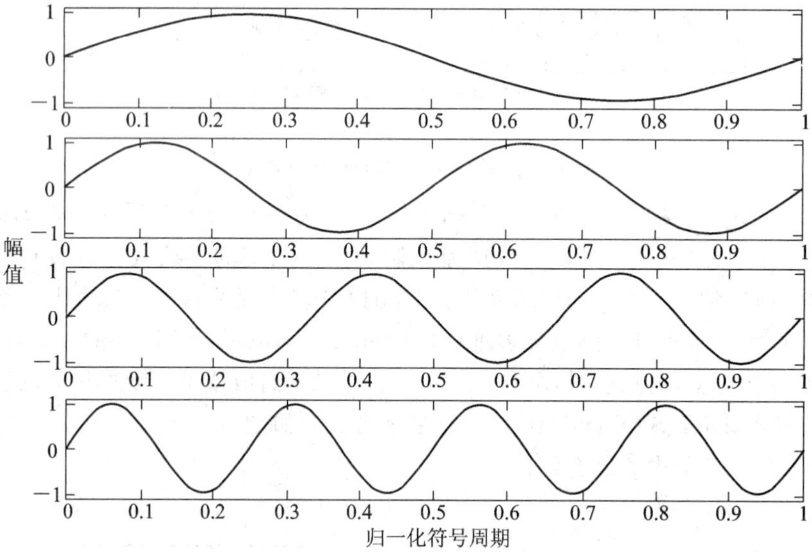

图 6.0.6 一个 OFDM 符号内的 4 个子载波

数字调制方式有多种类型，除了上述的 OFDM 调制方式，还有正交幅度调制(QAM)、交错正交相移键控(OQPSK)、最小频移键控(MSK)等。而这些都是建立在最基本的几种调制方式之上的，它们是幅度键控(或称幅移键控，简记 OOK 或 ASK)、频率键控(或称频移键控，简记 FSK)和相位键控(或称相移键控，简记 PSK)。ASK 是数字基带信号改变高频连续载波幅度的调制方式，它使得高频载波的幅度按照数字基带信号的离散取值变化。FSK 是数字基带信号改变高频载波频率的调制方式，它使得高频载波的频率按照数字基带

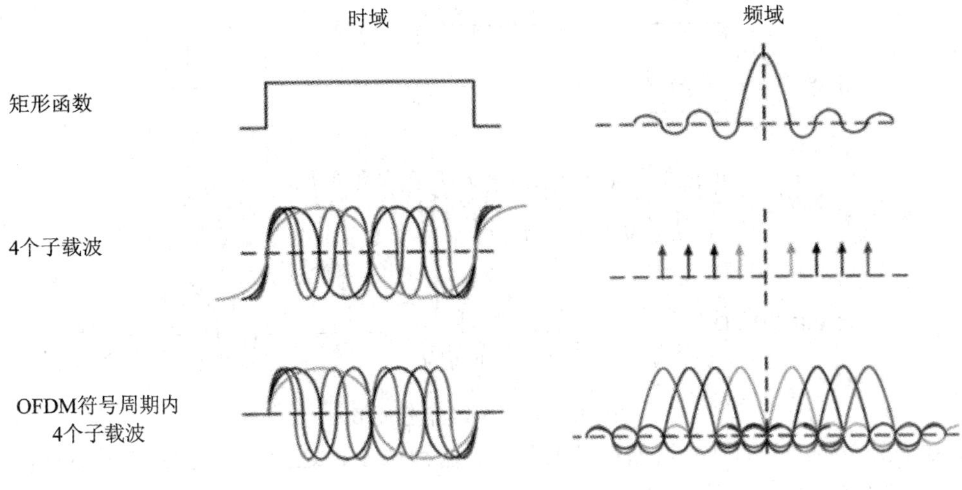

图 6.0.7　OFDM 的正交性频域描述

信号的离散取值变化。PSK 是数字基带信号改变高频载波相位的调制方式，它使得高频载波的相位按照数字基带信号的离散取值变化。

与数字基带传输系统相比，数字频带传输系统是包含调制、解调装置的数字通信系统，而数字基带传输系统中没有调制、解调装置。与模拟频带传输系统相比，数字频带传输系统的调制、解调与模拟频带传输系统的调制、解调并无本质区别，都是为了频谱搬移，以有效地传输信息，两者的区别在于其基带信号一个是模拟的，一个是数字的。模拟基带信号对载波信号的参量进行连续调制，在接收端对载波信号的参量进行连续估值；数字基带信号对载波信号的参量进行离散调制，由载波信号的某些离散状态表征所传送的信息，在接收端也只需对载波信号的离散调制参量进行检测。数字调制和解调除了可用模拟信号的调制方式，还可用数字电路建立的键控法来实现，数字调制具有调制变换速率快、调整测试方便、体积小和设备可靠性高等特点。

为了能清楚地理解各种基本数字调制方式的工作原理、实现方法及已调信号的频谱特点和信号带宽等，下面以数字基带信号为二进制的调制与解调为例进行讨论。

6.1　二进制幅度键控(2ASK)

6.1.1　二进制幅度键控(2ASK)信号的调制

1. 信号波形

在幅度键控系统中，载波信号的幅度随着调制信号的变化而变化，即载波信号的幅度随着数字信号“1”和“0”在两个电平之间转换。图 6.1.1 所示是一个 2ASK 信号波形的例子，正弦载波的有无受信码控制。当信码为“1”时，2ASK 信号的波形是若干个周期的高频等幅波(图中为 3 个周期)；当信码为“0”时，2ASK 信号的波形是零电平。

可见，数字信号为“1”时，调制的结果为原载波正弦波；数字信号为“0”时，调制结果

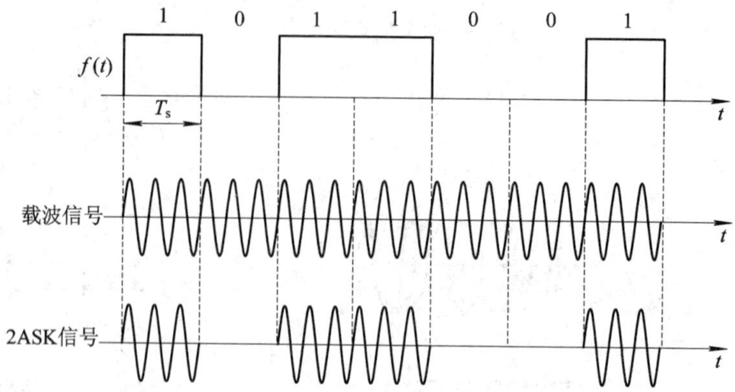

图 6.1.1　2ASK 信号波形

为 0，如同开关键一样，具有通断键控的效果。这种调制称之为幅度键控(Amplitude Shift Keying，ASK)。

2. 二进制幅度键控的方法

根据线性调制的原理，一个二进制幅度键控信号可以表示成一个单极性基带矩形脉冲序列与一个余弦载波的乘积，即

$$e_o(t)=\left[\sum_n a_n g(t-nT_s)\right]\cos\omega_c t \qquad (6-1-1)$$

式中，$g(t)$是周期为 T_s、宽度为 1 的矩形脉冲；ω_c 为载波的角频率；a_n 为二进制数字，且

$$a_n=\begin{cases}1, & \text{出现概率为 } P\\ 0, & \text{出现概率为 } 1-P\end{cases} \qquad (6-1-2)$$

若令

$$f(t)=\sum_n a_n g(t-nT_s) \qquad (6-1-3)$$

则式(6-1-1)变为

$$e_o(t)=f(t)\cos\omega_c t \qquad (6-1-4)$$

实现 2ASK 的一般原理框图如图 6.1.2 所示。图中，基带信号形成器把数字序列$\{a_n\}$转换成所需的单极性基带矩形脉冲序列 $f(t)$，$f(t)$与余弦载波相乘后即把 $f(t)$的频谱搬移到载频 f_c 处，从而实现了 2ASK。带通滤波器滤出所需的已调信号，防止带外辐射影响邻近电台。

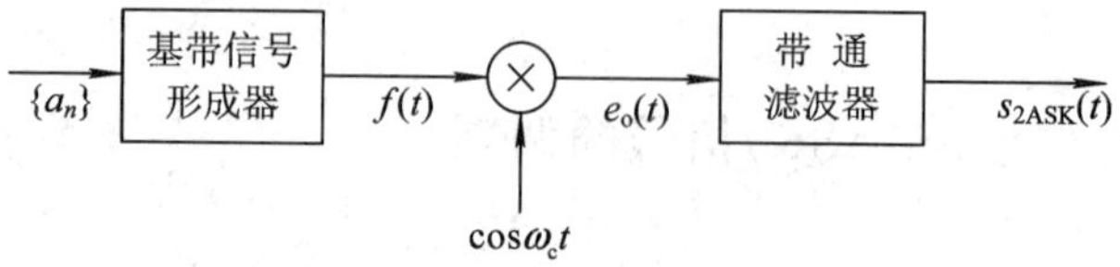

图 6.1.2　2ASK 的原理框图

2ASK 信号之所以也称为 OOK(On Off Keying)信号，是因为幅度键控的实现可以用开关电路来完成。开关电路以数字信号为门脉冲来选通载波信号，以在开关电路输出端获得 2ASK 信号。实现 2ASK 信号的电路模型如图 6.1.3 所示。

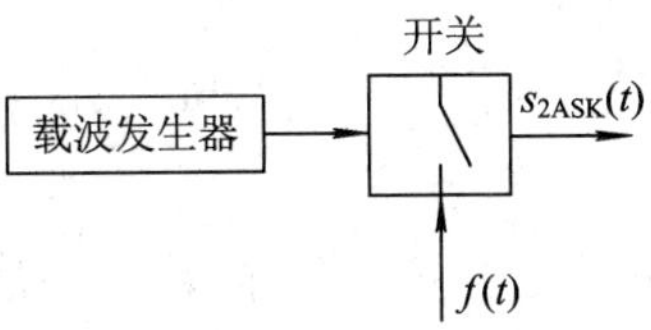

图 6.1.3　实现 2ASK 信号的电路模型

3. 2ASK 信号的功率谱及带宽

若用 $G(\omega)$表示二进制序列中一个周期为 T_s、宽度为 1 的矩形脉冲 $g(t)$所对应的频谱函数，$P_f(\omega)$为 $f(t)$的功率谱，$P_{2ASK}(\omega)$为已调信号 $s_{2ASK}(t)$的功率谱，则有

$$P_{2ASK}(\omega) = \frac{1}{4}[P_f(\omega+\omega_c)+P_f(\omega-\omega_c)] \tag{6-1-5}$$

2ASK 信号的功率谱如图 6.1.4 所示。

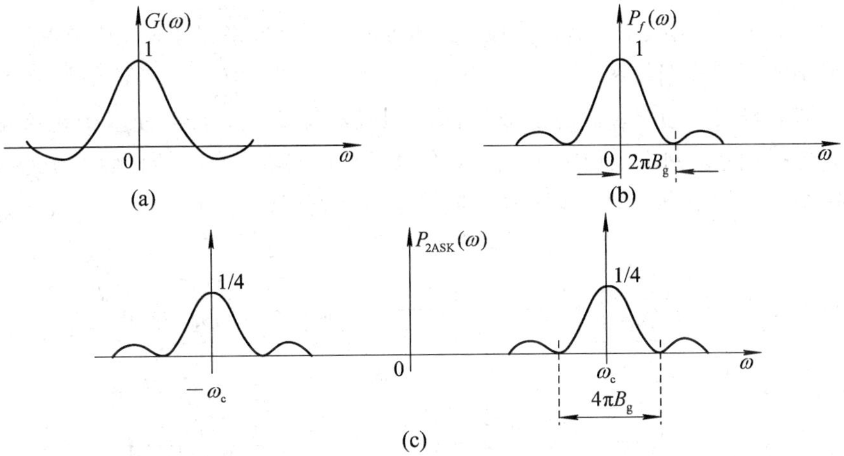

图 6.1.4　2ASK 信号的功率谱

(a) 矩形脉冲 $g(t)$对应的频谱函数；(b) $f(t)$的功率谱；(c) 已调信号的功率谱

由图 6.1.4 可见：

(1) 因为 2ASK 信号的功率谱 $P_{2ASK}(\omega)$是相应单极性数字基带信号的功率谱 $P_f(\omega)$形状不变地平移至$\pm\omega_c$ 处形成的，所以 2ASK 信号的功率谱密度由连续谱和离散谱两部分组成。它的连续谱取决于数字基带信号脉冲的频谱 $G(\omega)$；它的离散谱是位于$\pm\omega_c$ 处一对频域冲激函数。这意味着 2ASK 信号中包含可作载波同步的载波频率 ω_c 的成分。

(2) 基于同样的原因可以知道，上面所述的 2ASK 信号实际上相当于双边带调制(DSB)信号。因此，由图 6.1.4 可以看出，2ASK 信号的带宽 B_{2ASK}是单极性数字基带信号带宽 B_g 的两倍。当数字基带信号的基本脉冲是矩形不归零脉冲时，$B_g=1/T_s$，于是 2ASK 信号的带宽为

$$B_{2ASK} = 2B_g = \frac{2}{T_s} = 2R_s \tag{6-1-6}$$

因为系统的码元速率 $R_s=1/T_s$(Baud)，故 2ASK 系统的频带利用率为

$$\eta = \frac{\frac{1}{T_s}}{\frac{2}{T_s}} = \frac{R_s}{2R_s} = \frac{1}{2}\ (\text{bit}/(\text{s}\cdot\text{Hz})) \qquad (6-1-7)$$

这意味着用 2ASK 方式传输码元速率为 R_s 的数字基带信号时，要求该系统的带宽至少为 $2R_s$(Hz)。

由此可见，2ASK 系统的频带利用率低，即在给定信道带宽的条件下，它的单位带宽内所能传输的数码率较低。为了提高频带利用率，可以用单边带调制。从理论上说，单边带调制系统的频带利用率可以比双边带调制系统的提高一倍，即其每单位带宽所能传输的数码率可达1 (Baud/Hz)。

2ASK 信号的主要的优点是易于实现，其缺点是抗干扰能力较差，主要应用在低速数据传输中。

6.1.2　二进制幅度键控(2ASK)信号的解调

2ASK 信号的解调由振幅检波器完成，具体方法主要有包络解调和相干解调。

包络解调的原理框图如图 6.1.5(a)所示。带通滤波器恰好使 2ASK 信号完整通过，经过包络检波器后输出其包络。低通滤波器的作用是滤除高频杂波，使基带包络信号通过。抽样判决器包括抽样、判决及码元形成器，有时又称译码器。定时抽样脉冲是很窄的脉冲，通常位于每个码元的中央位置，其重复周期等于码元宽度。

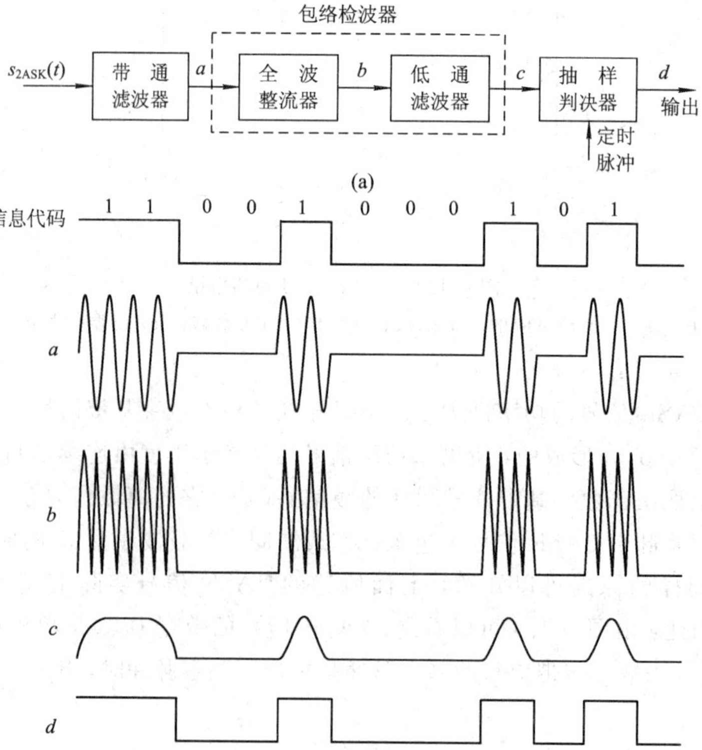

图 6.1.5　2ASK 信号的包络解调

(a) 原理框图；(b) 各点波形图

2ASK 信号包络解调时各点波形如图 6.1.5(b)所示。图中，a 为不计噪声影响时带通滤波器输出的 2ASK 信号，即 $a=f(t)\cos\omega_c t$，整流后的信号为 b，经低通滤波器后输出为 c，经抽样、判决后将码元再生，即可恢复出数字序列 $d=\{a_n\}$。

2ASK 信号相干解调的原理框图如图 6.1.6(a)所示。相干解调又称为同步解调。同步解调时，接收机要产生一个与发送载波同频同相的本地载波，称其为同步载波或相干载波。利用此载波与接收到的已调波相乘，可得

$$\begin{aligned} e_o(t) &= f(t)\cos\omega_c t = f(t)\cos^2\omega_c t \\ &= f(t)\cdot\frac{1}{2}[1+\cos 2\omega_c t] \\ &= \frac{1}{2}f(t)+\frac{1}{2}f(t)\cos 2\omega_c t \end{aligned} \tag{6-1-8}$$

式中，第一项是基带信号，第二项是以 $2\omega_c$ 为载波的成分，两者的频谱相差很远。经低通滤波器后即可输出 $f(t)/2$。低通滤波器的截止频率与数字基带信号的最大频率相等。由于噪声影响及传输特性的不理想，低通滤波器输出的波形有失真，经抽样、判决、整形后可再生数字基带信号。

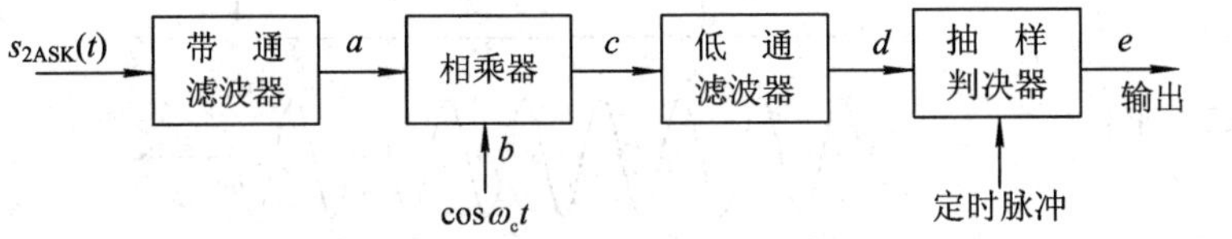

(a)

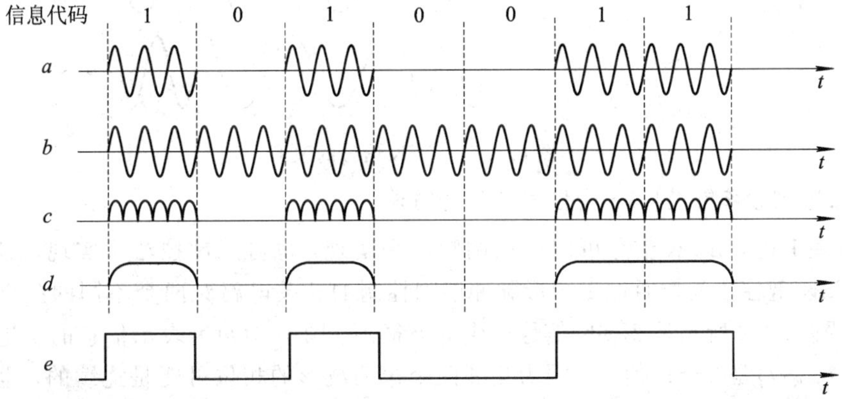

(b)

图 6.1.6　2ASK 信号的相干解调

(a) 原理框图；(b) 各点波形图

2ASK 信号相干解调时各点波形如图 6.1.6(b)所示。图中，a 为 2ASK 信号，b 为同步载波，c 为 a、b 相乘的信号，d 为低通滤波器输出的低频信号，e 为抽样判决器输出的数字基带信号。

虽然 2ASK 信号中含有载波分量，原则上讲可以通过窄带滤波器或锁相环来提取同步载波，但是，从 2ASK 信号中提取载波需要相应的电路，会增加设备的复杂性。因此，目前在实际设备中，为了简化设备，很少采用同步检波来解调 2ASK 信号。

6.2 二进制频移键控(2FSK)

6.2.1 二进制频移键控(2FSK)信号的调制

1. 信号波形

数字频移键控是用载波的频率来传送数字信息的，即用所传达的数字信息控制载波的频率。由于数字信息只有有限个值，相应地，作为已调的 FSK 信号的频率也只能有有限个值。那么，2FSK 信号便是数字信号“1”对应的载频为 $\omega_1(=2\pi f_1)$，数字信号“0”对应的载频为 $\omega_2(=2\pi f_2)$(ω_2 是与 ω_1 不同的另一个载频)的已调波形，而且 ω_1 与 ω_2 之间的改变是瞬间完成的，其示例波形如图 6.2.1 所示(图中 $f_1=2f_2$)。

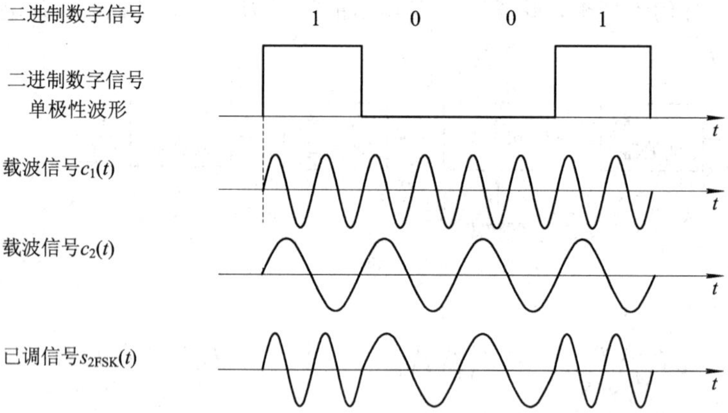

图 6.2.1 2FSK 信号的波形

2. 二进制频移键控(2FSK)信号实现的方法

从原理上讲，2FSK 信号可用模拟调频法来实现，也可用键控法来实现，但后者较为方便。2FSK 键控法是指通过受矩形脉冲序列控制的开关电路对两个不同的独立频率源进行选通。图 6.2.2 所示是 2FSK 信号产生的方框图。图中 $f(t)$为表示信息的二进制矩形脉冲序列；$s_{2FSK}(t)$是 2FSK 信号。因为相邻两个振荡波形的相位可能是连续的，也可能是不连续的，因此，有相位连续的 FSK 及相位不连续的 FSK，并分别记作 CPFSK(Continuous Phase FSK)及 DPFSK(Discrete Phase FSK)。

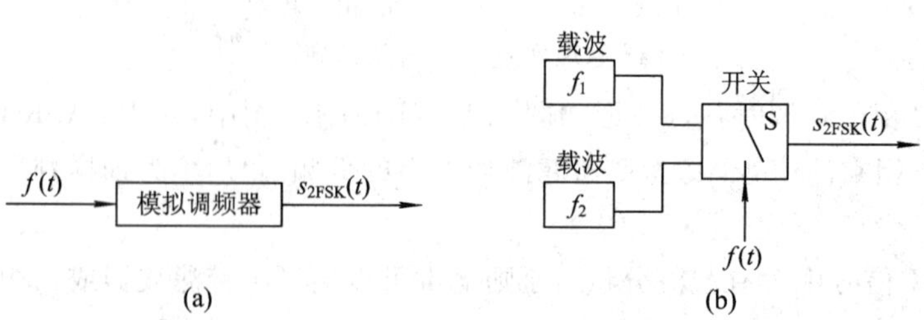

图 6.2.2 2FSK 信号产生方框图

(a) 模拟调频法产生 2FSK 信号框图；(b) 键控法产生 2FSK 信号框图

由上述对 2FSK 信号产生原理的分析，已调信号的数字表达式可表示为

$$s_{2FSK}(t) = \sum_n a_n g(t-nT_s)\cos\omega_1 t + \sum_n \bar{a}_n g(t-nT_s)\cos\omega_2 t \tag{6-2-1}$$

式中，$g(t)$是周期为 T_s、宽度为 1 的矩形脉冲；a_n 为数字信号 $f(t)$的具体形式，且

$$a_n = \begin{cases} 0, & \text{出现概率为 } P \\ 1, & \text{出现概率为 } 1-P \end{cases} \tag{6-2-2}$$

$\bar{a}_n$ 是 a_n 的反码，若 $a_n=0$，则 $\bar{a}_n=1$；若 $a_n=1$，则 $\bar{a}_n=0$，于是

$$\bar{a}_n = \begin{cases} 0, & \text{出现概率为 } 1-P \\ 1, & \text{出现概率为 } P \end{cases} \tag{6-2-3}$$

下面讨论模拟调频法和键控法，它们分别对应相位连续的 FSK 和相位不连续的 FSK。

1) 模拟调频法——直接调频法(产生相位连续的 2FSK 信号)

用数字基带矩形脉冲信号去控制一个振荡器的某些参数，直接改变振荡频率，使其输出不同频率的已调信号。用此方法产生的 2FSK 信号对应两个不同频率的载波，且在码元转换时刻，两个载波的相位保持连续，所以称其为相位连续的 2FSK 信号。

图 6.2.3 所示给出了直接调频法产生 2FSK 信号的模拟电路原理图，图中 E 为外加的直流电平值。图中是用数字基带矩形脉冲信号控制电容 C_1 是否接入LC 振荡回路来改变振荡器输出频率的。当数字基带信号为正时，V_1、V_2 截止，电容 C_1 未接入 LC 振荡回路，这时的振荡频率 $f_1=1/2(2\pi\sqrt{LC_2})$；当数字基带信号为负时，V_1、V_2 导通，C_1 接入 LC 振荡回路，当 $C_3 \gg C_1$ 时，振荡频率 $f_2=1/[2\pi\sqrt{L(C_2+C_1')}]$($C_1'$ 为 C_1 折合到 LC 振荡回路两端的等效电容)。

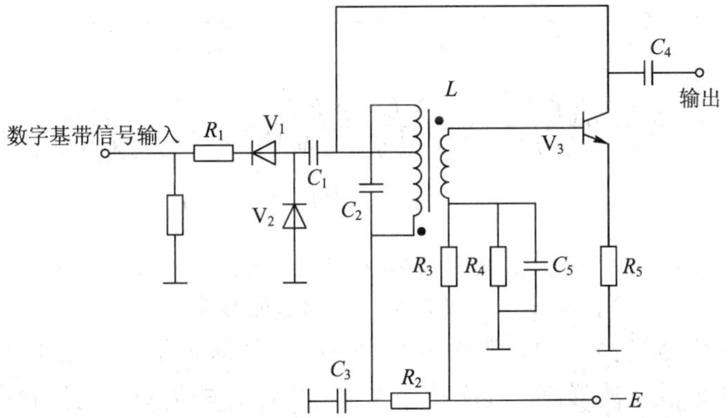

图 6.2.3　直接调频法产生 2FSK 信号的模拟电路原理图

直接调频法虽易于实现，但频率稳定度差，因而实际应用范围不广。

2) 键控法——频率键控法(产生相位不连续的 2FSK 信号)

如果在两个码元转换时刻，前后码元的相位不连续，则称这种类型的信号为相位不连续的 2FSK 信号。键控法又称为频率转换法，这种方法是指用数字基带矩形脉冲信号控制电子开关，使电子开关在两个独立的振荡器之间进行转换，从而在输出端获得不同频率的已调信号。相位不连续的 2FSK 信号的产生原理方框图及各点波形如图 6.2.4 所示。

由图 6.2.4 可知，当数字基带信号 $s(t)$为“1”时，正脉冲使门 1 接通，门 2 断开，输出频率为 f_1；当数字基带信号 $s(t)$为“0”时，门 1 断开，门 2 接通，输出频率为 f_2。如果产生

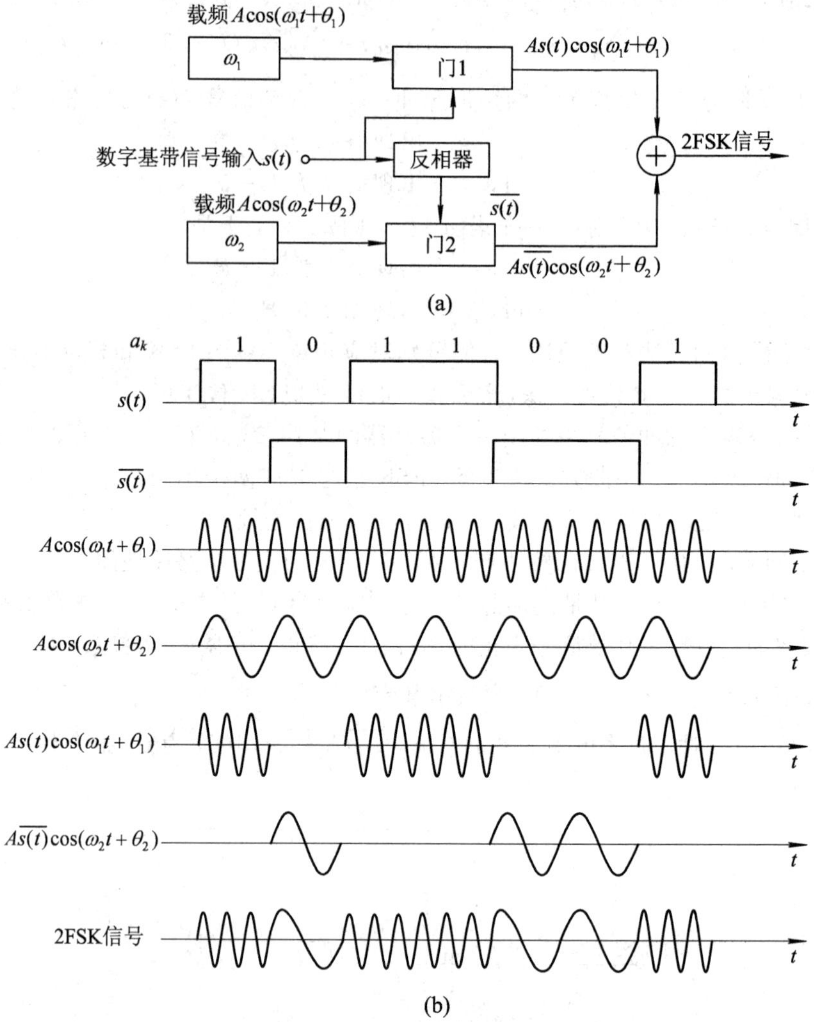

图 6.2.4　相位不连续的 2FSK 信号的产生原理框图和各点波形
(a) 原理框图；(b) 各点波形图

f_1 和 f_2 的两个振荡器是独立的，则输出的 2FSK 信号的相位可能是不连续的。这种方法的特点是转换速率较快、波形好、频率稳定度高、电路比较简单，故得到广泛的应用。

3. 2FSK 信号的功率谱及带宽

1) 相位不连续的 2FSK 信号

通过前面对相位不连续的 2FSK 信号产生原理的分析可知，相位不连续的 2ASK 信号可视为两个 2ASK 信号的叠加，其中一个信号的频率为 f_1，另一个信号的频率为 f_2。因此，相位不连续的 2FSK 信号的功率谱可以看成两个 2ASK 信号的功率谱在频率轴上分别搬移后再叠加，其功率谱曲线如图 6.2.5 所示。由图可见：

(1) 相位不连续的 2FSK 信号的功率谱与 2ASK 信号的功率谱相似，同样由离散谱和连续谱两部分组成。其中，连续谱与 2ASK 信号的相同，而离散谱是位于 $\pm f_1$、$\pm f_2$ 处的两对冲激信号，这表明 2FSK 信号中含有频率 f_1 和 f_2 的分量。

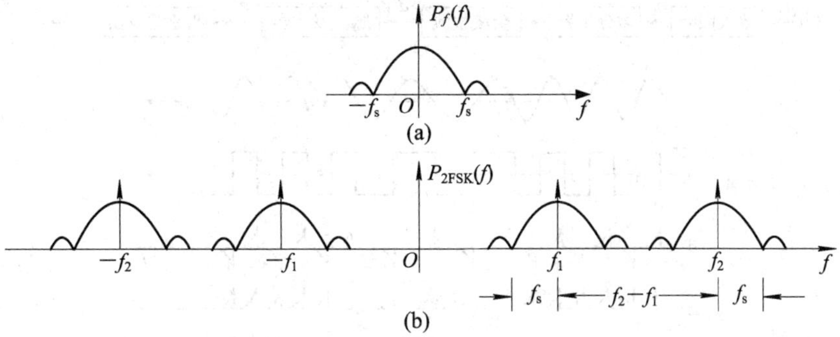

图 6.2.5　相位不连续的 2FSK 信号的功率谱

(2) 若仅计算 2FSK 信号功率谱第一个零点之间的频率间隔，则该 2FSK 信号的带宽为

$$B_{2FSK} = |f_2 - f_1| + 2R_s = (2+h)R_s \tag{6-2-4}$$

式中，R_s 为基带信号的带宽，$R_s = f_s$；h 为偏移率，$h = |f_2 - f_1|/R_s$。

为了便于接收端解调，要求相位不连续的 2FSK 信号的两个频率 f_1、f_2 间要有足够的间隔。对于采用带通滤波器来分路的解调方法，通常取 $|f_2 - f_1| = (3\sim5)R_s$。于是，2FSK 信号的带宽为

$$B_{2FSK} \approx (5\sim7)R_s \tag{6-2-5}$$

相应地，这时 2FSK 系统的频带利用率为

$$\eta = \frac{f_s}{B_{2FSK}} = \frac{R_s}{B_{2FSK}} = \frac{1}{5\sim7}\ (\text{bit/(s}\cdot\text{Hz)}) \tag{6-2-6}$$

2) 相位连续的 2FSK 信号

直接调频法是一种非线性调制，由此而获得的 2FSK 信号的功率谱既不像 2ASK 信号的功率谱，也不像相位不连续的 2FSK 信号的功率谱，它不能通过对基带信号的功率谱在频率轴上直接搬移并线性叠加来描绘。因此对相位连续的 2FSK 信号频谱的分析是十分的复杂的。这里不再详细叙述。

6.2.2　二进制频移键控(2FSK)信号的解调

数字调频信号的解调方法很多，可以分为线性鉴频法和分离滤波法两大类。线性鉴频法包括模拟鉴频法、过零检测法、差分检测法；分离滤波法又包括相干检测法、非相干检测法以及动态滤波法等。非相干检测的具体解调电路利用包络检波法；相干检测的具体解调电路利用同步检波法。下面介绍 3 种常用的解调方法。

1. 过零检测法

单位时间内信号经过零点的次数可用来衡量频率的高低。数字调频波的过零点次数随载频不同而异，故检出过零点的次数可以得到有关频率的差异，这就是过零检测法的基本思想。过零检测法又称为零交点法、计数法，其原理方框图及各点波形如图 6.2.6 所示。

考虑一个相位连续的 2FSK 信号 a，经放大限幅后得到一个矩形方波 b，经微分电路后得到双向微分脉冲 c，经全波整流后得到单向尖脉冲 d。单向尖脉冲的密集程度反映了输入信号的频率的高低，单向尖脉冲的个数就是过零点的数目。单向尖脉冲触发脉冲发生器，

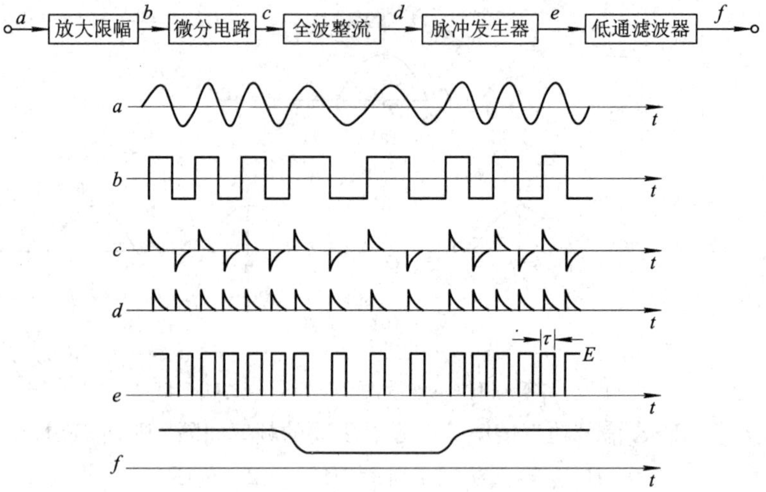

图 6.2.6 过零检测法方框图及各点波形图

使其产生一串幅度为 E、宽度为 τ 的矩形归零脉冲 e。脉冲串 e 的直流分量可表示信号的频率，脉冲越密，直流分量越大，数字基带信号的频率就越高。经低通滤波器可得到脉冲串 e 的直流分量 f，这样就完成了频率-幅度变换，再根据直流分量幅度上的区别可还原数字基带信号“1”和“0”。

2. 包络检波法

2FSK 信号包络检波的方框图及波形如图 6.2.7 所示。用两个窄带的带通滤波器分别滤出频率为 f_1 及 f_2 的高频脉冲，通过包络检测器分别取出它们的包络，把两路输出同时送到抽样判决器进行比较，以得到数字基带信号。

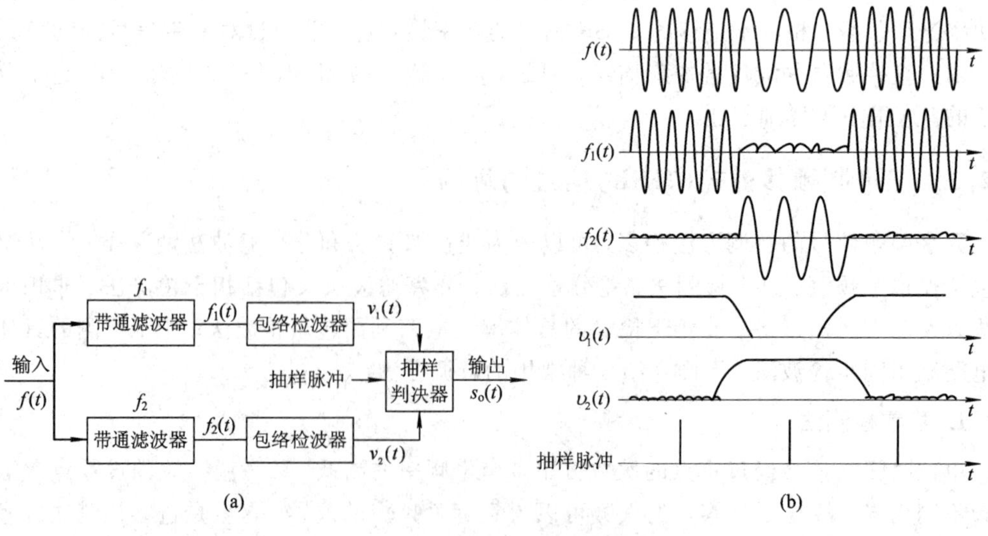

图 6.2.7 2FSK 信号包络检波的方框图及波形

(a) 原理框图；(b) 各点波形图

设频率 f_1 代表数字基带信号“1”，f_2 代表数字基带信号“0”，则抽样判决器的判决准则如下：

$$若\ v_1 > v_2，即\ v_1 - v_2 > 0，则判为\ 1；$$
$$若\ v_1 < v_2，即\ v_1 - v_2 < 0，则判为\ 0$$

其中，v_1、v_2 分别为抽样时刻两个包络检波器的输出值。这里的抽样判决器用以比较 v_1、v_2 的大小，或者说把差值 v_1-v_2 与零电平比较。也就是说，这种抽样判决器的判决门限为零电平。

3. 相干解调法

2FSK 信号相干解调的方框图如图 6.2.8 所示。图中两个带通滤波器的作用与包络检测法中的相同，起分路作用。它们的输出分别与相应的同步相干载波相乘，再分别经低通滤波器滤掉二倍频信号，取出含数字基带信息的低频信号。抽样判决器在抽样脉冲到来时对两个低频信号进行比较判决，即还原出数字基带信号。

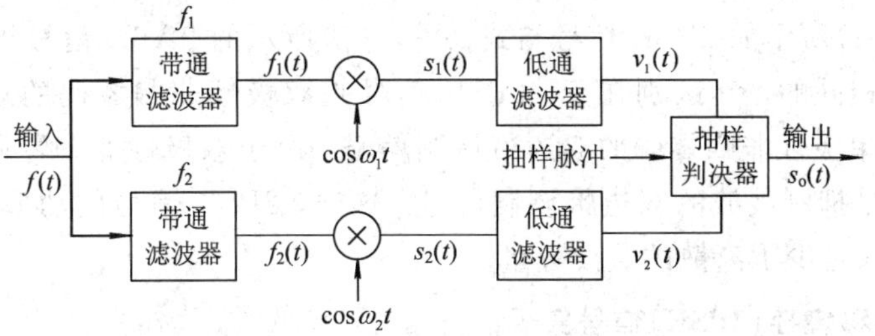

图 6.2.8　2FSK 信号相干解调的方框图

与 2ASK 系统相仿，相干解调能提供较好的接收性能，但要求接收机提供频率准确的相干参考电压，从而增加了设备的复杂性。

通常，当 2FSK 信号的频偏 $|f_2-f_1|$ 较大时，多采用包络检波法；而当 $|f_2-f_1|$ 较小时，多采用过零检测法。

6.3　二进制相移键控(2PSK)

数字相位键控又称相移键控，记作 PSK(Phase Shift Keying)。二进制相移键控记作 2PSK，多进制相移键控记作 MPSK。相移键控是利用载波相位的变化来传送数字信息的。

6.3.1　二进制相移键控(2PSK)信号的调制

1. 2PSK 信号的时域表达式和波形

二进制相移键控(2PSK)利用二进制数字信号控制载波的两个相位，这两个相位通常相隔 π，例如用载波初相位 0 和 π 分别表示二进制“1”和“0”。2PSK 信号的时域表达式为

$$s_{2PSK}(t) = \left[\sum_n a_n g(t-nT_s)\right]\cos\omega_c t \qquad (6-3-1)$$

式中 a_n 为双极性信号，即

$$a_n = \begin{cases} +1, & 出现概率为\ P \\ -1, & 出现概率为\ 1-P \end{cases} \qquad (6-3-2)$$

如果 $g(t)$ 是周期为 T_s、宽度为 1 的矩形脉冲，则 2PSK 信号可以表示为

$$s_{2PSK}(t) = \pm \cos\omega_c t \tag{6-3-3}$$

当数字信号的传输速率 $R_s(=1/T_s)$ 与载波的频率间有整数倍关系时，2PSK 信号的典型波形如图 6.3.1 所示。

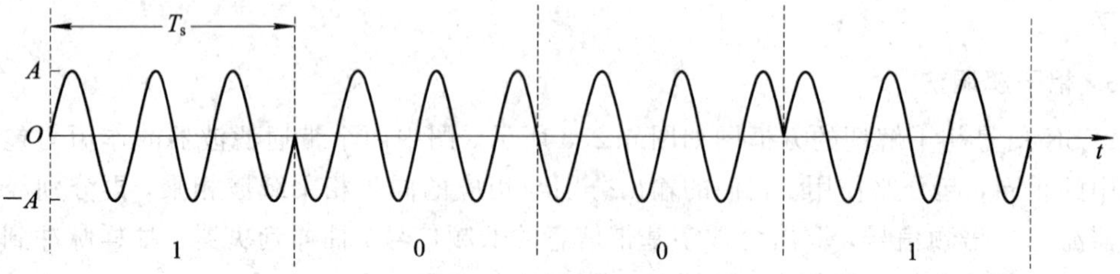

图 6.3.1　2PSK 信号的典型波形

将式(6-3-1)所示的 2PSK 信号与式(6-1-1)所示的 2ASK 信号相比较，它们的表达式在形式上是相同的，其区别在于，2PSK 信号是双极性非归零码的双边带调制信号，而 2ASK 信号是单极性非归零码的双边带调制信号。由于双极性非归零码没有直流分量，因此 2PSK 信号是抑制载波的双边带调制信号。这样，2PSK 信号的功率谱与 2ASK 信号的功率谱相同，只是少了离散的载波分量。

2. 二进制相移键控(2PSK)信号实现的方法

2PSK 调制可以利用相乘器或选相开关来实现，如图 6.3.2 所示。

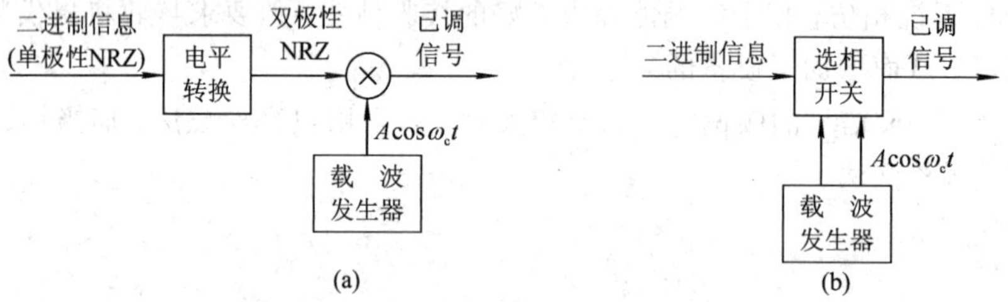

图 6.3.2　2PSK 信号的产生

(a) 相乘器法；(b) 相位选择法

6.3.2　二进制相移键控(2PSK)信号的解调

由于 2PSK 信号的功率谱中无载波分量，因此可以采用相干解调的方式进行解调。我们知道，2PSK 信号是以一个固定初相的未调载波为参考的，因此，解调时必须有与其同频同相的同步载波。如果同步不完善，则存在相位偏差，就容易造成错误判决，称为相位模糊。如果本地参考载波的相位与其反相，则输出相位正好完全相反，这种相位关系的不确定性也称为“倒 π 现象”或“相位模糊”。

2PSK 信号相干解调方框图如图 6.3.3 所示。

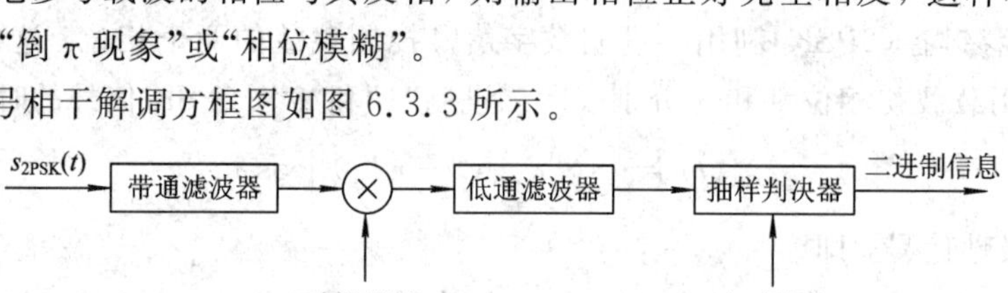

图 6.3.3　2PSK 信号相干解调的方框图

2PSK 信号的调制和解调过程如下：

信码 a_n	1	0	1	1	0	1	0	0	1	1	1
码元相位 φ	0	π	0	0	π	0	π	π	0	0	0
本地载波相位 φ_1	0	0	0	0	0	0	0	0	0	0	0
本地载波相位 φ_2	π	π	π	π	π	π	π	π	π	π	π
$[\varphi \cdot \varphi_1]$极性	+	−	+	+	−	+	−	−	+	+	+
$[\varphi \cdot \varphi_2]$极性	−	+	−	−	+	−	+	+	−	−	−
$\hat{a}_{n1}$	1	0	1	1	0	1	0	0	1	1	1
$\hat{a}_{n2}$	0	1	0	0	1	0	1	1	0	0	0

其中码元相位 φ 表示码元所对应的 2PSK 信号的相位，$[\varphi \cdot \varphi_1]$和$[\varphi \cdot \varphi_2]$表示相位为 φ 的 2PSK 信号分别与相位为 φ_1 和 φ_2 的本地载波相乘。从以上过程可以看到，本地载波相位的不确定性可能使解调后的数字信号的极性完全相反，形成“1”和“0”的倒置。这对于数字信号的传输来说是不允许的。

图 6.3.4 所示为 2PSK 信号在不同的载波相位下的解调波形图。

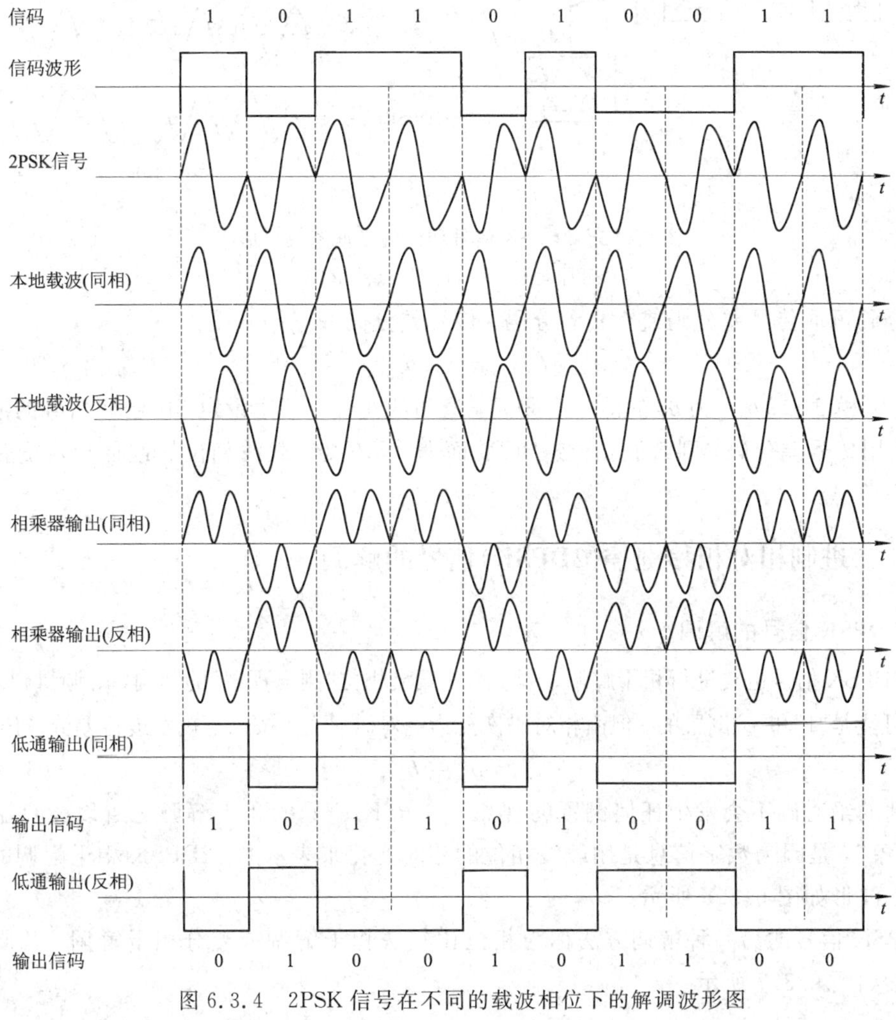

图 6.3.4　2PSK 信号在不同的载波相位下的解调波形图

为了克服“倒 π 现象”对相干解调的影响，通常采用差分相移键控的方法。

6.3.3 二进制相对相移键控(2DPSK)信号的调制

在前面讨论的 2PSK 信号中，相位变化是以未调载波的相位作为参考基准的，即利用载波相位的绝对数值传送数字信息，因此 2PSK 又称为绝对调相。利用载波相位的相对数值同样可以传送数字信息。这种方法是利用前后码元的载波相位的相对变化传送数字信息的，因此又称为相对调相。

相对调相信号的产生过程是首先对数字基带信号进行差分编码，即由绝对码变为相对码(差分码)，然后再进行绝对调相。基于这种形成过程，二进制相对相移键控信号又称为二进制差分相移键控信号。2DPSK 信号调制的方框图及波形如图 6.3.5 所示。

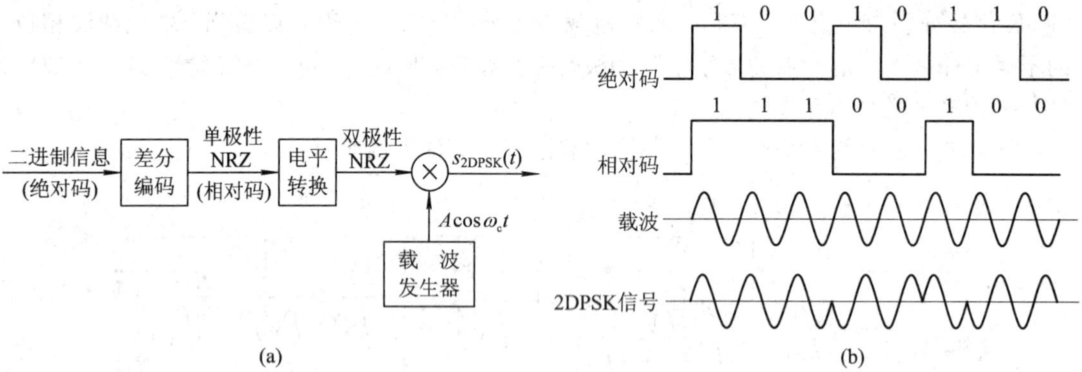

图 6.3.5 2DPSK 信号调制的方框图及波形

(a) 原理框图；(b) 各点波形图

差分码可取传号差分码或空号差分码。传号差分码的编码规则为

$$b_n = a_n \oplus b_{n-1} \tag{6-3-4}$$

式中，$\oplus$为模 2 和；b_{n-1}为 b_n 的前一个码元，最初的 b_{n-1} 可任意设定。由已调信号的波形可知，若使用传号差分码，则载波相位遇“1”变而遇“0”不变，载波相位的这种相对变化便携带了数字信息。

6.3.4 二进制相对相移键控(2DPSK)信号的解调

1. 2DPSK 信号的解调

对 2DPSK 信号也要进行相干解调。由于本地载波相位“倒 π 现象”的影响，解调得到的相对码 $\hat{b}_n$ 也可能是“1”和“0”倒置的。但由相对码恢复为绝对码时，要按以下规则进行差分译码：

$$\hat{a}_n = \hat{b}_n \oplus \hat{b}_{n-1} \tag{6-3-5}$$

这样得到的绝对码不会发生任何倒置的现象。2DPSK 信号的相干解调之所以能克服载波“倒 π 现象”，是因为数字信息是用载波相位的相对变化来表示的。2DPSK 相干解调的方框图和各点波形如图 6.3.6 所示。

2DPSK 信号的另一种解调方法称为相位比较法相干解调或差分相干解调，其原理框图和波形如图 6.3.7 所示。

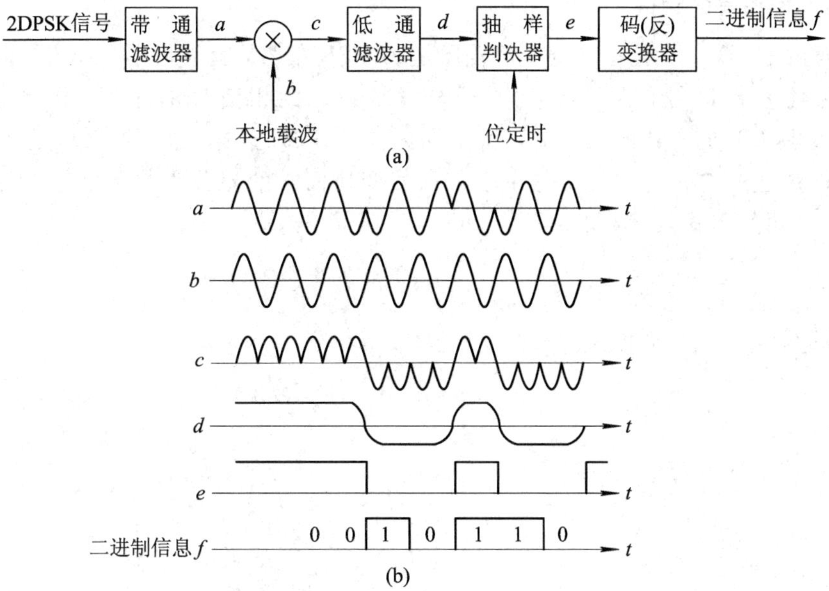

图 6.3.6　2DPSK 信号相干解调的方框图及各点波形

(a) 原理框图；(b) 各点波形图

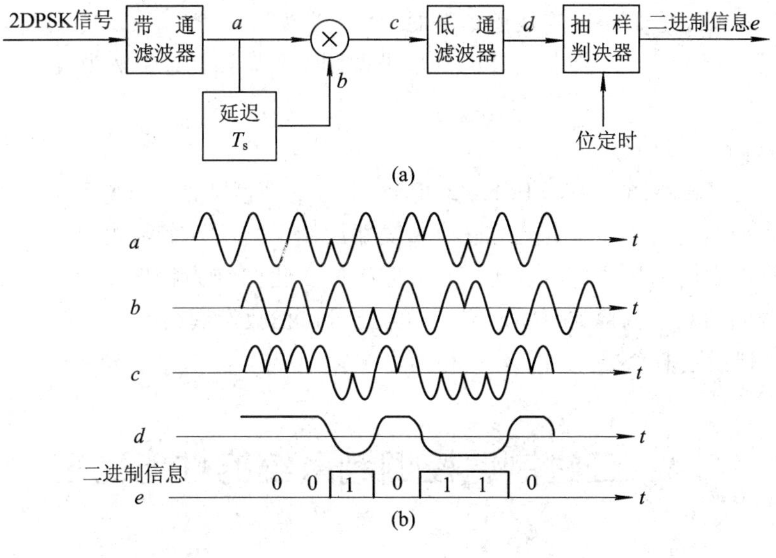

图 6.3.7　2DPSK 差分相干解调的原理框图及各点波形

(a) 原理框图；(b) 各点波形图

这种解调方法不需要恢复本地载波，只需由收到的信号单独完成。将 2DPSK 信号延时一个码元间隔 T_s，然后与 2DPSK 信号相乘。相乘器起相位比较的作用。相乘结果经低通滤波器滤波后再进行抽样判决，即可恢复出原始数字信号。差分相干解调又称延迟解调，只有 2DPSK 信号才能采用这种方法解调。

差分相干解调不需要相干载波，除抗噪声能力方面有所损失外，其他性能均优于绝对调相相干解调。

2. 2DPSK 信号的频谱

由前面讨论可知，无论是2PSK信号还是2DPSK信号，就波形本身而言，它们都可以等效成双极性基带信号作用下的调幅信号，即一对倒相信号的序列。因此，2PSK和2DPSK信号具有相同形式的表达式，所不同的是，2PSK表达式中的$f(t)$是数字基带信号，2DPSK表达式中的$f(t)$是由数字基带信号变换而来的差分码数字信号，它们的功率谱是相同的，可用下式表示，即

$$P_{2PSK或2DPSK}(f)=\frac{1}{4}[P_f(f+f_c)+P_f(f-f_c)] \tag{6-3-6}$$

其功率谱如图6.3.8所示。

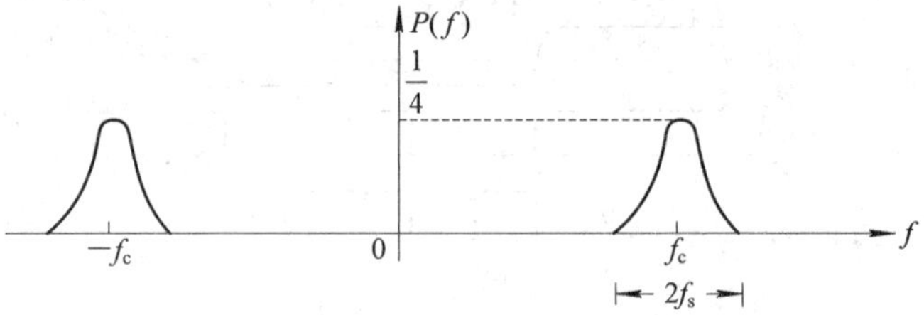

图6.3.8 2PSK(或2DPSK)信号的功率谱

可见，二进制相移键控信号的频谱成分与2ASK信号的相同，当基带脉冲幅度相同时，其连续谱的幅度是2ASK连续谱幅度的4倍。当$P=1/2$时，无离散分量，此时二进制相移键控信号实际上相当于抑制载波的双边带调制信号，其信号带宽为

$$B_{2PSK或2DPSK}=2B_s=2f_s \tag{6-3-7}$$

与2ASK的相同，是码元速率的两倍。

这就表明，在数字调制中，2PSK、2DPSK信号的频谱特性与2ASK信号的十分相似。相位调制和频率调制一样，本质上是一种非线性调制。但在数字调相中，由于表征信息的相位变化只有有限的离散取值，因此，可以把相位变化归结为幅度变化。这样一来，数字调相同线性调制的数字调幅就联系起来了，为此可以把数字调相信号当作线性调制信号来处理，但不能把上述概念推广到所有调相信号中去。

6.4 二进制键控调制系统的性能比较

6.4.1 2ASK 系统的抗噪声性能

2ASK信号的解调有两种方法，即非相干解调法(即包络解调法)和相干解调法。使用这两种方法解调时，系统的抗噪声性能不尽相同，现分别予以讨论。

参看图6.1.6所示的2ASK信号相干解调图，由于信道叠加高斯白噪声，因此讨论2ASK信号相干解调时系统的误比特率。

经过相应的分析和推导，由于解调器输入信号的功率为$A^2/2$，噪声功率为σ^2，因此2ASK信号相干解调时系统的误码率可表示为

$$P_e = \frac{1}{2}\mathrm{erfc}\left(\frac{\sqrt{\gamma}}{2}\right) \tag{6-4-1}$$

式中，γ 为接收信噪比，$\gamma=\frac{A^2/2}{\sigma^2}$。当 $\gamma \gg 1$，即大信噪比时，式(6-4-1)可变为

$$P_e = \frac{1}{\sqrt{\pi\gamma}}e^{-\frac{\gamma}{4}} \tag{6-4-2}$$

参看图 6.1.5 所示的 2ASK 信号非相干解调(包络解调)图。同时由于信道叠加高斯白噪声，因此 2ASK 信号非相干解调时系统的误码率为

$$P_e \approx \frac{1}{2}e^{-\frac{\gamma}{4}} \tag{6-4-3}$$

通过比较，当信噪比比较低时，要达到相同的误码率，相干解调比非相干解调要求的信噪比低。因此在较低的信噪比情况下，相干解调的性能优于非相干解调的性能，但相干解调设备复杂；而当信噪比较大时，二者的性能相当，由于非相干解调设备简单，故非相干解调应用比较广泛。

6.4.2　2FSK 系统的抗噪声性能

2FSK 信号相干解调时系统的抗噪声性能的分析方法和 2ASK 信号相干解调时系统的抗噪声性能很相似，而且得到的结论也相似。

参看图 6.2.8，当解调器的输入信噪比 $\gamma=\frac{A^2/2}{\sigma^2}$时，2FSK 信号相干解调(即包络检波)时系统的误码率为

$$P_e = \frac{1}{2}\mathrm{erfc}(\sqrt{\gamma/2}) \tag{6-4-4}$$

当 $\gamma \gg 1$，即大信噪比时，式(6-4-4)可变为

$$P_e = \frac{1}{\sqrt{2\pi\gamma}}e^{-\frac{\gamma}{2}} \tag{6-4-5}$$

参看图 6.2.7，当解调器输入信噪比 $\gamma=\frac{A^2/2}{\sigma^2}$时，2FSK 信号非相干解调时系统的误码率为

$$P_e = \frac{1}{2}e^{-\frac{\gamma}{2}} \tag{6-4-6}$$

将式(6-4-4)和式(6-4-6)比较，可得出以下结论：当信噪比较低时，要达到相同的误码率，相干解调要求的输入信噪比比非相干解调的低；当信噪比较大时，两种解调方式的性能接近。由于非相干解调设备简单，故在信噪比较高的场合常优先采用非相干解调。

6.4.3　2PSK 系统的抗噪声性能

由于 2PSK 信号的功率谱中无载波分量，因此必须采用相干解调的方式。当解调器的输入信噪比 $\gamma=\frac{A^2/2}{\sigma^2}$时，2PSK 信号解调时系统的误码率为

$$P_e = \frac{1}{2}\mathrm{erfc}\sqrt{\gamma} \tag{6-4-7}$$

当 $\gamma \gg 1$，即大信噪比时，式(6-4-7)可变为

$$P_e = \frac{1}{2\sqrt{\pi\gamma}} e^{-\gamma} \tag{6-4-8}$$

参看图 6.3.7，当解调器的输入信噪比 $\gamma = \frac{A^2/2}{\sigma^2}$ 时，2DPSK 信号差分相干解调时系统的误码率为

$$P_e = \frac{1}{2}\exp(-\gamma) \tag{6-4-9}$$

参看图 6.3.6，当解调器的输入信噪比 $\gamma = \frac{A^2/2}{\sigma^2}$ 时，2DPSK 信号相干解调时系统的误比特率为

$$P_e \approx \mathrm{erfc}\sqrt{\gamma} \tag{6-4-10}$$

在实际应用中，真正作为传输用的数字调相信号几乎都是 DPSK 信号。

6.4.4 二进制数字调制系统的性能比较

对于各种调制方式及不同的解调方法，数字调制系统误码率公式列于表 6.4.1 中。

表 6.4.1 数字调制系统误码率公式

调制方式		误码率公式	调制方式		误码率公式
2ASK	相干解调	$P_e = \frac{1}{2}\mathrm{erfc}\left(\frac{\sqrt{\gamma}}{2}\right)$	2PSK	相干解调	$P_e = \frac{1}{2}\mathrm{erfc}(\sqrt{\gamma})$
	非相干解调	$P_e \approx \frac{1}{2}\exp\left(-\frac{\gamma}{4}\right)$	2DPSK	差分相干解调	$P_e = \frac{1}{2}\exp(-\gamma)$
2FSK	相干解调	$P_e = \frac{1}{2}\mathrm{erfc}\left(\frac{\sqrt{\gamma}}{2}\right)$		相干解调	$P_e \approx \mathrm{erfc}(\sqrt{\gamma})$
	非相干解调	$P_e = \frac{1}{2}\exp\left(-\frac{\gamma}{2}\right)$			

图 6.4.1 示出了各种二进制数字调制系统误码率的曲线。

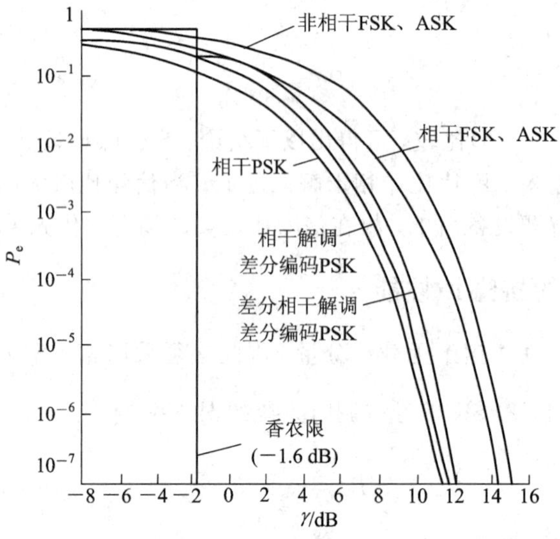

图 6.4.1 各种二进制数字调制系统误码率曲线

由表 6.4.1 和图 6.4.1 可以看出，在同一类型的键控系统中，相干解调方式略优于非相干解调方式。但相干解调方式需要在接收端恢复本地载波，相干接收机的设备比较复杂，通常在高质量的数字通信系统中才采用。将不同类型的键控方式进行比较，在相同误码率的条件下，2PSK 对信噪比的要求比 2FSK 的小 3 dB，2FSK 对信噪比的要求比 2ASK 的小 2 dB，所以相干解调 2PSK 系统的抗噪声性能最好。

在码元速率 $R_s=1/T_s$ 相同的情况下，2PSK 和 2ASK 占据的频带比 2FSK 的窄，因此 2PSK 系统和 2ASK 系统的频带利用率比 2FSK 系统的高。

总的来看，2ASK 系统的结构最简单，但抗噪声性能最差；2FSK 系统的频带利用率和抗噪声性能不如 2PSK 系统的，但 2FSK 的非相干解调设备简单，在中、低速的数据传输中常被选用。因此，得到广泛应用的数字调制方式是 2PSK、2DPSK。

6.5　多进制数字键控调制

前面几节主要介绍了二进制数字调制的原理及其性能。随着数字通信的发展，对频带利用率的要求不断提高，多进制数字调制系统获得了越来越广泛的应用。在该系统中，一位多进制符号代表若干位二进制符号。在码元速率相同的条件下，多进制数字系统的信息速率高于二进制系统的。在二进制系统中，随着码元速率的提高，所需信道带宽增加。采用多进制可降低码元速率，减少信道带宽。同时，加大码元宽度，可增加码元能量，有利于提高系统的可靠性。

多进制数字键控调制可分为多进制数字幅度键控(MASK)调制、多进制数字频移键控(MFSK)调制和多进制数字相移键控(MPSK)调制等方式及其组合形式。本节主要介绍多进制数字调制系统的基本概念。

6.5.1　多进制数字幅度键控(MASK)调制

多进制数字幅度键控调制又称为多电平调幅，即用具有多个电平的随机基带脉冲序列对载波进行幅度调制。已调波一般可表示为

$$s_{\mathrm{MASK}}(t)=f(t)\cos\omega_c t=\Big[\sum_k a_k g(t-nT_s)\Big]\cos\omega_c t \tag{6-5-1}$$

式中，$f(t)$为数字基带信号；$g(t)$是宽度为 1、周期为 T_s 的矩形脉冲；ω_c 是载波的角频率；a_k 为幅度值，它有 M 种取值，

$$a_k=\begin{cases}0, & \text{出现概率为 } P_0\\ 1, & \text{出现概率为 } P_1\\ 2, & \text{出现概率为 } P_2\\ \vdots & \qquad\vdots\\ M-1, & \text{出现概率为 } P_{M-1}\end{cases} \tag{6-5-2}$$

且 $\sum\limits_{i=0}^{M-1}P_i=1$。

为了便于理解，将 4ASK 时的波形示于图 6.5.1。

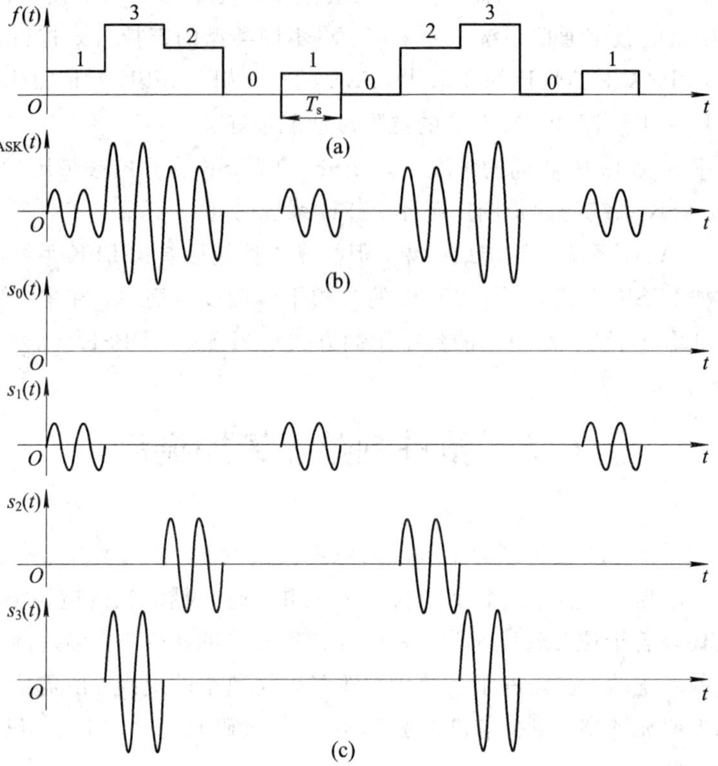

图 6.5.1　4ASK 时的波形

(a) 4 电平基带信号波形；(b) 4ASK 信号波形，(c) 等效波形

图 6.5.1(a)为 4 电平基带信号 $f(t)$的波形，图 6.5.1(b)为 4ASK 信号的波形。4ASK 信号的波形可等效成图 6.5.1(c)所示的 4 种波形之和，其中 3 种波形均是一个 2ASK 信号的波形。这就是说，MASK 信号可以看成是时间上互不相容的 $M-1$ 个不同幅度值的 2ASK 信号的叠加。所以，MASK 信号的功率谱便是这 $M-1$ 个信号的功率谱之和。尽管叠加后功率谱的结构是复杂的，但就信号的带宽而言，当码元速率为 R_s 时，MASK 信号的带宽与 2ASK 信号的带宽相同，都是基带信号带宽的 2 倍。

MASK 信号与 2ASK 信号产生的方法相同，可用乘法器来实现，其解调的方法也与 2ASK 信号的相同，可采用相干解调和非相干解调两种方式。

与 2ASK 相较，MASK 有以下特点：

(1) 在码元速率相同的条件下，MASK 系统的信息速率是 2ASK 系统的 lb$M$ 倍；

(2) 当码元速率相同时，MASK 信号与 2ASK 信号的带宽相同；

(3) MASK 系统的误码率通常远大于 2ASK 系统的误码率；

(4) MASK 调制不能充分利用发信机的功率；

(5) 电平数 M 越大，设备越复杂。

综上所述，MASK 虽然是一种高效调制方式，但由于 MASK 系统的抗干扰能力差，因而仅适用于恒参信道，特别是要求频带利用率较高的场合，如有线信道。

6.5.2　多进制数字频移键控(MFSK)调制

多进制数字频移键控调制又称多进制数字调频，简称多频制，即用频率不同的多个载波信号分别代表不同的数字信号，在某一个码元时间内只发送其中的一个频率。

图 6.5.2 所示为 MFSK 系统的原理方框图。MFSK 信号通常采用频率键控法产生，不同频率的载波既可以由独立的晶体振荡器产生，也可以利用频率合成器产生。编码逻辑电路的 M 路输出线分别控制 M 个门电路，使相应频率的载波信号输出，于是当一组组二进制码元输入时，经相加器组合便是一个 MFSK 信号的波形。

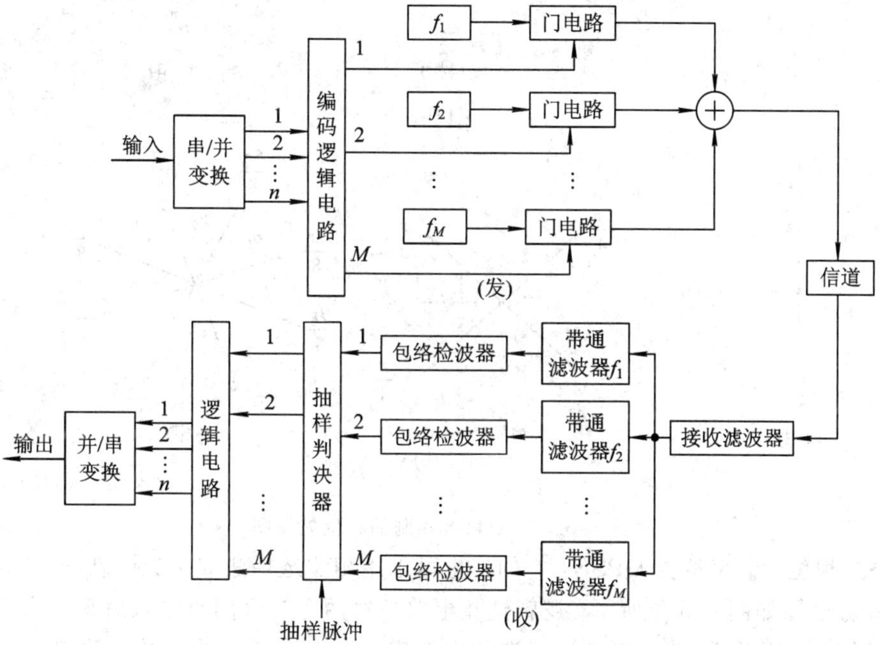

图 6.5.2　MFSK 系统的原理方框图

MFSK 系统的解调部分由 M 个带通滤波器、M 个包络检波器、一个抽样判决器和有关的逻辑电路组成。带通滤波器的中心频率就是多个载波的频率。因而，当某一载波到来时，只有一个带通滤波器有信号及噪声通过，而其他带通滤波器只有噪声通过。抽样判决器的任务是在给定时刻比较包络检波器的输出电压，并选出最大者作为输出。

原则上，MFSK 同样具有多进制调制的特点，但由于 MFSK 信号要占用较宽的频带，因此，其信道利用率不高。MFSK 信号的带宽一般定义为

$$B_M = f_M - f_1 + 2R_s \tag{6-5-3}$$

式中，f_M 为最高载波频率；f_1 为最低载波频率；R_s 为码元速率，$R_s=\frac{1}{T_s}$。多进制调制一般应用在调制速率不高及多径时延较严重的信道，如短波信道。

6.5.3　多进制数字相移键控(MPSK)调制

多进制数字相移键控调制又称多进制数字相位调制或多元调相或多相制，即用载波的 M 种相位代表 M 种不同的数字信号。图 6.5.3 所示为 2、4、8 相制的相位矢量图，图中虚

线为载波的基准相位，图 6.5.3(a)和(b)所示两种制式从本质上讲是一致的。但图(a)所示制式中有 0 相位，因此相邻码元的相位有可能连续；而图(b)所示制式中没有 0 相位，因此相邻码元的相位不可能连续。下面讨论 4 相制。

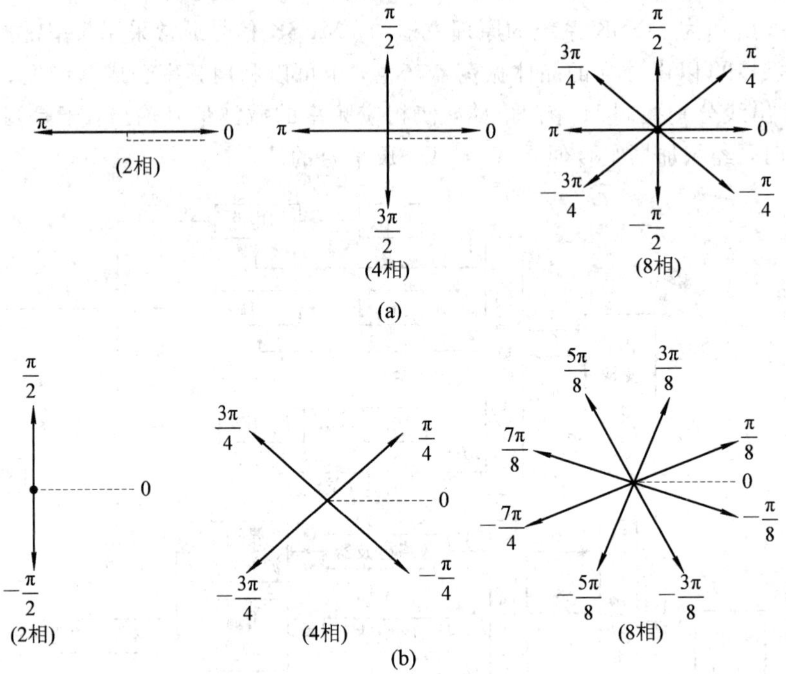

图 6.5.3　2、4、8 相制的相位矢量图

4 进制相位调制又称为 QPSK，它的产生可采用相位选择法或正交调制法。4 相制相位选择法的方框图如图 6.5.4 所示。逻辑选相电路在每两个二进制码输入后只能选择一种相位的载波输出。因此串/并变换及逻辑选相电路实际是一个输入为 2 位二进制数据的译码器，或称选通门，其工作原理非常直观。

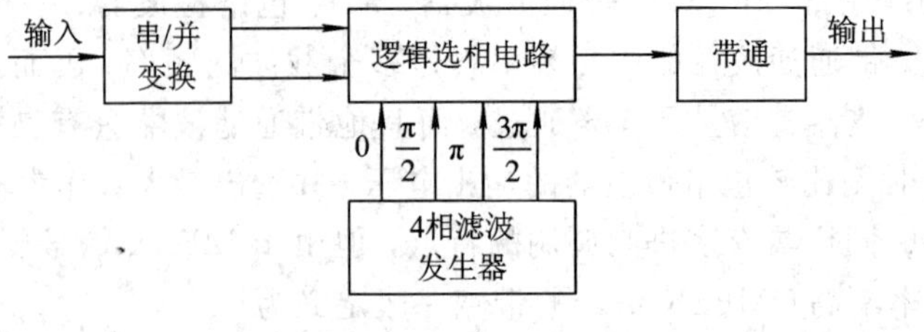

图 6.5.4　4 相制相位选择法的方框图

4 相制正交调制法的方框图如图 6.5.5 所示。该电路由两个正交的 2 相绝对调相电路组合而成。二进制码元每 2 个串行输入后，并行输出为 A、B 两路，各输出一个码元，其码元速率比输入码元的速率降低一半。为了实现调相，加到乘法器的调制信号必须是双极性信号，因此 A、B 两支路中都接入了单/双极性变换器，它们分别与正交的载频相乘，输出信号以矢量形式也画在图 6.5.5 中。QPSK 相位真值表如表 6.5.1 所示。从真值表看出，QPSK 属 $\pi/4$ 型 4 相绝对调相。

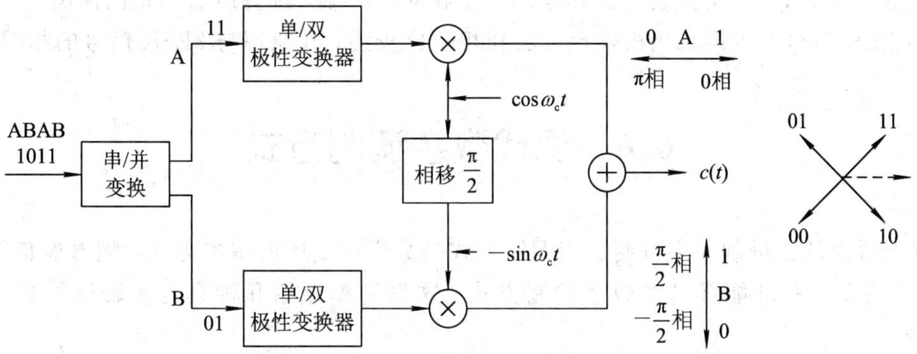

图 6.5.5　4 相制正交调制法的方框图

表 6.5.1　QPSK 相位真值表

二进制输入码元		相位
A	B	
1	1	45°
0	1	135°
0	0	225°
1	0	315°

与 2 相制相似，4 相制通常也采用相对调相，记为 QDPSK。图 6.5.6 所示是正交调制法产生 QDPSK 信号的方框图。与正交绝对调相电路相比，QDPSK 调相电路在 A、B 两支路增加了码变换电路。QDPSK 是由两路相对码正交载波调制组合而成的。码变换电路由逻辑电路构成。

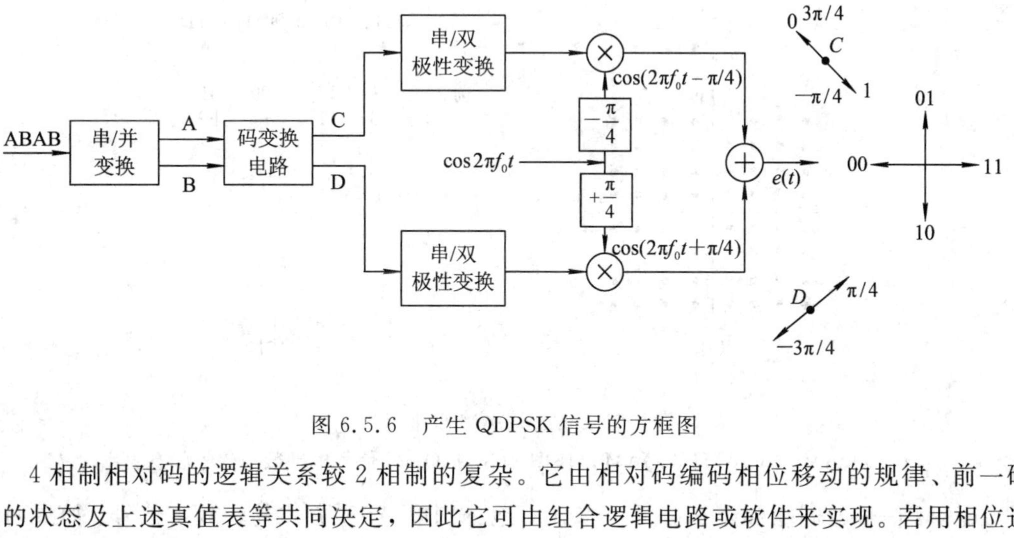

图 6.5.6　产生 QDPSK 信号的方框图

4 相制相对码的逻辑关系较 2 相制的复杂。它由相对码编码相位移动的规律、前一码元的状态及上述真值表等共同决定，因此它可由组合逻辑电路或软件来实现。若用相位选择法产生 QDPSK 信号，则逻辑选相电路应受相对码控制，选择所需的相位输出。

QDPSK 信号的解调采用极性比较法和相位比较法，其原理与 2PSK 信号的相似。

6.6 现代数字调制方式

以上讨论的二进制和多进制数字调制方式是数字调制中的基本方式，随着通信技术的发展，出现了许多性能优越的数字调制方式。这里简单介绍几种具有代表性的数字调制方式。

6.6.1 正交幅度调制(QAM)

2ASK 系统的频带利用率是 1/2(bit/(s·Hz))。若利用正交载波技术传输 ASK 信号，则可使频带利用率提高一倍。如果再把多进制与正交载波技术结合起来，则还可进一步提高频带利用率，能够完成这种任务的调制方式称为正交幅度调制(QAM)。

QAM 用两路独立的基带信号对两个相互正交的同频载波进行抑制载波的双边带调制，利用这种已调信号的频谱在同一带宽内的正交性，实现两路并行的数字信号的传输。该调制方式通常有二进制 QAM(4QAM)、四进制 QAM(16QAM)、八进制 QAM(64QAM)等，对应的空间信号矢量端点的分布图称为星座图。QAM 星座图如图 6.6.1 所示。图 6.6.1(a)所示的星座图中分别有 4、16、64 个矢量端点。由图 6.6.1(b)可以看出，电平数 m 和信号状态 M 之间的关系为 $M=m^2$。对于 4QAM，当两路信号的幅度相等时，其产生、解调、性能及相位矢量均与 4PSK 的相同。

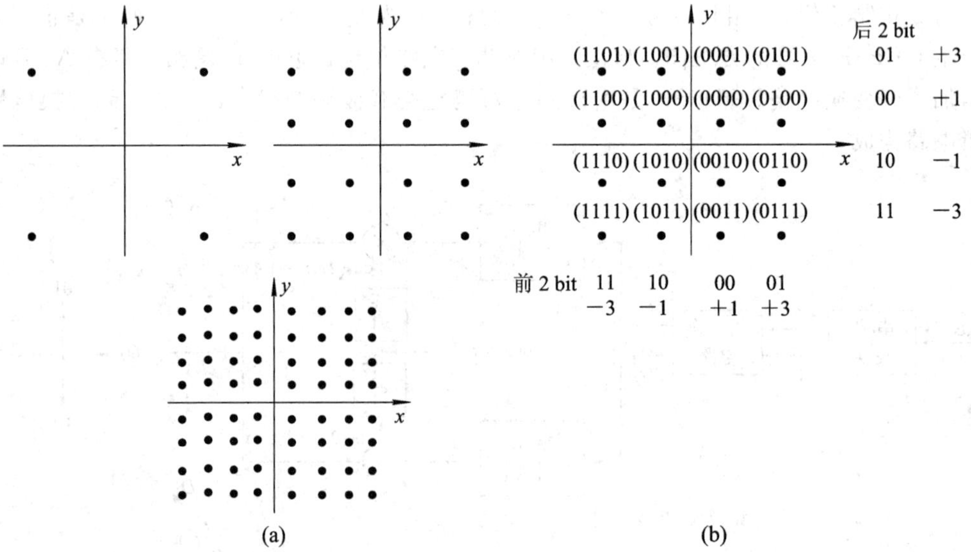

图 6.6.1 QAM 星座图

(a) 4QAM、16QAM、64QAM 星座图；(b) 16QAM 信号电平数与信号状态关系

QAM 信号的同相和正交分量可以独立地分别以 ASK 方式传输数字信号。如果两通

道的基带信号分别为 $x(t)$ 和 $y(t)$，则 QAM 信号可表示为

$$s_{\mathrm{QAM}}(t)=x(t)\cos\omega_c t+y(t)\sin\omega_c t \qquad (6-6-1)$$

式中

$$\begin{cases} x(t)=\sum\limits_{k=-\infty}^{\infty}x_k g(t-kT_b) \\ y(t)=\sum\limits_{k=-\infty}^{\infty}y_k g(t-kT_b) \end{cases} \qquad (6-6-2)$$

式中，T_b 为多进制码元间隔。为了传输和检测方便，x_k 和 y_k 一般为双极性 m 进制码元。例如，m 取为 ±1，±3，…，$\pm(m-1)$ 等。

通常，原始数字信号都是二进制的。为了得到多进制的 QAM 信号，首先应将二进制信号转换成 m 进制信号，然后进行正交调制，最后再相加。图 6.6.2(a)所示为产生多进制 QAM 信号的数学模型。图中 $x'(t)$ 由序列 a_1，a_2，…，a_k 组成，$y'(t)$ 由序列 b_1，b_2，…，b_k 组成，它们是两组互相独立的二进制数据，经 $2/m$ 变换器后变为 m 进制信号 $x(t)$ 和 $y(t)$，经正交调制组合后可形成 QAM 信号。

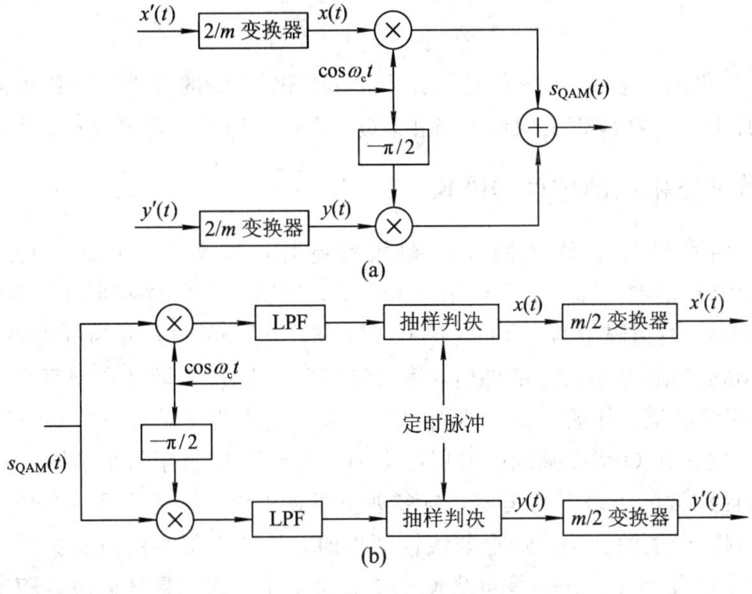

图 6.6.2　QAM 信号产生与解调的数学模型

(a) QAM 信号的产生；(b) QAM 信号的解调

QAM 信号采取正交相干解调的方法解调，其数学模型如图 6.6.2(b)所示。解调器首先对收到的 QAM 信号进行正交相干解调。LPF(低通滤波器)滤除乘法器产生的高频分量。LPF 输出经抽样判决后可恢复出 m 进制信号 $x(t)$ 和 $y(t)$。因为 x_k 和 y_k 取值一般为 ±1，±3，…，$\pm(m-1)$，所以判决电平应设在信号电平间隔的中点，即 $U_b=0$，±2，±4，…，$\pm(m-2)$。根据多进制码元与二进制码元之间的关系，经 $m/2$ 变换器转换后 m 进制电平信号转换为二进制基带信号 $x'(t)$ 和 $y'(t)$。

由于 QAM 信号采用正交相干解调，因此对 QAM 系统抗噪声性能的分析与 ASK 系统(相干解调)的分析类似。图 6.6.3 给出了几种系统的 P_e - $\overline{\gamma}$(平均归一化输入信噪比，即

在所有码元间进行平均的归一化输入信噪比)关系曲线。

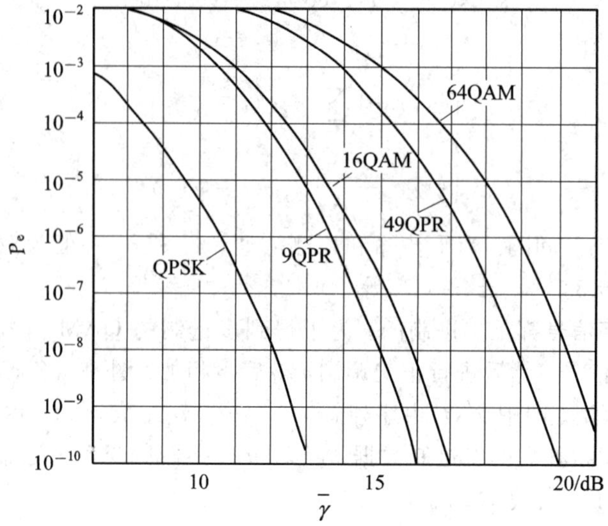

图 6.6.3 $P_e-\bar{\gamma}$ 关系曲线

由图 6.6.3 可见，QAM 系统的性能比不上 QPSK 系统的性能，但其频带利用率高于 QPSK 系统的。因此，在频带受限的系统中，QAM 是一种很有发展前途的调制方式。

6.6.2 交错正交相移键控(OQPSK)

交错正交相移键控也就是偏移四相相移键控，英文为 Offset - QPSK，缩写为 OQPSK，是 QPSK 的改进型。前面讨论过 QPSK，QPSK 系统的频带利用率较高，理论值达 1 bit/(s · Hz)。但当码组为 0011 或 0110 时，将产生 180°的载波相位跳变。这种相位跳变引起包络起伏，当通过非线性部件后，使已经滤除的带外分量又被恢复出来，导致频谱扩展，增加对相邻波道的干扰。为了消除 180°的载波相位跳变，人们在 QPSK 的基础上提出了 OQPSK。它是在 QPSK 基础上发展起来的一种恒包络数字调制方式。这里所说的恒包络调制是指已调波的包络保持恒定，与多进制调制相比，它是从另一个角度来考虑调制的。当恒包络调制产生的已调波通过非线性部件时，只产生很小的频谱扩展。这种形式的已调波具有两个主要特点：其一是包络恒定或起伏很小；其二是已调波的频谱具有高频快速滚降特性，或者说已调波旁瓣很小，甚至几乎没有旁瓣。OQPSK 以及本节以下各部分所讨论的数字调制都属于恒包络调制。

已调波的频谱特性与其相位路径有着密切的关系(因为 $\omega=\mathrm{d}\theta(t)/\mathrm{d}t$)，因此，为了控制已调波的频率特性，必须控制它的相位特性。恒包络调制始终围绕着如何进一步改善已调波相位路径这一中心而发展。

OQPSK 与 QPSK 有同样的相位关系，也是先把输入码流分成两路，然后进行正交调制。不同点在于 OQPSK 使同相和正交两支路的码流在时间上错开了半个码元周期。由于两支路码元有半周期的偏移，每次只有一路码元极性可能发生极性翻转，不会发生两支路码元极性同时翻转的现象。因此，OQPSK 信号的相位只能跳变 0°、±90°，不会出现 180°的相位跳变。

OQPSK 信号产生的原理如图 6.6.4 所示。图中 $T_b/2$ 的延迟电路使同相 I 支路、正交 Q 支路的码流偏移半个码元周期。BPF(带通滤波器)的作用是形成 QPSK 信号的频谱形状，保持包络恒定。除此之外，框图中其他部分的作用也与 QPSK 中的作用相同。

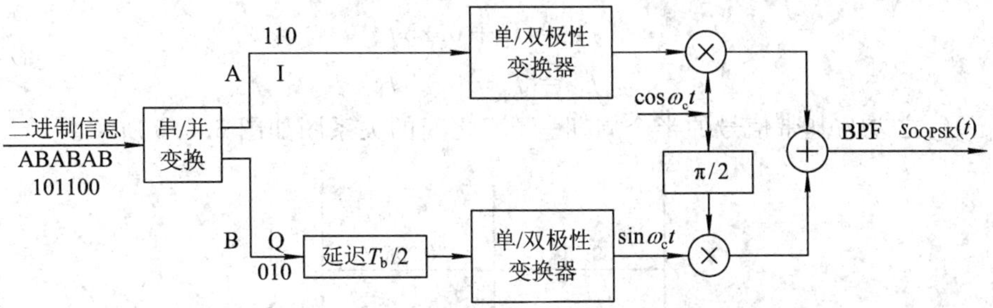

图 6.6.4　OQPSK 信号产生原理框图

OQPSK 信号可采用正交相干解调方式解调，其原理如图 6.6.5 所示。由图看出，OQPSK 信号的解调原理与 QPSK 信号的解调原理基本相同，两者的差别仅在于正交 Q 支路信号的抽样判决时刻比同相 I 支路的抽样判决时刻延迟了 $T_b/2$，这是因为调制时 Q 支路信号在时间上偏移了 $T_b/2$，所以抽样判决时刻也应偏移 $T_b/2$，以保证对两支路交错抽样。

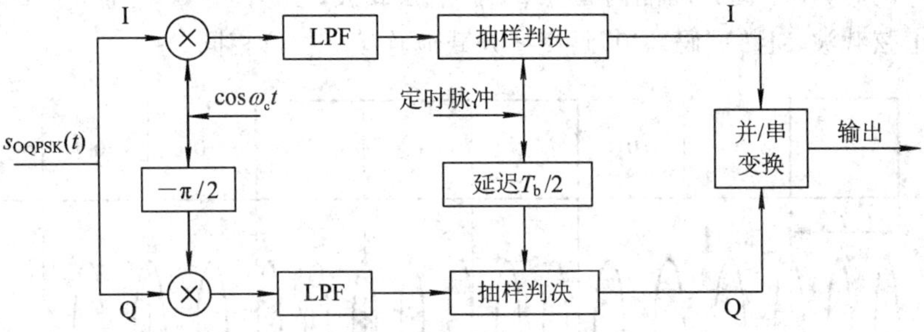

图 6.6.5　OQPSK 信号的解调

OQPSK 克服了 QPSK 的 180°的相位跳变，信号通过 BPF 后包络起伏小，性能得到了改善，因此受到了广泛重视。但是，当码元转换时，相位变化不连续，存在 90°的相位跳变，因而高频滚降慢，频带仍然较宽。

6.6.3　最小频移键控(MSK)

最小频移键控是一种特殊的频移键控方式，就是调制指数 $h=0.5$ 且相位连续的 2FSK 调制方式，可以看成是 2FSK 的改进版。

假设频率为 f_1、f_2 的载波分别对数字基带信号的“0”和“1”进行 2FSK 的调制，且 $f_1<f_2$。

首先，MSK 的调制指数定义为两载波频率之差与单位时间内传输信息速率之比，其值为 0.5，即

$$h=\frac{f_2-f_1}{f_b}=0.5 \tag{6-6-3}$$

式中，$f_b=\dfrac{1}{T}$为单位时间内传输信息速率，和二进制码元的速率数值一致，T 为一个码元

的周期。由式(6-6-3)可知

$$f_2 - f_1 = 0.5f_b \tag{6-6-4}$$

设中心频率为 $f_c=\frac{1}{2}(f_1+f_2)$，则

$$\begin{cases} f_2 = f_c + 0.25f_b \\ f_1 = f_c - 0.25f_b \end{cases} \tag{6-6-5}$$

频率 f_1、f_2 之差为基带信号的半个周期。频率之间的关系图如图 6.6.6 所示。

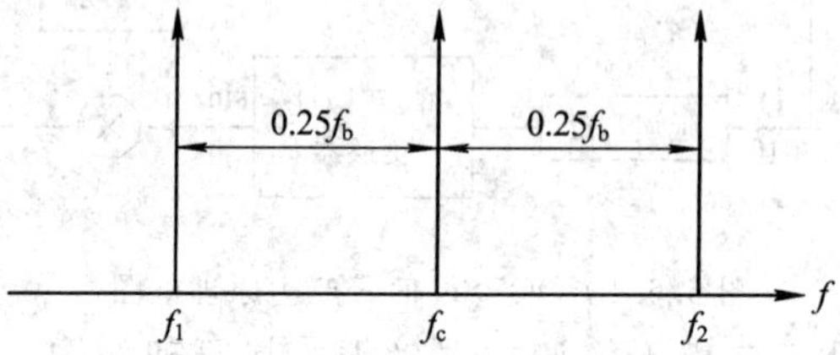

图 6.6.6 频率之间的关系图

其次，相邻码元间 MSK 信号的相位连续，即后一码元的起始相位与前一码元的末端相位相同、连续。

根据以上特点画出 MSK 信号的波形图，如图 6.6.7 所示。图中设 $T=2T_c$，$T_c=1/f_c$，故当发送“1”码时，1 个码元间隔内画 2.25 个正弦载波；当发送“0”码时，1 个码元间隔内画 1.75 个正弦载波，且“1”码、“0”码交替处载波连续，相位相同。

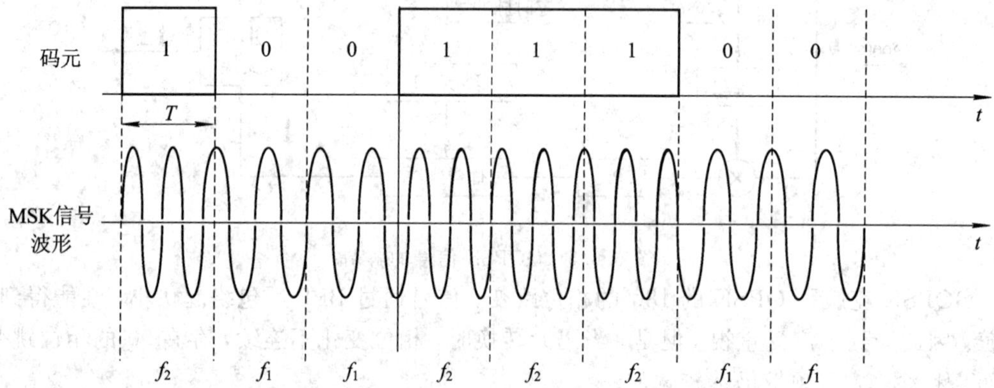

图 6.6.7 MSK 信号的波形图

将 f_1、f_2 代入已调信号可得

$$s_{\text{MSK}}(t)=\begin{cases} A\cos[2\pi f_1 t+\varphi(0)]=A\cos\left[2\pi f_c t-\dfrac{\pi t}{2T}+\varphi(0)\right], & \text{对应“0”码} \\ A\cos[2\pi f_2 t+\varphi(0)]=A\cos\left[2\pi f_c t+\dfrac{\pi t}{2T}+\varphi(0)\right], & \text{对应“1”码} \end{cases} \tag{6-6-6}$$

式中 $\varphi(0)$ 为初始相位。将式(6-6-6)合并为一个式子，即

$$s_{\text{MSK}}(t)=A\cos\left[2\pi f_c t+\frac{p_n \pi t}{2T}+\varphi(0)\right] \tag{6-6-7}$$

式中，$p_n=\pm1$，分别表示二进制信息的"1"和"0"。瞬态相位为

$$\varphi(t)=\frac{p_n\pi t}{2T}+\varphi(0) \tag{6-6-8}$$

当输入信号为10011100时，对应的 $p_n=+1,\ -1,\ -1,\ +1,\ +1,\ +1,\ -1,\ -1,\ -1$。

由式(6-6-8)可知，在每个比特间隔内，载波相位变化 $+\pi/2$ 或 $-\pi/2$。假设初始相位 $\varphi(0)=0$，由于每比特相位变化 $\pm\pi/2$，因此瞬态相位 $\varphi(t)$ 在每比特结束时必定为 $\pi/2$ 的整数倍。具体地说，在 T 的奇数倍时刻，$\varphi(t)$ 为 $\pi/2$ 的奇数倍；在 T 的偶数倍时刻，$\varphi(t)$ 为 $\pi/2$ 的偶数倍。$\varphi(t)$ 随时间变化的规律可用图6.6.8所示的网格图表示。由图可知，$\varphi(t)$ 的轨迹是一条连续的折线，在一个 T 时间内每个折线段上升或下降 $\pi/2$。图中细折线的网格是 $\varphi(t)$ 由0时刻的0相位开始，到 $8T$ 时刻的0相位终止，其间可能经历的全部路径。图中的粗折线所对应的信息序列为10011100。

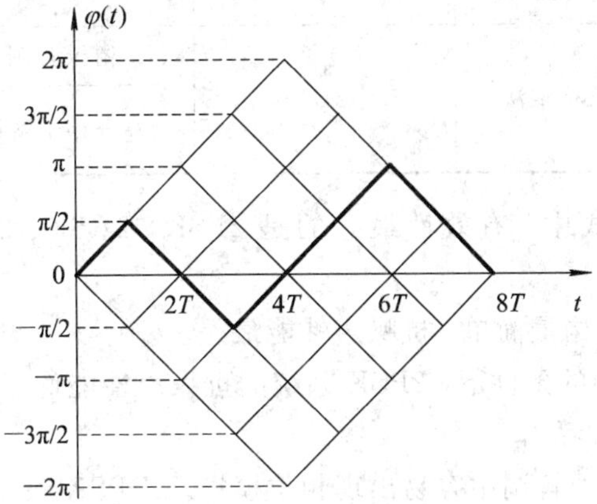

图6.6.8　MSK信号的相位网格图

本章知识点小结

1. 基本概念

(1) 数字调制：用数字基带信号控制高频载波信号的参数，把数字基带信号变成频带数字信号。

(2) 调制的本质：在时域中，将基带信号加载到载波参数上；在频域中，将基带信号的频谱进行了搬移。

(3) 调制的分类：

① 根据数字基带信号所控高频载波信号的参数不同，调制分为幅度键控(ASK)、频移键控(FSK)和相移键控(PSK)。

② 根据数字基带信号的进制不同，调制分为二进制调制和多进制调制。

二进制键控包括2ASK、2FSK、2PSK、2DPSK。

多进制键控包括MASK、MFSK、MPSK、MDPSK。

2. 二进制键控方式性能比较

键控方式名称	实现方法	有效传输带宽	解调方式	误码率
2ASK	① 单极性非归零码与载波相乘 ② 键控法	$2B_g=2R_s$ B_g 为基带信号的带宽；R_s 码元速率	相干解调	$\frac{1}{2}\mathrm{erfc}\left(\frac{\sqrt{\gamma}}{2}\right)$
			非相干解调	$\frac{1}{2}e^{-\frac{\gamma}{4}}$
2FSK	① 模拟调频法 ② 键控法	$\lvert f_2-f_1\rvert+2B_g$	相干解调	$\frac{1}{2}\mathrm{erfc}\left(\frac{\sqrt{\gamma}}{\sqrt{2}}\right)$
			非相干解调	$\frac{1}{2}e^{-\frac{\gamma}{2}}$
2PSK	① 相乘法 ② 相位选择法	$2B_g$	相干解调	$\frac{1}{2}\mathrm{erfc}(\sqrt{\gamma})$
2DPSK	差分＋相乘法	$2B_g$	相干解调	$\mathrm{erfc}(\sqrt{\gamma})$
			差分相干解调	$\frac{1}{2}e^{-\gamma}$

(1) 在 4 种键控方式中，有效性最差的是 2FSK，2ASK、2PSK、2DPSK 的有效性相同。

(2) 2ASK 系统的结构最简单，抗噪声性能最差。

(3) 在相同误比特率的条件下，2PSK 系统的抗噪声性能优于 2FSK 系统，2FSK 系统的抗噪声性能优于 2ASK 系统.

(4) 2PSK 信号的相干解调中容易出现相位模糊。2DPSK 解决相位模糊问题。

(5) 相干解调时，2DPSK 系统的误码率是 2PSK 系统的 2 倍。

3. 其他键控方式

(1) MASK(多进制数字幅度键控调制，又称多电平调幅)。

① MASK 信号的调制与解调的实现方法与 2ASK 信号的相同。

② 在码元速率相同的条件下，MASK 系统的信息速率为 2ASK 信号的 lb$M$ 倍。

③ 码元速率相同时，MASK 信号的带宽与 2ASK 信号的带宽一样。

④ MASK 系统的误码率远大于 2ASK 系统的。

⑤ 设备复杂。

(2) MFSK(多进制数字频移键控调制)。

① MFSK 信号的调制与解调的实现方法与 2FSK 信号的相同。

② MFSK 信号的带宽 $B_M=f_M-f_1+2R_s$，其中，f_M 为最高载波频率，f_1 为最低载波频率，R_s 为码元速率。

(3) MPSK(多进制数字相移键控调制)。

① QPSK 信号与 2PSK 信号的功率谱相同。在相同信息速率下，QPSK 信号的带宽是 2PSK 信号的一半。

② 调制方法有相位选择法和正交调制法。

③ 解调采用相干解调。

(4) MSK(最小频移键控)。

MSK 是调制指数为 0.5 且相位连续的 2FSK 调制方式，其主要特点如下：

① 相邻码元间 MSK 信号的相位连续。

② 带宽 $B_{MSK}=1.5f_b=1.5R_s$。

③ 相位在一个码元内上升或下降 $\pi/2$。

④ 两载波频率间隔 $0.5f_b$。

习　题

1. 简答题

1. 什么是数字调制？数字调制有哪些方式？

2. 画出数字调制系统的方框图并说明其工作原理。

3. 在数字通信系统中，解调端带通滤波器带宽能否小于已调信号带宽？为什么？

4. 在电话信道中传输数据，当数据速率比较高时，一般采用 PSK 而不采用 ASK 或 FSK，为什么？

5. 综合考虑线性多进制数字调制系统的优缺点，给出它们的应用范围。

6. 试比较 ASK 信号与 FSK 信号的功率谱及带宽。

7. PSK 信号的功率谱有何特点？

8. 对 2ASK、2PSK 及 2FSK 3 种系统的性能指标进行比较，其中有效性最差的是哪个系统？可靠性最好的是哪个系统？

9. 什么是正交幅度调制(QAM)？其特点是什么？

10. 什么是交错正交相移键控(OQPSK)？其特点是什么？

二、计算题

1. 设发送数字信息为 01101110001，信息速率为 10^3 bit/s，载波频率为 1.5 kHz。

(1) 分别画出 2ASK、2PSK 及 2DPSK 信号的波形；

(2) 分别求出 2ASK、2PSK 及 2DPSK 信号的谱零点带宽。

2. 设某 2FSK 调制系统的码元速率为 1000 Baud，已调信号的载频为 1000 Hz 或 2000 Hz。

(1) 若发送数字信息为 011010，试画出相应的 2FSK 信号波形；

(2) 若发送数字信息是等可能的，试画出它的功率谱草图；

(3) 试讨论这时的 2FSK 信号应选择怎样的解调器进行解调。

3. 已知基带信号为 101101001，如果码元宽度是载波周期的两倍，试画出绝对码、相对码及二进制 BPSK 信号和 DPSK 信号的波形(假定起始参考码元为 1)。

4. 已知码元速率 $R_B=10^3$ Baud，接收机输入噪声的双边功率谱密度 $n_0/2=10^{-10}$ W/Hz，误码率 $P_e=10^{-5}$，试计算相干解调 2ASK、非相干解调 2FSK、差分相干解调 2DPSK 以及 2PSK 等系统所要求的输入信号功率。

实训6 2ASK调制与解调

一、实训目的

(1) 掌握2ASK调制的原理及实现方法。

(2) 掌握2ASK解调的原理及实现方法。

二、实训内容

(1) 采用数字键控法进行2ASK调制，观测2ASK调制信号的波形。

(2) 采用包络检波法进行2ASK解调。

三、实训设备与工具

根据各自的实验设备确定实验方案，可以通过硬件搭建平台实现和通过实验箱实现，也可以通过各类软件编程实现。硬件实验箱环境需要一台双踪示波器。

四、实训原理

1. 2ASK调制

2ASK信号产生的方法通常有两种：数字键控法和模拟相乘法。

实训图6.1是2ASK调制(数字键控法)的原理框图。

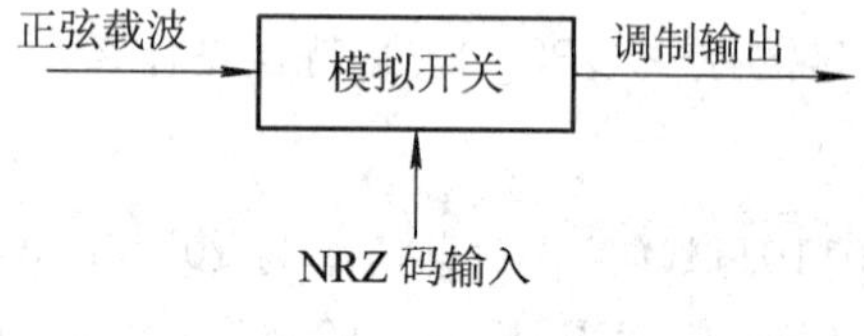

实训图6.1 2ASK调制(数字键控法)原理框图

为便于实验观测，由信号源模块提供码元速率为96 kb/s的数字基带信号NRZ码和频率为384 kHz的正弦载波，正弦载波的频率是数字基带信号码元速率的整4倍，即NRZ码的一个码元对应正弦载波的4个周期。

实验中采用模拟开关作为正弦载波的输出通/断控制门，数字基带信号NRZ码用来控制门的通/断。当NRZ码为高电平时，模拟开关导通，正弦载波通过门输出；当NRZ码为低电平时，模拟开关断开，正弦载波不通过，门输出为0。2ASK调制信号波形如实训图6.2所示。

实训图6.3是2ASK调制(模拟相乘法)的原理框图。

信号源模块提供码元速率为96 kb/s的NRZ码和频率为384 kHz的正弦载波，并送入数字调制模块，两信号直接相乘。

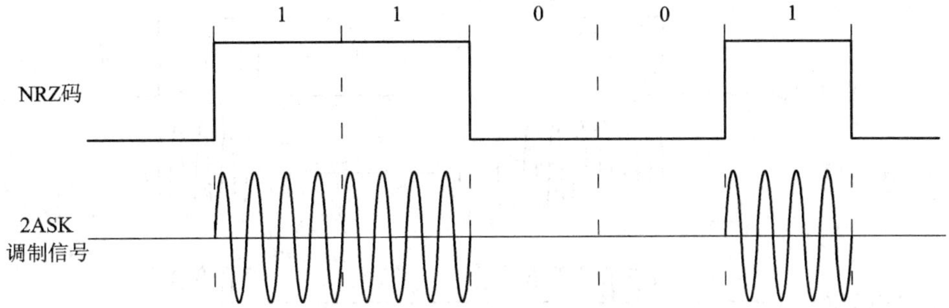

实训图 6.2　2ASK 调制信号波形

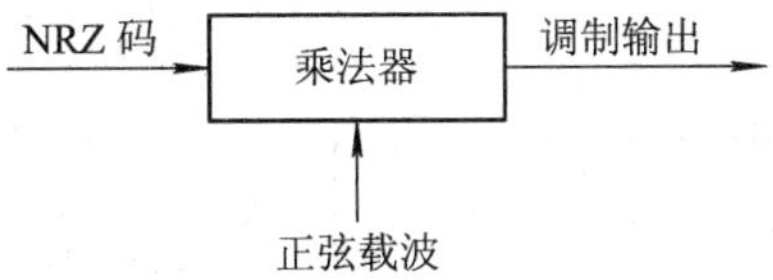

实训图 6.3　2ASK 调制(模拟相乘法)原理框图

2. 2ASK 解调

我们采用包络检波法解调 2ASK 信号，其原理如实训图 6.4 所示。

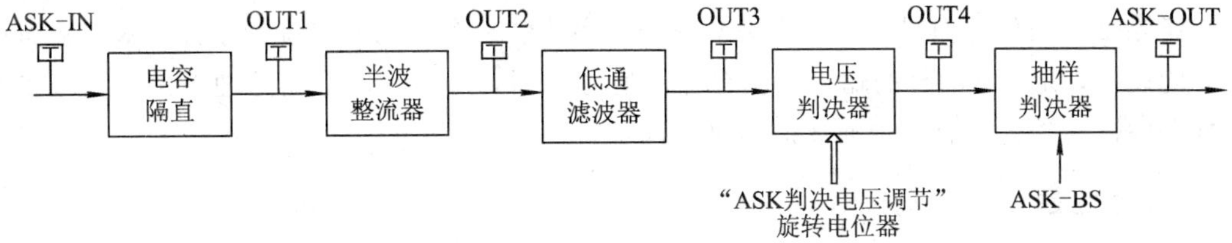

实训图 6.4　2ASK 解调(包络检波法)原理框图

解调过程中各测试点处信号的波形如实训图 6.5 所示。

2ASK 已调信号从“ASK－IN”测试点输入，经电容隔直得“OUT1”信号。

“OUT1”信号先经过半波整流器，取出高于二极管导通电压(约 0.7 V 左右)的半波波形，得“OUT2”信号。

“OUT2”信号经巴特沃斯二阶低通滤波器滤波后得“OUT3”信号。

“OUT3”信号再经电压判决器进行电压判决，用来作比较的判决电压可通过“ASK 判决电压调节”旋转电位器来调节。若判决电压过高，则可能造成部分数字信息的丢失；若判决电压过低，则可能造成还原结果中出现错码。因此，只有合理地选择判决电压，才能得到正确的解调结果，此时电压判决器输出“OUT4”信号，且测试点处信号的波形应与原 NRZ 码的波形大致相同。

最后“OUT4”信号经抽样判决器后还原出原始的 NRZ 码。抽样判决用的时钟信号就是 2ASK 基带信号的位同步信号，该信号可以由发送端 NRZ 码相应的 BS(抽样脉冲)直接引入。

另外，需要说明的是：在实际应用的通信系统中，解调器的输入端都有一个带通滤波

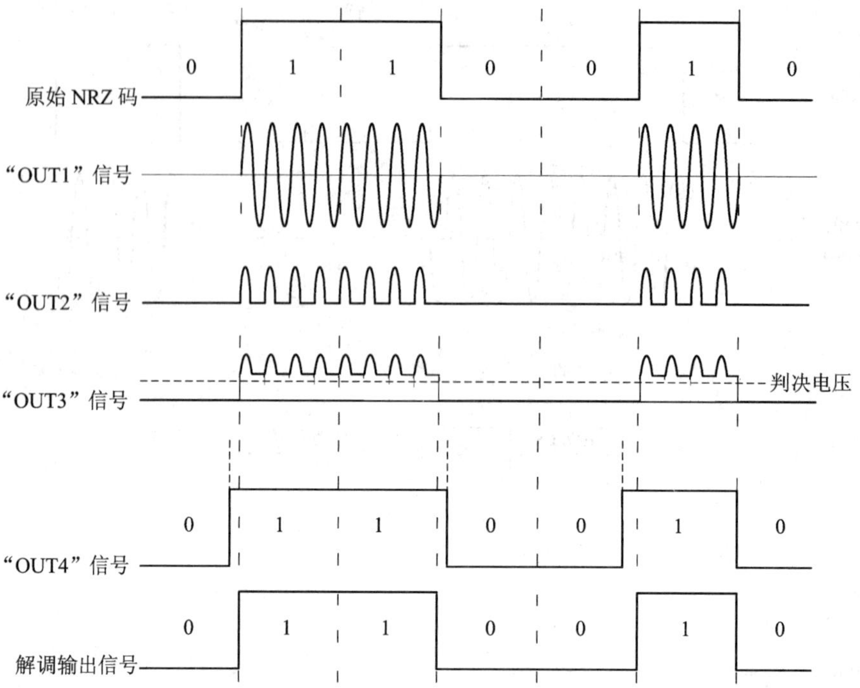

实训图 6.5 2ASK 解调过程中各测试点处信号的波形

器来滤除带外的信道白噪声，并确保系统的频率特性符合无码间串扰的条件。本实验简化了实验设备，在调制部分的输出端没有加带通滤波器，并且假设信道是理想的，所以在解调部分的输入端也没有加带通滤波器进行匹配。

五、思考题

(1) 在 2ASK 信号产生过程中，如果正弦载波的频率与数字基带信号的码元速率不是整数倍的关系，那么结果会怎样？

(2) 解调如果用相干解调，该如何设计实现过程？

(3) 解调时的判决电压如何选择？用固定的电压判决可以吗？为什么？

实训 7 2FSK 调制与解调

一、实训目的

(1) 掌握 2FSK 调制的原理及实现方法。

(2) 掌握 2FSK 解调的原理及实现方法。

二、实训内容

(1) 采用数字键控法进行 2FSK 调制，观测 2FSK 调制信号的波形。

(2) 采用过零检测法进行 2FSK 解调。

三、实训设备与工具

根据各自的实验设备确定实验方案，可以通过硬件搭建平台实现和通过实验箱实现，也可以通过各类软件编程实现。硬件实验箱环境需要一台双踪示波器。

四、实训原理

1. 2FSK 调制

实训图 6.6 是 2FSK 调制(数字键控法)的原理框图。

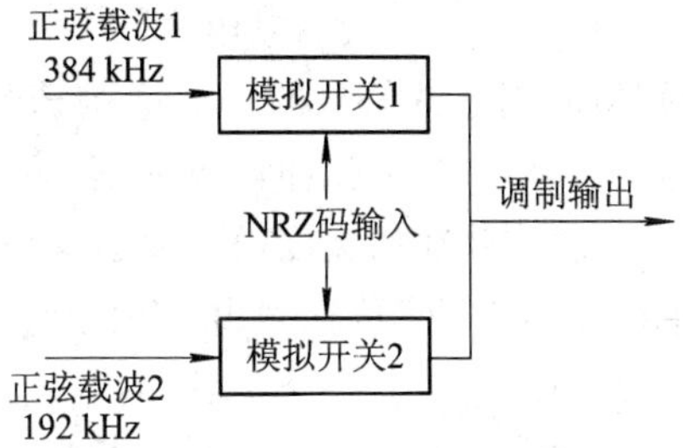

实训图 6.6　2FSK 调制(数字键控法)原理框图

为便于实验观测，可以设计码元速率为 96 kb/s 的数字基带信号 NRZ 码和频率分别为 384 kHz、192 kHz 的正弦载波，正弦载波 1 的频率 384 kHz 是数字基带信号码元速率的整 4 倍，正弦载波 2 的频率 192 kHz 是数字基带信号码元速率的整 2 倍，即 NRZ 码为“1”的一个码元对应正弦载波 1 的 4 个周期，NRZ 码为“0”的一个码元对应正弦载波 2 的 2 个周期。

实验中可以采用模拟开关作为正弦载波的输出通/断控制门，数字基带信号 NRZ 码用来控制门的通/断。当 NRZ 码为高电平时，模拟开关 1 导通，模拟开关 2 断开，正弦载波 1 通过门 1 输出；当 NRZ 码为低电平时，模拟开关 2 导通，模拟开关 1 断开，正弦载波 2 通过门 2 输出。门的输出即为 2FSK 调制信号，其波形如实训图 6.7 所示。

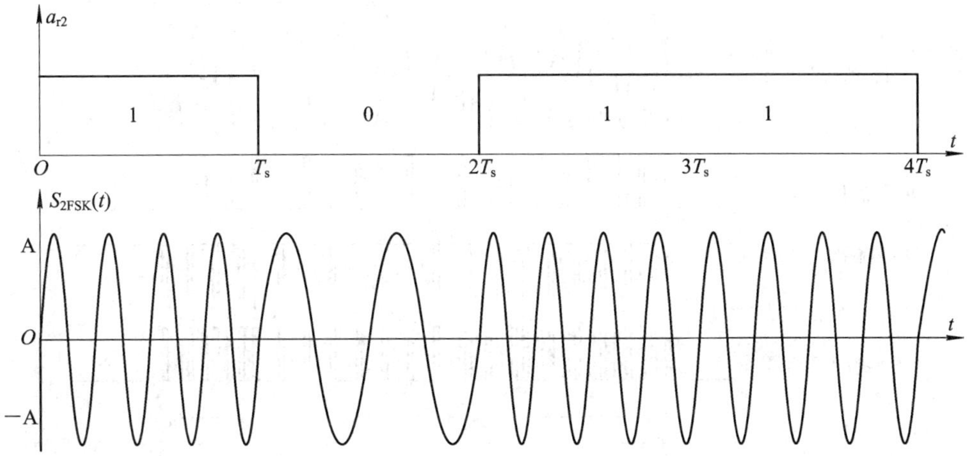

实训图 6.7　2FSK 调制信号波形

2. 2FSK 解调

我们采用过零检测法解调 2FSK 信号，其原理如实训图 6.8 所示。

2FSK 信号的过零点数随不同载频而异，故检出过零点数可以得到关于频率的差异。

如实训图 6.8 所示，2FSK 已调信号从“调制输入”测试点送入可重触发单稳态触发器中，“单稳 1”触发器和“单稳 2”触发器分别被设置为上升沿触发和下降沿触发，即单稳态触

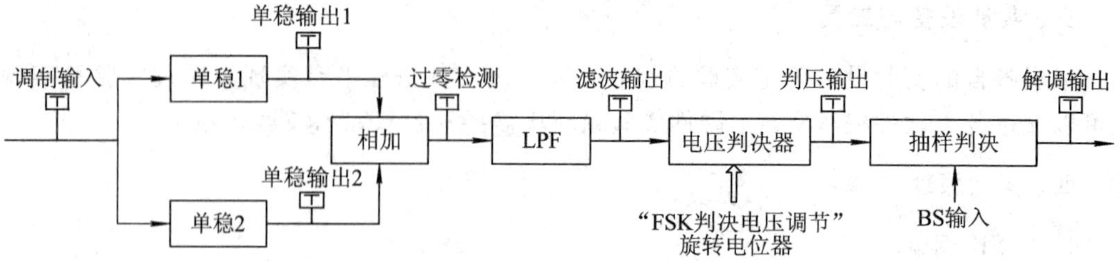

实训图 6.8 2FSK 解调(过零检测法)原理框图

发器分别检测出已调信号的 0 相位和 π 相位。“单稳输出 1”信号对应 2FSK 已调信号中所有的 0 相位，有一个尖脉冲；“单稳输出 2”信号对应 2FSK 已调信号中所有的 π 相位，有一个尖脉冲，过零脉冲的宽度由触发器集成电路外接的电阻和电容确定。

“单稳输出 1”和“单稳输出 2”两信号波形相加，得“过零检测”信号，即对应 2FSK 已调信号全部的过零点，有一个尖脉冲。

“过零检测”信号经二阶低通滤波器滤除高频分量，得“滤波输出”信号。

“滤波输出”信号再经电压判决器判决，得“判压输出”信号。用来作比较的判决电压可通过“FSK 判决电压调节”旋转电位器来调节。

最后“判压输出”信号经位同步抽样判决，得“解调输出”信号。

解调过程中各测试点处信号的波形如实训图 6.9 所示。

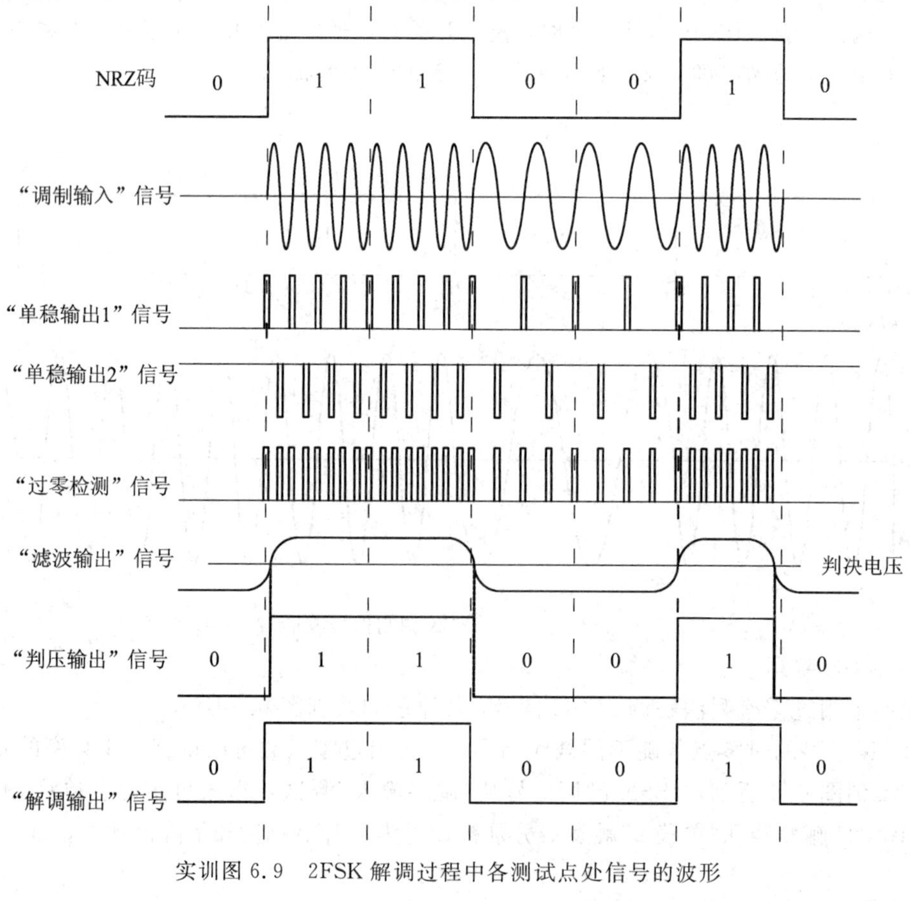

实训图 6.9 2FSK 解调过程中各测试点处信号的波形

五、思考题

(1) 在 2FSK 信号产生过程中，如果正弦载波的频率与数字基带信号的码元速率不是整数倍的关系，那么结果会怎样？

(2) 两个正弦载波的频率如果不是整数倍的关系，又会出现什么现象？

(3) 非连续相位 FSK 调制信号在码元切换点的相位如何？

(4) 通过实验说明 2FSK 的调制机理及过零点检测的解调方法。

(5) 抽样判决点如何选择比较合适？

实训 8　2PSK 调制与解调

一、实训目的

(1) 掌握 2PSK 调制的原理及实现方法。

(2) 掌握 2PSK 解调的原理及实现方法。

二、实训内容

(1) 分别采用数字键控法与模拟相乘法进行 2PSK 调制，观测 2PSK 调制信号的波形。

(2) 采用相干解调法进行 2PSK 解调。

三、实训设备与工具

根据各自的实验设备确定实验方案，可以通过硬件搭建平台实现和通过实验箱实现，也可以通过各类软件编程实现。硬件实验箱环境需要一台双踪示波器。

四、实训原理

1. 2PSK 调制

2PSK 信号产生的方法有两种：模拟相乘法和数字键控法。

实训图 6.10 是 2PSK 调制(模拟相乘法)的原理框图。可以采用的载波频率与码元速率之间是整数倍关系，比如码元速率为 96 kb/s 的 NRZ 码和频率为 384 kHz 的正弦载波。在 2ASK 中数字基带信号是单极性的，而在 2PSK 中数字基带信号是双极性的，故先将单极性 NRZ 码经码型变换电路转换为双极性 NRZ 码，然后与频率为 384 kHz 的正弦载波相乘，便得 2PSK 调制信号。

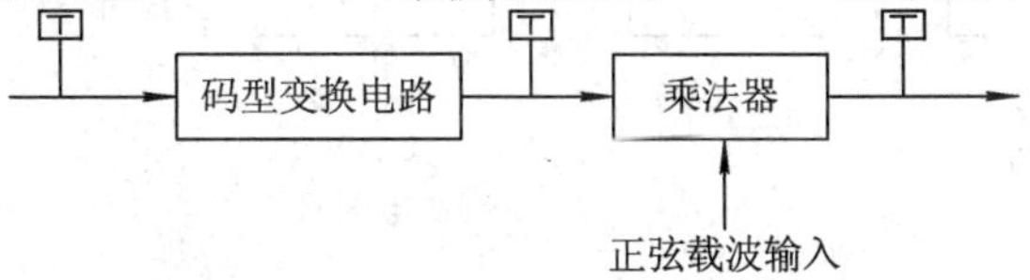

实训图 6.10　2PSK 调制(模拟相乘法)原理框图

实训图 6.11 是 2PSK 调制数字键控法的原理框图。为便于实验观测，就用码元速率为 96 kb/s 的数字基带信号 NRZ 码和频率为 384 kHz 的正弦载波，NRZ 码为“1”的一个码元对应 0 相位起始的正弦载波的 4 个周期，NRZ 码为“0”的一个码元对应 π 相位起始的正弦载波的 4 个周期。

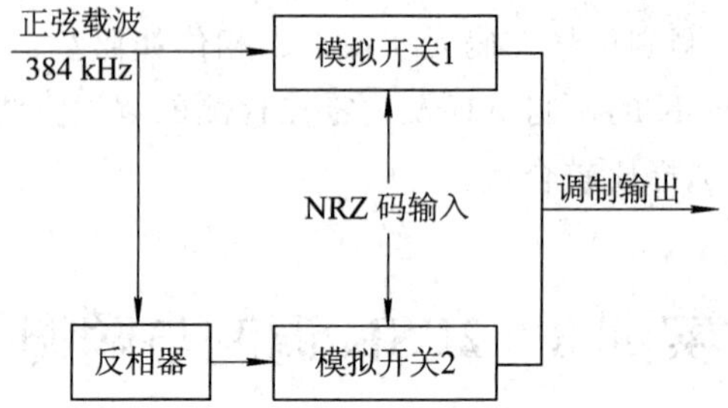

实训图 6.11　2PSK 调制(数字键控法)原理框图

实验中采用模拟开关作为正弦载波的输出通/断控制门，数字基带信号 NRZ 码用来控制门的通/断。当 NRZ 码为高电平时，模拟开关 1 导通，模拟开关 2 断开，0 相位起始的正弦载波通过门 1 输出；当 NRZ 码为低电平时，模拟开关 2 导通，模拟开关 1 断开，π 相位起始的正弦载波通过门 2 输出。门的输出即为 2PSK 调制信号，其波形图如实训图 6.12 所示。

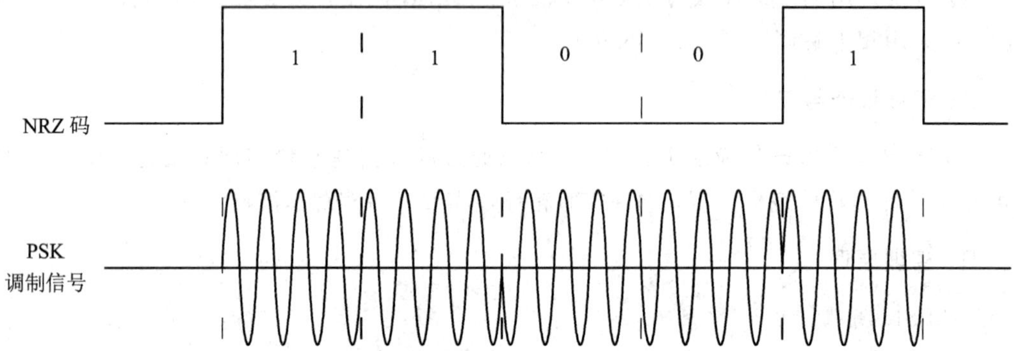

实训图 6.12　2PSK 调制信号波形

2. 2PSK 解调

2PSK 信号的解调通常采用相干解调法，其原理如实训图 6.13 所示。

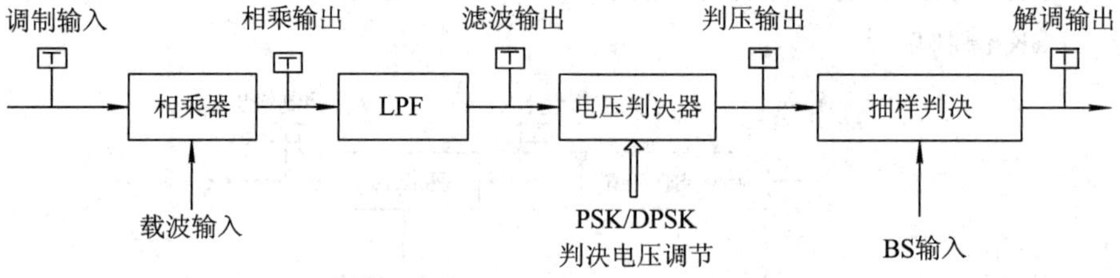

实训图 6.13　2PSK 解调(相干解调法)原理框图

设已调信号表达式为

$$s(t) = A_1 \cos[\omega_c t + \varphi(t)] \quad (A_1 \text{ 为调制信号的幅值})$$

该信号经过模拟相乘器与载波信号 $A_2\cos\omega_c t$(A_2 为载波信号的幅值)相乘，得

$$\begin{aligned} e_0(t) &= A_1\cos[\omega_c t + \varphi(t)] \cdot A_2\cos\omega_c t \\ &= \frac{1}{2}A_1A_2\{\cos[2\omega_c t + \varphi(t)] + \cos\varphi(t)\} \end{aligned}$$

可知，相乘后的输出信号包括二倍频分量 $\frac{1}{2}A_1A_2\cos[2\omega_c t + \varphi(t)]$ 和 $\cos\varphi(t)$ 分量($\varphi(t)$ 为时间的函数)，因此，需经低通滤波器除去高频成分 $\cos[2\omega_c t+\varphi(t)]$，得到包含基带信号的低频信号，然后再进行电压判决和抽样判决。解调过程中各测试点处信号的波形如实训图 6.14 所示。

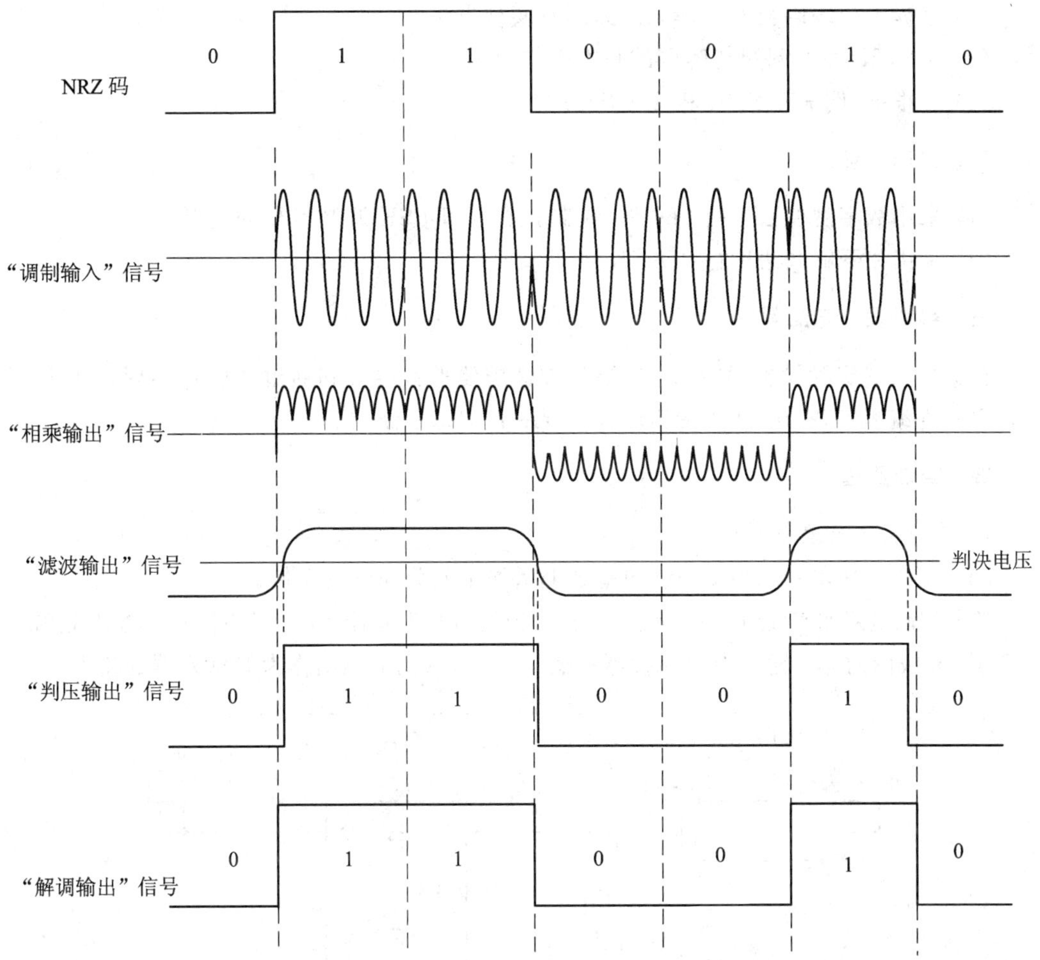

实训图 6.14　2PSK 解调过程中各测试点波形

五、思考题

(1) 根据 2PSK 调制(数字键控法)的原理框图，使用 MC14066 芯片自行设计一个采用

数字键控法的2PSK调制电路，搭建硬件电路，通过实验调试检验实际效果。

(2) 有兴趣的同学请思考：采用数字键控法的2ASK调制电路、2FSK调制电路和2PSK调制电路在结构形式上有无相似之处？是否能“合并同类项”？

(3) 将原始的数字基带信号与相干解调出的数字基带信号进行比较，可得出什么结论？

实训9 2DPSK调制与解调

一、实训目的

(1) 掌握差分编码与差分译码的原理及实现方法。

(2) 了解2DPSK调制与解调的基本工作原理。

(3) 会根据“倒π现象”分析2DPSK调制方式。

二、实训内容

(1) 采用数字键控法进行2DPSK调制，观测2DPSK调制信号的波形。

(2) 采用相干解调法进行2DPSK解调。

三、实训设备与工具

根据各自的实验设备确定，可以通过硬件搭建平台实现和通过实验箱实现，也可以通过各类软件编程实现。硬件实验箱环境需要一台双踪示波器。

四、实训原理

1. *差分编码与差分译码*

DPSK调制是在原2PSK调制的基础上增加了差分编码的调制。

差分编码电路如实训图6.15所示，它由异或门与D触发器组成。基带信号作为异或门的一个输入，异或门的另一输入为D触发器的输出，而异或门的输出作为D触发器的输入。

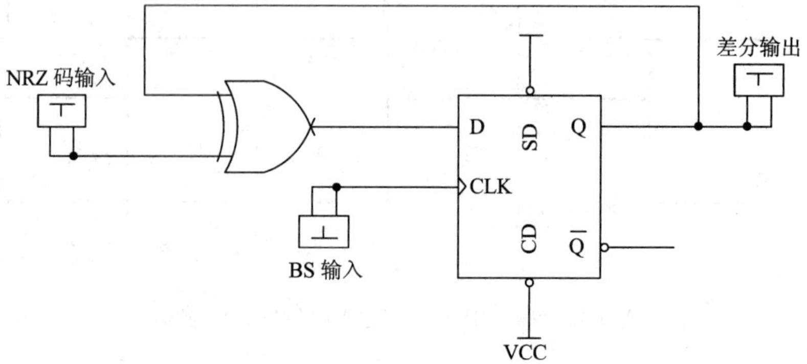

实训图6.15 差分编码电路

设上一时刻差分输出为“0”，当前时刻输入数字信号为“1”，此时异或门的输出为“1”，当位同步的上升沿到来时，D 触发器输出“1”。在下一时刻，输入数字信号为“0”，异或门另一输入为 D 触发器当前时刻的输出“1”，故异或门的输出仍为“1”，当位同步的上升沿到来时，D 触发器输出“1”，如下所示：

NRZ 码输入		1	0	1	1	0	1
差分输出	0	1	1	0	1	1	0

差分译码的过程和差分编码的正好相反，信号先输入 D 触发器，同时作为异或门的一个输入，异或门的另一输入为 D 触发器的输出，因此差分译码的实质就是此刻的状态和前一时刻的状态的异或。差分译码电路如实训图 6.16 所示。

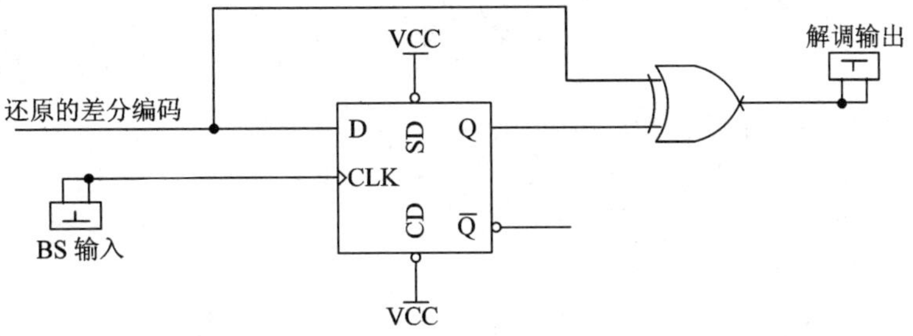

实训图 6.16　差分译码电路

2. 2DPSK 调制与解调

实训图 6.17 是 2DPSK 调制(数字键控法)的原理框图。

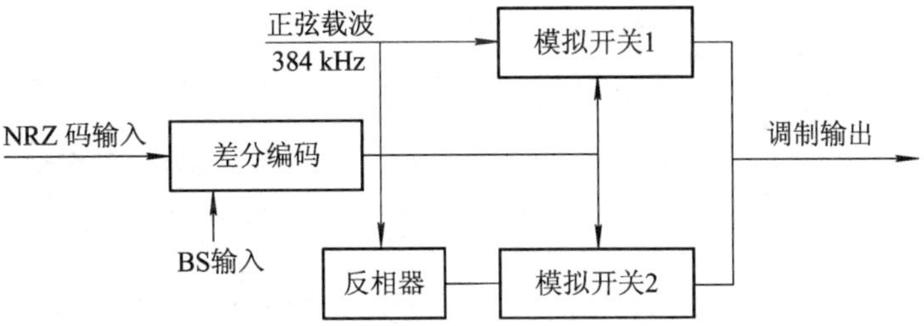

实训图 6.17　2DPSK 调制(数字键控法)原理框图

实验中采用模拟开关作为正弦载波的输出通/断控制门，数字基带信号 NRZ 码的差分编码用来控制门的通/断。

2DPSK 信号的解调通常采用相干解调法，其原理如实训图 6.18 所示。

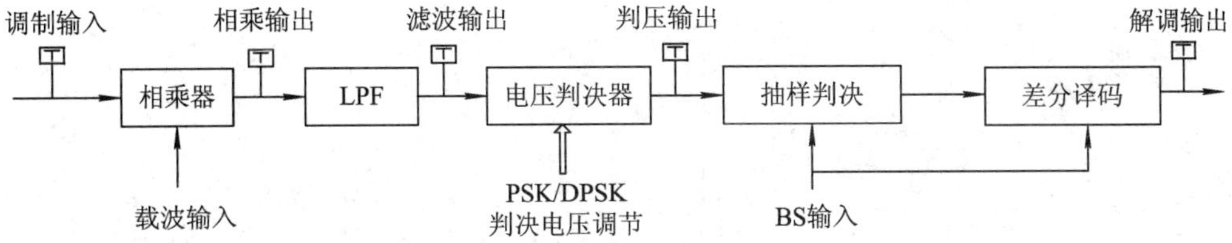

实训图 6.18　2DPSK 解调(相干解调法)原理框图

相比于 2PSK 解调(相干解调法)原理框图，2DPSK 解调(相干解调法)在抽样判决后增加了差分译码还原的过程。

观察各级输出信号的波形，通过调节判决门限的大小，可以观察解调输出信号的波形的变化，同时也可以比较解调输出信号的波形与原始信号波形之间的关系。

五、思考题

(1) 观察 NRZ 码和差分码的波形图，分析 NRZ 码和差分码的编码原则。

(2) 在观察单极性非归零码时，为什么要以时钟脉冲为同步信号?

(3) 观察 NRZ 码、差分码、载波信号、2DPSK 信号的波形图，分析 2DPSK 信号的相位是以哪个信号的相位作为参考的? 为什么?

第 7 章　差错控制编码

本章学习目标

(1) 了解差错控制编码的基本原理及分类方式。
(2) 掌握差错控制编码的 4 种工作方式。
(3) 掌握 5 种检错和纠错码的码型及码距与检错、纠错能力的关系。
(4) 掌握线性分组码中循环码的计算方法，了解汉明码编码的过程及检错、纠错能力。
(5) 了解卷积码的基本概念。
(6) 了解信道编码在 LTE 通信系统中的应用。

本章内容

- 差错控制编码的基本原理
- 差错控制编码的工作方式
- 差错控制编码的分类及相关概念
- 检错码和纠错码
- 线性分组码
- 卷积码
- 信道编码在 LTE 通信系统中的应用

本章重点

- 差错控制编码的基本原理
- 检错码和纠错码的检错、纠错能力
- 线性分组码的特点

本章难点

- 差错控制编码的工作方式和差错控制编码的分类
- 线性分组码与卷积码的编码

本章学时
14 学时

通信系统的性能指标有两个，即有效性和可靠性。实际信道的传输特性不理想以及无处不在的加性噪声的影响，接收端收到的信息不可避免地产生错误，从而影响通信系统的可靠性。那么，如何降低误码率，提高通信系统的可靠性呢？首先应根据信道特性合理设计基带信号，并选择合适的调制、解调方式及发射功率；其次采用均衡技术消除或减少码间串扰。但在很多情况下仅采用这些措施是不够的，必须通过差错控制编码(即信道编码)使系统的传输质量提高1～2个数量级。与制造高质量的设备相比，这种方法花费少而且效果好。

本章将着重介绍差错控制编码的基本原理、差错控制编码的工作方式以及基本概念(码长、码距、码重、最小码距)，并分析5种常用的检错码和纠错码的编码原则与检错、纠错能力，以及检错、纠错能力和最小码距之间的关系。同时，本章将讨论线性分组码(循环码、汉明码)和卷积码，以及信道编码在LET通信系统中的应用。

7.1 差错控制编码的基本原理

通信系统的编码有两大类，一种是信源编码(本书没有特别单独讲解，第4章的模拟信号数字化PCM即是一种信源编码)，另一种是信道编码，即差错控制编码。信源编码是为了提高通信系统的有效性而采用的一种编码，目的是尽可能地减少编码的冗余度。而差错控制编码则是为了提高通信系统的可靠性而进行的编码。

差错控制编码的基本原理就是在传输的信息码元中附加一定数量的冗余码(通常称之为监督码元)，冗余码在整个编码中的位置及代码选择由事先确定的规则决定。接收端收到这样的编码后，根据已知的规则对接收信息进行检验，以发现、纠正和删除错误。

差错控制编码是用系统的有效性来换取可靠性的。

下面举例说明差错控制编码的基本原理。

假设天气预报用晴、雨、雪、霜来描述，4种状态用2位二进制码元来描述，4种可能的码组00、01、10、11正好与4种天气相对应，即00表示晴，01表示雨，10表示雪，11表示霜。若发送00码组且接收端收到01码组时，此时接收端并不知道接收出错了。如果将4种天气用000、011、101、110这4种码组来描述，即000表示晴，011表示雨，101表示雪，110表示霜，则当接收端收到001、010、100、111码组时会发现接收出错，即具有检错能力。一般把系统允许使用的一组码组(如本例中的000、011、101、110)称为许用码组，把不允许使用的码组(如本例中的001、010、100、111)称为禁用码组。当收到的码组是禁用码组时，则可以判断此码组是错误的。其实4种许用码组中的前2位00、01、10、11是信息码元，而最后1位是监督码元，但监督码元不一定只有1位，可以是2位、3位等。

7.2 差错控制编码的工作方式

常见的差错控制编码的工作方式有前向纠错(FEC)、检错重发(ARQ)、混合纠错(HEC)和信息反馈(IF)4种。下面简要介绍它们的基本原理。

1. 前向纠错(Forward Error Correction, FEC)

前向纠错原理图如图7.2.1所示。发送端经编码后发出能够纠正错误的纠错码；接收端接收到这些码后，通过译码能够自动发现并纠正传输中的错误。前向纠错方式只要求正向信道。采用前向纠错的系统适合于单向通信的场合，如一点发送多点接收的广播，它能自动纠错，不要求重发，因而接收信号的实时性好。要降低纠错后的差错率，获得较好的可靠性(即使系统的纠错能力强)，就要求系统的编译码的精确度要高，所需的设备也较复杂。

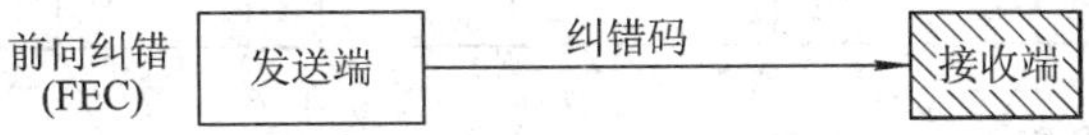

图7.2.1 前向纠错原理图

2. 检错重发(Automatic Repeat Request, ARQ)

检错重发原理图如图7.2.2所示。发送端经编码后发出能够检错的检错码；接收端收到后进行检验，再通过反向信道反馈给发送端一个应答信号；发送端对收到的应答信号进行分析，如果接收端认为有错，则发送端读出缓冲存储器中的原码组的副本重新进行传输，直到接收端认为已正确收到信息为止。

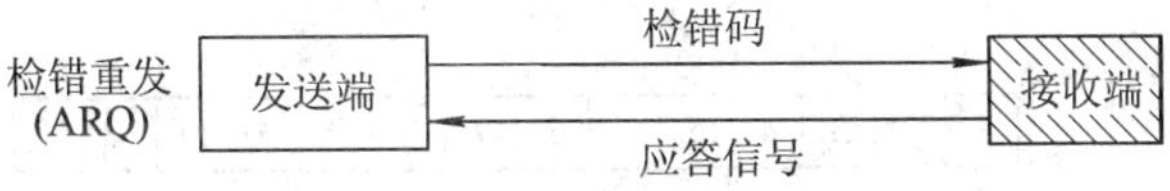

图7.2.2 检错重发原理图

这种方式的优点是译码设备简单，对突发错误和信道干扰较严重的情况非常有效，可达到良好的性能；缺点是需要双向信道，实时性差。

常用的检错重发方式有3种，即停发等候重发、返回重发和选择重发。图7.2.3画出了这3种检错重发的工作原理图。

图7.2.3(a)描述了停发等候重发的工作过程。发送端在T_W时间内发送码组1给接收端，接收端对所收到的码组进行检查，若未发现错误，则向发送端发出确认回答ACK(Acknowledgement，即确认字符)，表明接收到的字符无错误，并准备好接收下一个码组。发送端收到ACK(应答)信号确认无误后再发送码组2，若接收端检测出码组2有错(图中用*号表示)，则接收端的反向信道发回否定回答NAK(Negative Acknowledgement，即否认字符)，告诉发送端接收的信息有误，发送端就会重新发送一个码组2，直到接收端接收到正确的码组为止。这是一种半双工工作方式，其原理简单，但效率较低。

图7.2.3(b)所示是返回重发的工作过程。发送端不停地发送码组，不再等候ACK信号。如果接收端发现错误并发回NAK信号，则发送端从下一个码组开始重发前N个码组，N的大小取决于信号传输和处理所造成的延时，也就是发送端从发送错误码组开始，到接收到NAK信号为止所发出的码组个数，图中$N=5$。接收端收到的码组2有错。发送端在码组6后重发码组2、3、4、5、6，接收端重新接收。采用返回重发的系统的传输效率比采用停发等候重发的系统的高，因此返回重发方式在很多数据传输系统中得到应用。

图 7.2.3(c)所示是选择重发的工作过程。发送端连续不断地发送码组，接收端检测到错误后发回 NAK 信号，但是发送端不是重发前 N 个码组，而是只重发有错误的那一个码组。图中显示发送端只重发接收端检出有错的码组 2，对其他码组不再重发。接收端对已认可的码组，从缓冲存储器中读出并对其重新排序，以恢复出正常的码组序列。显然，采用选择重发的系统的传输效率最高，但价格也最贵，因为它要求较为复杂的控制，且在收、发两端都要求有数据缓存器。

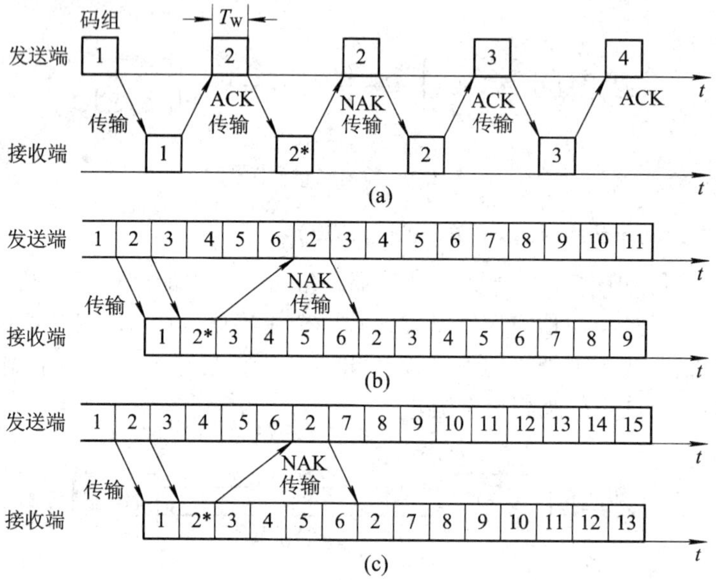

图 7.2.3 检错重发的工作原理图

(a) 停发等候重发示意图；(b) 返回重发示意图；(c) 选择重发示意图

ARQ 广泛应用于数据通信网，如计算机局域网、分组交换网、7 号信令网等，其缺点是需要一条反向信道来传输应答信号，并要求收、发端均装备有大容量的存储器以及复杂的控制设备。采用 ARQ 的系统是一种自适应系统，由于重发次数与信道干扰密切相关，因此当信道误码率很高时，重发将过于频繁而使效率大为降低，甚至使系统出现阻塞。此外，信息传输的连贯性与实时性也较差，因而信道的高速特性会使节点 ARQ 处理速度受到影响。

3. 混合纠错(Hybrid Error Correction，HEC)

混合纠错是前向纠错和检错重发的结合，其原理图如图 7.2.4 所示。发送端发送的码组兼具检错及纠错两种能力。接收端解码器收到码组后首先检查错误情况，如果错误数量未超过误码纠错能力，则自动进行纠错；如果错误数量超出误码纠错能力，则接收端通过反馈信道向发送端发送一个要求重发的信息。混合纠错充分利用了前向纠错和检错重发的

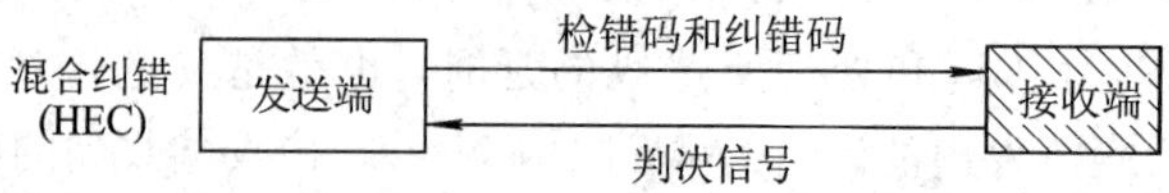

图 7.2.4 混合纠错原理图

特点，在实时性和译码复杂性方面是两种方式的折中，其具有误码率低、设备不太复杂、实时性与连贯性较好等优点，较适合于环路延迟大的高速数据传输系统，在卫星通信中得到了广泛应用。

4. 信息反馈(Information Feedback，IF)

信息反馈又称回程校验方式，其原理图如图 7.2.5 所示。接收端将收到的码组原封不动地转发回发送端，发送端将其与原发送码组进行比较，若发现错误，则把出错的码组再次传送，直到发送端没有发现错误为止。

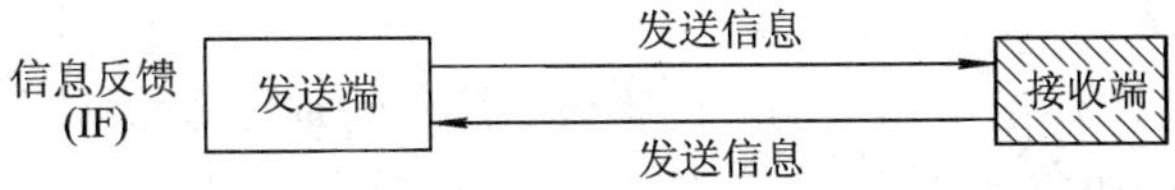

图 7.2.5　信息反馈原理图

综上所述，前向纠错、检错重发、混合纠错这 3 种工作方式都是在接收端进行错误的判断和识别，而信息反馈是在发送端进行错误的判断和识别。应根据检错和纠错的场合、难易程度、对设备和速度的要求等特点来确定具体的工作方式。

7.3　差错控制编码的分类及相关概念

7.3.1　差错控制编码的分类

差错控制编码的机理是通过增加一些监督码元(即增加一些冗余码元)来达到差错控制的效果。差错控制编码的方式有多种，也有不同的分类方法。

按照信息码元和监督码元之间检验关系的不同，差错控制编码可分为线性码和非线性码。若信息码元与监督码元之间的关系为线性关系，即监督码元是信息码元的线性组合，则差错控制编码称为线性码；反之，若两者之间不存在线性关系，则称为非线性码。

按照信息码元和监督码元之间约束方式的不同，差错控制编码可分为分组码和卷积码。在分组码中，编码前先把信息序列按每组 k 位分组，然后用一定规则为每一组附加 m 位监督码元，形成 $n=k+m$ 位的码组。监督码元仅与本码组的信息码元有关，而与其他码组的信息码元无关。但在卷积码中，码组中的监督码元不但与本组的信息码元有关，而且与前面码组的信息码元也有约束关系，就像链条那样一环扣一环，所以卷积码又称连环码或链码。

按照编码用途的不同，差错控制编码可分为检错码、纠错码和纠删码。其中，检错码只可检测错误；纠错码只可纠正错误；而纠删码同时具有纠错和检错能力，当发现不可纠正的错误时，纠删码将发出错误指示或将该错误删除。

按照码组中信息码元在编码前后的位置是否发生变化，差错控制编码可分为系统码和非系统码。在线性分组码中，所有码组的 k 位信息码元在编码前后保持原来形式的码叫作系统码，反之叫作非系统码。系统码与非系统码在性能上大致相同，但系统码的编、译码相对简单，因此得到了广泛应用。

从上述分类中可以看到，一种差错控制编码可以具有多样性，即可以同时属于不同的分类。

7.3.2 差错控制编码的相关概念

1. 码长(n)

码组(或码字)中编码码元的总位数称为码组长度，简称码长。例如，101 的码长为 3，101010 的码长为 6。

2. 码重(W)

码组中码元为“1”的数量叫作该码组的重量，简称码重，又称汉明码重。例如，101010 的码重为 3，110101 的码重为 4。

3. 码距(d)

码距是两个码组间差别的定量描述。两个码长相等的码组之间对应位置上码元不同的位数之和就称为码组的距离，简称码距，也叫汉明距离，记作 d。例如，码组 101010 和 110101 之间的码距为 5。若两个码组的码距为 0，则这两个码组为全同码。若两个码长为 N 的码组的码距 $d=N$，则称这两个码组为全异码。例如，000 和 111 为全异码。

4. 最小码距(d_{min})

在一个码长相同的码组集合中，并不是所有码组之间的码距都是相同的，将码距中的最小值称为最小码距 d_{min}，它是衡量一种编码的纠错、检错能力强弱的主要依据。例如，在 00、01、10、11 码组的集合中，每两个码组进行比较，码距有 1 和 2 两种，则其最小码距为 1，即 $d_{min}=1$。

7.4 检错码和纠错码

7.4.1 常用的检错码和纠错码

1. 奇偶监督码

奇偶监督码(又称奇偶校验码)是一种常用的检错码，分为奇监督码和偶监督码。奇偶监督码的基本原理是在 n 位信息码元后面加一位监督码元而构成一个码长为 $n+1$ 的码组，若监督码元使该码组中 1 的个数为奇数，则称该码组为奇监督码(奇校验码)；若监督码元使该码组中 1 的个数为偶数，则称该码组为偶监督码(或偶校验码)。

例如，00、01、10、11 为 4 种信息码元，若外加一位监督码元使之变为奇监督码，则码型为 001、010、100、111；若外加一位监督码元使之变为偶监督码，则码型为 000、011、101、110。这就是奇偶监督码的编码实例。

当选择奇监督码码组时，最小码距为 2，其许用码组为 001、010、100、111。3 位二进制码可表示 8 种状态，4 种为许用码组，另 4 种为禁用码组。当发送 001，收到 011 时，可以判定其出错，但并不能判定哪一位出错；当发送 001，收到 010 时，并不能判错，因其码型为许用码组，所以无法判别出现偶数个错误的情况。

奇偶监督码只能检错，不能纠错，且只能检出奇数个错误，不能检出偶数个错误。

奇偶监督码的编码方式简单、实用，因此很多计算机数据传输系统及其他编码标准都采用了这种编码。

2. 二维奇偶监督码

二维奇偶监督码(又称方阵码或水平垂直奇偶监督码)是在上述奇偶监督码的基础上形成的。例如：

信息码		行监督码元(偶监督)	
0	0	0	
0	1	1	
1	0	1	
1	1	0	
1	1	1	列监督码元(奇监督)

编码时首先将信息排成一个矩阵，然后对每一行、每一列分别进行奇或偶监督编码。行、列监督码元的右下角这个码元可以对行进行监督，也可以对列进行监督，甚至可以对整个码组进行监督。此行、列监督码元具有较强的检测随机错误的能力，能发现 1、3 等奇数个错误，也能发现大部分偶数个错误，但无法发现分布在矩形 4 个顶点上的偶数个错误。这种编码能纠正单个错误和一行或一列中的奇数个错误，因为这些错误的位置是由行、列监督码元确定的。

二维奇偶监督码可以发现奇数个错误并可以纠正一行或一列中的奇数个错误。

3. 重复码

重复码就是在每位信息码元之后，用简单重复多次的方法进行编码。重复码是用于单向信道的简单纠错码。例如，用 111 来传输 1 码，用 000 来传输 0 码。在接收端译码时，根据概率的统计规律和少数服从多数的原则进行判决。例如，当接收到 111、110、011、101 时都可以判决为 1；当接收到 000、001、010、100 时则判决为 0，即所谓的最大似然比法则(少数服从多数的原则)。那么在接收到 110、101、011 时判决为 1，可以纠正 1 个错误，但可以检出 2 个错误，即重复码具有检错和纠错能力，其最小码距为 3。

重复码只能重复信息码元偶数次，不能重复奇数次，即编码后的总位数一定是奇数位。

当重复信息码元 $n-1$ 次使其变成 n 位码时，重复码可以检出 $n-1$ 个错误，纠正 $(n-1)/2$ 个错误。

例如，若用重复 4 次 1 来传输 1 码，重复 4 次 0 来传输 0 码，即 11111→1，00000→0，则可以检出 4 个错误，纠正 2 个错误，此 5 位重复码的最小码距为 5。

重复码具有检错和纠错能力。

4. 恒比码

恒比码又称定比码或等比码，它的每一个许用码组中含有相同数目的“1”(或“0”)，或者说许用码组中“1”的数目和“0”的数目的比值是恒定的。在检测这种码时，只要计算接收码组中“1”的数目就可知道有无错误。

我国邮电部门常采用五三恒比码，即5个码元中取3个传号，每个码组都由3个1、2个0组成，许用码组共有 $C_5^3=\dfrac{5!}{3!\ 2!}=10$ 个，恰好可用来表示10个阿拉伯数字，如表7.4.1所示，此码组的最小码距为2。

表 7.4.1　五三恒比码

数字	恒比码	数字	恒比码
0	0 1 1 0 1	5	0 0 1 1 1
1	0 1 0 1 1	6	1 0 1 0 1
2	1 1 0 0 1	7	1 1 1 0 0
3	1 0 1 1 0	8	0 1 1 1 0
4	1 1 0 1 0	9	1 0 0 1 1

可以发现，恒比码可以检测出所有奇数个错误及部分偶数个错误。当错误码元个数为偶数且恰好是“0”错成“1”，“1”错成“0”时，恒比码不能发现错误。例如，01101码组中错1位变成01001，为禁用码组，因此能发现错误。又如，01101码组中错2位，且“0”变成“1”，“1”变成“0”，则变为10101，仍为许用码组，因此不能发现错误。

恒比码的特点是编码简单，适用于传输电报或其他键盘设备产生的确定字母或符号。实践表明，此种编码能使差错率明显降低。

恒比码可以检测出码组中所有奇数个错误和部分偶数个错误，但不能纠错。

5. 群计数码

群计数码针对分组后的信息码组，先计算出每个码组中“1”的个数，再用该数的二进制编码作为监督码元，加在信息码组之后一起发送。

若信息码组为1010110，其中1的个数为4，监督码元为4的二进制编码100，则发送的码为1010110100。在接收端只需检测监督码元所表示的1的个数与信息码组中1的个数是否相同，就可立即判断对错。但这种码对“1”变“0”和“0”变“1”成对出现的误码无能为力。

群计数码属于非线性分组系统码，检错能力很强，除了无法检出“1”变“0”和“0”变“1”成对出现的误码，这种码可以检出其他所有形式的错误。

群计数码是一种检错码，不能纠错。

7.4.2　检错、纠错码的检错、纠错能力

从前面的介绍可知，最小码距与检错、纠错能力有直接的关系，具体如下：

(1) 当各码组之间只有1位码元不同，即最小码距 $d_{\min}=1$ 时，没有禁用码组。在这种情况下，一旦出现错误，码组就变成该码组中其他的许用码组，因而不能发现错误。

(2) 在恒比码和奇偶监督码中，各码组之间至少有2位码元不同，即最小码距 $d_{\min}=2$。如果只有1位码元出错，则这个码组就变成禁用码组，因而能发现单个错误，但不能指出错误的具体位置，即有检出1个错误的能力，但没有纠错能力。

(3) 在重复码中，各码组之间最少相差 3 位码元，即最小码距 $d_{min}=3$。此时如果错 1 位就变成禁用码组，由于仍与某许用码组相似，因此利用最大似然比法则即可纠错。例如，000 和 111 具有检出 2 个、纠正 1 个错误的能力。

(4) 若重复码为 00000 和 11111，则最小码距 $d_{min}=5$，它具有检出 4 个、纠正 2 个错误的能力。

综上所述，不难推出最小码距与检错、纠错能力之间的关系。事实上，它们已被严格的数学推导证明是正确的。

若某种码组的最小码距用 d_{min} 表示，纠正的错误个数用 t 表示，检出的错误个数用 e 表示，则最小码距与检错、纠错能力之间的关系可表示为

$$d_{min} \geqslant e+1, \quad \text{可检出 } e \text{ 个错误} \tag{7-4-1}$$

$$d_{min} \geqslant 2t+1, \quad \text{可纠正 } t \text{ 个错误} \tag{7-4-2}$$

$$d_{min} \geqslant e+t+1 \text{ 且 } e>t, \quad \text{可检出 } e \text{ 个错误同时纠正 } t \text{ 个错误} \tag{7-4-3}$$

【例 7.4.1】 7 位重复码若用于检错，最多能检出几位错码？若用于纠错，最多能纠正几位错码？若同时用于检错和纠错，最多能检出几位错码、纠正几位错码？

解　7 位重复码的最小码距 $d_{min}=7$，因此

若用于检错，则由 $d_{min}\geqslant e+1$ 得 $e\leqslant 6$，即用于检错时最多能检出 6 位错码。

若用于纠错，则由 $d_{min}\geqslant 2t+1$ 得 $t\leqslant 3$，即用于纠错时最多能纠正 3 位错码。

若同时用于检错和纠错，则由 $d_{min}\geqslant e+t+1$ 且 $e>t$ 知，可检出 5 位错码、纠正 1 位错码或检出 4 位错码、纠正 2 位错码。

【例 7.4.2】 若信息码组为 1010、0010、1101、1001，用于检错最多能检出几位错误？用于纠错能纠正几个错误？

解　此码组的最小码距为 1，因此此码组无检错和纠错能力。

7.5　线性分组码

7.5.1　线性分组码的原理

前面讲过，差错控制编码可分为信息码元和监督码元，信息码元与监督码元之间存在一定的关系。例如 00、01、10、11 添加 1 位监督码元后可成为偶监督码，即 000、011、101、110。依据它们的顺序，可用系数将其表示为$[a_2 a_1 a_0]$。其中 $a_2 a_1$ 为信息码元，a_0 为监督码元。在此可以看出：

$$a_0 = a_1 \oplus a_2 \tag{7-5-1}$$

式(7-5-1)是模 2 相加的线性关系，且监督码元只与本码组的信息码元有关，而与其他码组的信息码元无关，这种码组称为线性分组码。

上述码组的码长为 3，而信息码元的个数为 2，则可将此线性分组码写成(3，2)码。以此类推，若线性分组码的码长为 n，信息码元的个数为 k，则此线性分组码可表示为(n, k)的形式，且监督码元的个数为 $n-k$，编码效率为 $\eta=k/n$。例如，对于(7，3)线性分组码，其码长为 7，信息码元的个数为 3，编码效率为 $\eta=k/n=3/7$。

【例 7.5.1】 某(7, 3)线性分组码，码组用 $A=[a_6a_5a_4a_3a_2a_1a_0]$表示，前 3 位 $a_6a_5a_4$ 为信息码元，后 4 位 $a_3a_2a_1a_0$ 为监督码元。已知监督码元与信息码元之间满足以下关系：

$$\begin{cases} a_3 = a_6 \oplus a_4 \\ a_2 = a_6 \oplus a_5 \oplus a_4 \\ a_1 = a_6 \oplus a_5 \\ a_0 = a_5 \oplus a_4 \end{cases} \tag{7-5-2}$$

试求其所有的码组。

解 一旦 $a_6a_5a_4$ 给定，$a_3a_2a_1a_0$ 的值也就确定了。当 $a_6a_5a_4$ 从 000 到 111 变化时，其监督码元可由式(7-5-2)中的模 2 相加得到。整个码组计算结果如表 7.5.1 所示。

表 7.5.1 (7, 3)线性分组码组表

信息码元			监督码元			
a_6	a_5	a_4	a_3	a_2	a_1	a_0
0	0	0	0	0	0	0
0	0	1	1	1	0	1
0	1	0	0	1	1	1
0	1	1	1	0	1	0
1	0	0	1	1	1	0
1	0	1	0	0	1	1
1	1	0	1	0	0	1
1	1	1	0	1	0	0

由表 7.5.1 可见，线性分组码有以下两个重要的特点：

(1) 封闭性，即任意两个码组的和必为另一个码组；

(2) 任意两个码组之间的码距必等于其中一个码组的码重。

7.5.2 循环码

1. 循环码的特点

循环码最大的特点就是码组的循环特性。循环特性是指循环码中任一许用码组经过循环移位后，所得到的码组仍然是许用码组。若$[a_{n-1}a_{n-2}\cdots a_1a_0]$为一循环码组，则$[a_{n-2}a_{n-3}\cdots a_0a_{n-1}]$，$[a_{n-3}a_{n-4}\cdots a_{n-1}a_{n-2}]$，…还是许用码组。也就是说，不论是左移还是右移，也不论移多少位，所得到的码组仍然是许用的循环码组。表 7.5.2 给出了一种(7, 3)循环码的全部码组。由该表可以直观地看出这种码的循环特性。例如，第 2 码组向右移一位即得到第 5 码组；第 6 码组向右移一位即得到第 7 码组。

表 7.5.2　(7, 3)循环码

序 号	信息码元			监督码元			
	a_6	a_5	a_4	a_3	a_2	a_1	a_0
1	0	0	0	0	0	0	0
2	0	0	1	1	1	0	1
3	0	1	0	0	1	1	1
4	0	1	1	1	0	1	0
5	1	0	0	1	1	1	0
6	1	0	1	0	0	1	1
7	1	1	0	1	0	0	1
8	1	1	1	0	1	0	0

对于表 7.5.2 所示的循环码，去除 0000000 码组，其余任一码组左循环一位(或右循环一位)仍是此循环码中的某一许用码组。全 0 码、全 1 码自成一循环码。循环码是线性分组码，它具有线性分组码的特点：封闭性；任意两个码组之间的码距一定等于其中一个码组的码重。

2. 循环码的生成多项式

1) 多项式的表达

在讨论循环码时，利用多项式来表示循环码的码组。具体方法是：用 a_6、a_5、a_4、a_3、a_2、a_1、a_0 表示多项式的系数，用 x^6、x^5、x^4、x^3、x^2、x^1、x^0 表示码元的位置，则循环码的码组多项式为

$$A(x) = a_6x^6 + a_5x^5 + a_4x^4 + a_3x^3 + a_2x^2 + a_1x^1 + a_0x^0 \qquad (7-5-3)$$

对于表 7.5.2 中列举的循环码的码组 0011101，其多项式为

$$A(x) = 0 \cdot x^6 + 0 \cdot x^5 + 1 \cdot x^4 + 1 \cdot x^3 + 1 \cdot x^2 + 0 \cdot x^1 + 1 \cdot x^0$$
$$= x^4 + x^3 + x^2 + 1$$

码组 1110100 的多项式为

$$A(x) = 1 \cdot x^6 + 1 \cdot x^5 + 1 \cdot x^4 + 0 \cdot x^3 + 1 \cdot x^2 + 0 \cdot x^1 + 0 \cdot x^0$$
$$= x^6 + x^5 + x^4 + x^2$$

对于有 n 位码元的码组，其多项式的系数用 a_{n-1}，a_{n-2}，…，a_1，a_0 表示，码元的位置用x^{n-1}，x^{n-2}，…，x^1，x^0 表示，则该码组的多项式为

$$A(x) = a_{n-1} \cdot x^{n-1} + a_{n-2} \cdot x^{n-2} + \cdots + a_1 \cdot x^1 + a_0 \cdot x^0$$

它的幂次对应码元的位置，系数对应码元的取值，系数之间的加法和乘法服从模 2 规则。码组的最高次幂应为 $n-1$ 次。

根据循环码的循环特性，若码组 $A=[a_{n-1}a_{n-2}\cdots a_1a_0]$为一循环码，则它经过一次循环后仍为循环码的许用码组，对应的码组为 $A^{(1)}=[a_{n-2}a_{n-3}\cdots a_1a_0a_{n-1}]$，经过 i 次循环后，码组为 $A^{(i)}=[a_{n-i-1}a_{n-i-2}\cdots a_0\cdots a_{n-i+1}a_{n-i}]$。

例如，若 $A=[0011101]$，则码组的多项式为

$$A(x)=x^4+x^3+x^2+1$$

经过一次左移后，码组为 $A^{(1)}=[0111010]$，对应的码组多项式为

$$A^{(1)}(x)=x^5+x^4+x^3+x=xA(x)$$

经过二次左移后，码组为 $A^{(2)}=[1110100]$，对应的码组多项式为

$$A^{(2)}(x)=x^6+x^5+x^4+x^2=x^2A(x)$$

经过三次左移后，码组为 $A^{(3)}=[1101001]$，对应的码组多项式为

$$A^{(3)}(x)=x^6+x^5+x^3+1\neq x^3A(x)$$

$$x^3A(x)=x^3(x^4+x^3+x^2+1)=x^7+x^6+x^5+x^3$$

但可以发现，经过移位后的多项式为

$$A^{(3)}(x)=x^6+x^5+x^3+1=\text{rem}\left[\frac{x^3A(x)}{x^7+1}\right]\quad (\text{rem 表示求余})$$

$$\begin{array}{r}
1\\
x^7+1\overline{)\,x^7+x^6+x^5+x^3}\\
\underline{x^7\qquad\qquad\qquad+1}\\
x^6+x^5+x^3+1
\end{array}$$

可以证明，n 位循环码的某个码组经过 m 次移位后的多项式为

$$A^{(m)}(x)=\text{rem}\left[\frac{x^mA(x)}{x^n+1}\right]$$

即

$$x^mA(x)=A_1(x^n+1)+A^{(m)}(x)\qquad(7-5-4)$$

式中 A_1 为求余所得的商。

也就是说，n 位循环码的某个码组经过 m 次移位后的多项式可以表示为该码组多项式乘以 x^m 后对 x^n+1 的余数。

2) 生成多项式

假如一个 k 位信息码组 $D=[d_{k-1}d_{k-2}\cdots d_1d_0]$，用信息多项式 $d(x)$表示为

$$d(x)=d_{k-1}x^{k-1}+d_{k-2}x^{k-2}+\cdots+d_1x+1\qquad(7-5-5)$$

如果已知 $d(x)$，求解相应的码组多项式 $c(x)$，这就构成了编码问题。

假设码组多项式可表示为

$$c(x)=d(x)g(x)\qquad(7-5-6)$$

式中 $g(x)$是 x^n+1 的 $n-k$ 次因子，称为生成多项式，$g(x)$是 x^n+1 的分解因子。表 7.5.3 列出了 $n=7$ 和 $n=15$ 时 x^n+1 的因式分解。

表 7.5.3　$n=7$ 和 $n=15$ 时 x^n+1 的因式分解

(n, k)码		$d_{\min}$	$g(x)$
$(7, k)$码	(7，6)	2	(1，0)
	(7，4)	3	(3，1，0)
	(7，3)	4	(3，1，0)、(1，0)
	(7，1)	7	(3，1，0)、(3，2，0)
$(15, k)$码	(15，14)	2	(1，0)
	(15，11)	3	(4，1，0)
	(15，10)	4	(1，0)、(4，1，0)
	(15，7)	5	(4，1，0)、(4，3，2，1，0)
	(15，6)	6	(1，0)、(4，1，0)、(4，3，2，1，0)
	(15，5)	7	(4，1，0)、(4，3，2，1，0)、(2，1，0)
	(15，4)	8	(1，0)、(4，1，0)、(4，3，2，1，0)、(2，1，0)
	(15，2)	10	(1，0)、(4，1，0)、(4，3，2，1，0)、(4，3，0)
	(15，1)	15	(4，1，0)、(4，3，2，1，0)、(4，3，0)、(2，1，0)

在该表中，(3，1，0)代表因式 x^3+x^1+1，其余类推，数字代表 x 的幂次，以代数和的形式相叠加。

3．循环码的编码过程

【例 7.5.2】 若(7，4)循环码码组的信息码元 D 为 0111，循环码的生成多项式为 $g(x)=x^3+x+1$，求输出码组 C。

解　由(7，4)循环码码组可知 $n=7$，$k=4$，$m=3$。由 D 为 0111 可知信息码元的多项式为

$$d(x)=x^2+x+1$$

根据

$$c(x)=d(x)g(x)=(x^2+x+1)(x^3+x+1)=x^5+x^4+1$$

得到输出码组 $C=[0110001]$。

由此得到的码组中的信息码元为 0110，而非 0111，即得到的信息码元与原信息码元不同，因此用该法算出来的循环码码组不是系统码。

所谓系统码，就是在计算出来的码组中，信息码元仍与原信息码元相同。我们知道，若需保留原信息码元，在相应的位置将信息码元移位，即 $c(x)=d(x)x^{n-k}+R(x)$，则码组中有信息码元和监督码元。例如，在例 7.5.2 中，将信息码元左移 3 位即为循环码码组中

的信息码元位置，余位监督码元是需要求出的内容。例 7.5.2 中认为 $c(x)=d_1(x)g(x)$（为和 $C(x)=d(x)x^{n-k}+R(x)$ 中的 $d(x)$ 区别，将例 7.5.2 中的 $d(x)$ 写为 $d_1(x)$）。

令两者相等，则有

$$d(x)x^{n-k}+R(x)=d_1(x)g(x) \tag{7-5-7}$$

两边同除以 $g(x)$，得

$$\frac{d(x)x^{n-k}}{g(x)}+\frac{R(x)}{g(x)}=d_1(x) \tag{7-5-8}$$

移项后

$$\frac{R(x)}{g(x)}=d_1(x)-\frac{d(x)x^{n-k}}{g(x)} \tag{7-5-9}$$

即

$$R(x)=\mathrm{rem}\left[\frac{x^{n-k}d(x)}{g(x)}\right] \tag{7-5-10}$$

式(7-5-10)说明，监督码元的多项式是信息码元经前移 $n-k$ 位后与生成多项式相除得到的余数，此余数的幂次一定是小于 $n-k$ 次的。

下面说明系统循环码的计算方法。

【例 7.5.3】 若(7，4)循环码码组的信息码元 D 为 0111，循环码的生成多项式为 $g(x)=x^3+x+1$，求输出码组 C。

解 由(7，4)循环码码组可知 $n=7$，$k=4$，$m=3$。由 D 为 0111 可知

$$d(x)=x^2+x+1$$

$$x^{n-k}d(x)=x^3(x^2+x+1)=x^5+x^4+x^3$$

$$R(x)=\mathrm{rem}\left[\frac{x^{n-k}d(x)}{g(x)}\right]=\mathrm{rem}\left(\frac{x^5+x^4+x^3}{x^3+x+1}\right)=x$$

$$\begin{array}{r|l} & x^2+x \\ \cline{2-2} x^3+x+1 & x^5+x^4+x^3 \\ & x^5+x^3+x^2 \\ \cline{2-2} & x^4+x^2 \\ & x^4+x^2+x \\ \cline{2-2} & x \end{array} \tag{7-5-11}$$

除式(7-5-11)中的项是符合模 2 相加原则的。$R(x)=x$，对应的监督码元 R 为 010，从而得到 $C=[0111010]$。可见，此码组为系统码。

循环码的编码过程如下所述：设要产生(n, k)循环码，$d(x)$表示信息码元多项式，则其次数必小于 k，而 $x^{n-k}\cdot d(x)$ 的次数必小于 n，用 $x^{n-k}\cdot d(x)$ 除以 $g(x)$，可得余数 $R(x)$，$R(x)$的次数必小于 $n-k$，将 $R(x)$加到信息码元多项式后作为监督码元多项式，就得到了系统循环码的多项式。具体步骤如下：

(1) 用 x^{n-k} 乘 $d(x)$。这一运算实际上是在信息码元后附加上 $n-k$ 个“0”。例如，信息码元为 110，相当于 $d(x)=x^2+x$。当 $n-k=7-3=4$ 时，$x^{n-k}\cdot d(x)=x^6+x^5$，这相当于 1100000。而希望得到的系统循环码多项式应当是 $A(x)=x^{n-k}\cdot d(x)+R(x)$。

(2) 求 $R(x)$。

$$R(x) = \mathrm{rem}\left[\frac{x^{n-k}d(x)}{g(x)}\right]$$

(3) 系统码多项式 $c(x)=x^{n-k}d(x)+R(x)$。由系统码多项式写出对应的系统码码型。

7.5.3 汉明码

1. 汉明码的特点

汉明码是一种编码效率高的纠正单个错误的线性分组码。它的特点是 $d_{\min}=3$。在 (n, k)线性分组码中，汉明码满足 $n=2^{n-k}-1$。当 $n=2^{n-k}-1$ 时，所得到的线性分组码就是汉明码，因此，(n, k)汉明码满足两个特性：

(1) 只要给定监督码元个数 r，就可确定线性分组码的码长 $n=2^r-1$，信息码元的个数$k=n-r$；

(2) 在信息码元长度相同、纠正单个错误的线性分组码中，汉明码所用的监督码元个数 r 最少，编码效率最高。

下面举例说明汉明码的特性。

【例 7.5.4】 设有一(7, 4)汉明码，其监督码元与信息码元之间的关系为

$$\begin{cases} c_2 = c_6 \oplus c_5 \oplus c_4 \\ c_1 = c_5 \oplus c_4 \oplus c_3 \\ c_0 = c_6 \oplus c_4 \oplus c_3 \end{cases}$$

根据上述关系可求得相应的(7, 4)汉明码如表 7.5.4 所示。

表 7.5.4　(7, 4)汉明码对应关系表

编号	信息码元				汉明码							编号	信息码元				汉明码						
	c_6	c_5	c_4	c_3	c_6	c_5	c_4	c_3	c_2	c_1	c_0		c_6	c_5	c_4	c_3	c_6	c_5	c_4	c_3	c_2	c_1	c_0
0	0	0	0	0	0	0	0	0	0	0	0	8	1	0	0	0	1	0	0	0	1	0	1
1	0	0	0	1	0	0	0	1	0	1	1	9	1	0	0	1	1	0	0	1	1	1	0
2	0	0	1	0	0	0	1	0	1	1	1	10	1	0	1	0	1	0	1	0	0	1	0
3	0	0	1	1	0	0	1	1	1	0	0	11	1	0	1	1	1	0	1	1	0	0	1
4	0	1	0	0	0	1	0	0	1	1	0	12	1	1	0	0	1	1	0	0	0	1	1
5	0	1	0	1	0	1	0	1	1	0	1	13	1	1	0	1	1	1	0	1	0	0	0
6	0	1	1	0	0	1	1	0	0	0	1	14	1	1	1	0	1	1	1	0	1	0	0
7	0	1	1	1	0	1	1	1	0	1	0	15	1	1	1	1	1	1	1	1	1	1	1

可以发现，$d_{\min}=3$。(7, 4)汉明码的编码效率 $k/n=4/7$，而 3 位重复码的效率 $k/n=1/3$。

2. 汉明码的编、译码电路

汉明码是一种线性分组码。由上面的关系可知，(7, 4)汉明码编码电路如图 7.5.1 所示。

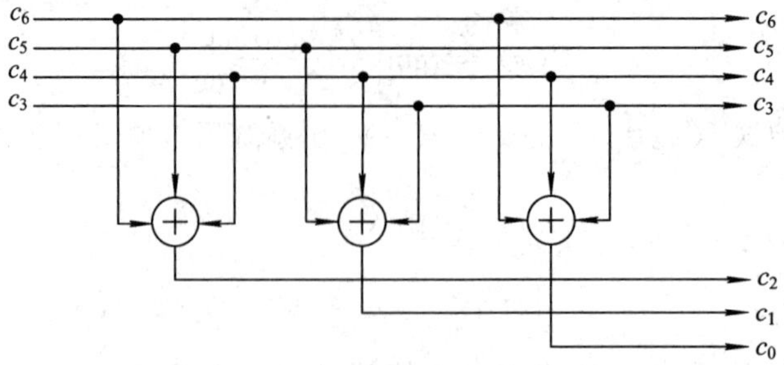

图 7.5.1 (7, 4)汉明码编码电路

接收端收到的信号为 c_6'、c_5'、c_4'、c_3'、c_2'、c_1'、c_0'，若接收端没有差错，则它们之间满足：

$$\begin{cases} c_2' = c_6' \oplus c_5' \oplus c_4' \\ c_1' = c_5' \oplus c_4' \oplus c_3' \\ c_0' = c_6' \oplus c_4' \oplus c_3' \end{cases} \tag{7-5-12}$$

即

$$\begin{cases} c_2' \oplus c_6' \oplus c_5' \oplus c_4' = 0 \\ c_1' \oplus c_5' \oplus c_4' \oplus c_3' = 0 \\ c_0' \oplus c_6' \oplus c_4' \oplus c_3' = 0 \end{cases} \tag{7-5-13}$$

假设校验码为

$$\begin{cases} s_3 = c_6' \oplus c_5' \oplus c_4' \oplus c_2' \\ s_2 = c_5' \oplus c_4' \oplus c_3' \oplus c_1' \\ s_1 = c_6' \oplus c_4' \oplus c_3' \oplus c_0' \end{cases} \tag{7-5-14}$$

那么可以根据校验码 s_3、s_2、s_1 来确定出错的情况。若 s_3、s_2、s_1 均为 0，则可以判断无错；若 $s_3=s_2=0$、$s_1=1$，则可以判断 c_0 出错；以此类推。表 7.5.5 列出了校验码和错误码元位置的对应关系。

表 7.5.5 校验码和错误码元位置的对应关系表

s_3	0	0	0	0	1	1	1	1
s_2	0	0	1	1	0	0	1	1
s_1	0	1	0	1	0	1	0	1
错误码元位置	无错	c_0	c_1	c_3	c_2	c_6	c_5	c_4

图 7.5.2 所示为汉明码译码电路图。在接收端，根据接收到的信号按照表 7.5.5 进行校验，其 s_3、s_2、s_1 通过 3－8 译码器得到差错的位置。若无差错，则译出的码型与原码一致，否则有误。

不管汉明码的码长有多长，它的最小码距恒等于 3，因此只能纠正 1 个错码。

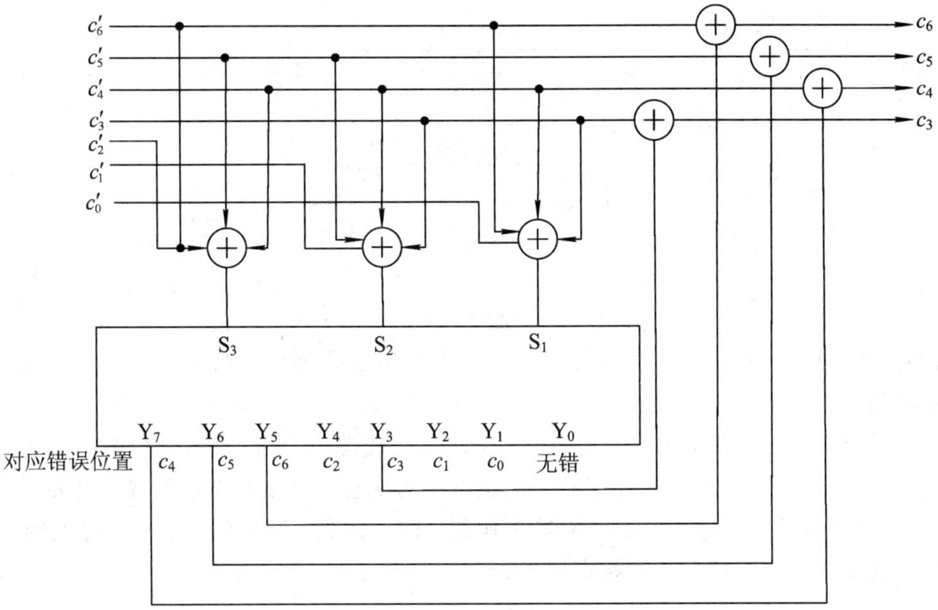

图 7.5.2　汉明码译码电路

7.6 卷　积　码

前面讲过(n, k)线性分组码，每个码组只与本码组中的 k 个信息码元有关，而与其他码组的信息码元无关，也就是说，$n-k$ 个监督码元只与本码组中的 k 个信息码元有关，而与其他码组的信息码元无关。卷积码则不同，卷积码编码后的 n 个码元不仅与当前段的 k 个信息码元有关，还与前面的 $N-1$ 段的信息码元有关，k 和 n 通常很小，特别适合以串行方式进行传输，时延小。通常，卷积码用(n, k, N)描述，k 为信息码元个数，n 为编码后码组的长度，N 为约束度，其编码效率为 k/n。

1. 卷积码的编码

图 7.6.1 所示是(3, 1, 3)卷积码编码器，它由三级移位寄存器、3 个模 2 加法器及开关电路组成。编码前，各移位寄存器清零，信息码元按 $b_1b_2b_3$ 的顺序输入编码器，每输入一个信息码元，开关依次接到 c_1、c_2、c_3 各端点一次，输出一个子码 $c_1c_2c_3$。子码中的 3 个码元与输入的信息码元间的关系为

$$\begin{cases} c_1 = b_1 \\ c_2 = b_1 \oplus b_3 \\ c_3 = b_1 \oplus b_2 \oplus b_3 \end{cases} \tag{7-6-1}$$

在图 7.6.1 中，编码输入为 1 位码，经移位寄存器和相加器后输出 3 位码 $c_1c_2c_3$。输出码不仅与当前输入码 b_1 的状态有关，还与前面的输入码 b_2、b_3 的状态有关。由于有 3 个移位寄存器，故约束度为 3，即输入 1 位信息码元，输出码的码长为 3。

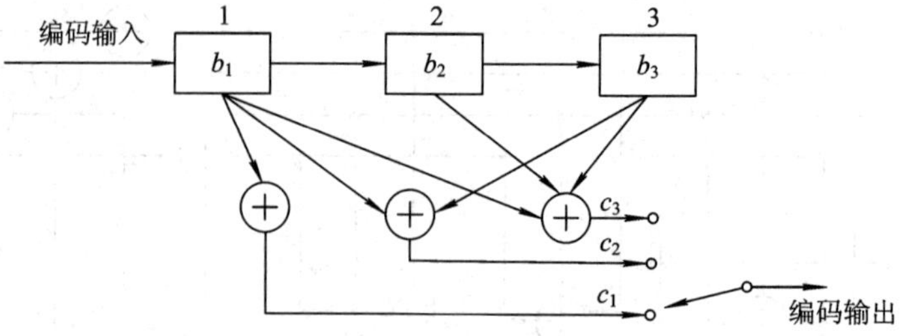

图 7.6.1 (3, 1, 3)卷积码编码器

【例 7.6.1】 在图 7.6.1 所示的(3, 1, 3)卷积码编码器中，当输入 1101000 时，求输出码组序列。

解 在计算 $c_1c_2c_3$ 时，$b_1b_2b_3$ 为现在状态(简称现态)，编码工作时初始状态为 00(清零)，下一子码的信息进入移位寄存器后的状态称为次态。当输入信息及现态已知时，利用式(7-6-1)即可求出此输入信息所对应的码组。输入信息、输出码组、每个时刻的现态及次态列于表 7.6.1 中。其中 4 种状态分别为

状态	b_3	b_2
a	0	0
b	0	1
c	1	0
d	1	1

即 00 为 a 状态，01 为 b 状态，10 为 c 状态，11 为 d 状态。

表 7.6.1 (3, 1, 3)卷积码编码器的输入信息、输出码组、每个时刻的状态及次态

b_1	1	1	0	1	0	0	0
b_3b_2	00	01	11	10	01	10	00
$c_1c_2c_3$	111	110	010	100	001	011	000
状态	a	b	d	c	b	c	a
次态	01 b	11 d	10 c	01 b	10 c	00 a	00 a

注：① 每当输入 1 位时，此编码器输出 3 位 $c_1c_2c_3$。

② 编码器输出的编码，不仅与当前的码元有关，而且与前后的码元相关。

2. 卷积码的图形描述

上面介绍了卷积码的编码过程。现在介绍卷积码编码器的工作过程，其工作过程可用 3 种等效图形来描述，即状态图、码树图和格状图。

1) 状态图

在图 7.6.1 所示的编码器中，b_3b_2 共有 4 种状态，即 00、01、10、11，分别用 a、b、c、d 表示。在每一种状态下都有 0 和 1 两种输入，由式(7-6-1)可以求出在每种状态和输入下的输出码组和相应的次态，如表 7.6.2 所示。

表 7.6.2　(3，1，3)卷积码编码器状态表

现　态	输入信息	输出码组	次　态
a	0	000	00　*a*
a	1	111	01　*b*
b	0	001	10　*c*
b	1	110	11　*d*
c	0	011	00　*a*
c	1	100	01　*b*
d	0	010	10　*c*
d	1	101	11　*d*

(3，1，3)卷积码的状态图如图 7.6.2 所示，图中实线为输入 0 后的状态转移线，虚线为输入 1 后的状态转换线，线上的数字则为输出码组。由图可知，对于 *a* 状态 00，输入 0 后，次态仍是 0，输出码组为 000，在圆上转，仍是 *a* 状态；输入 1 后，则变成 *b* 状态，输出码组为 111；以此类推。

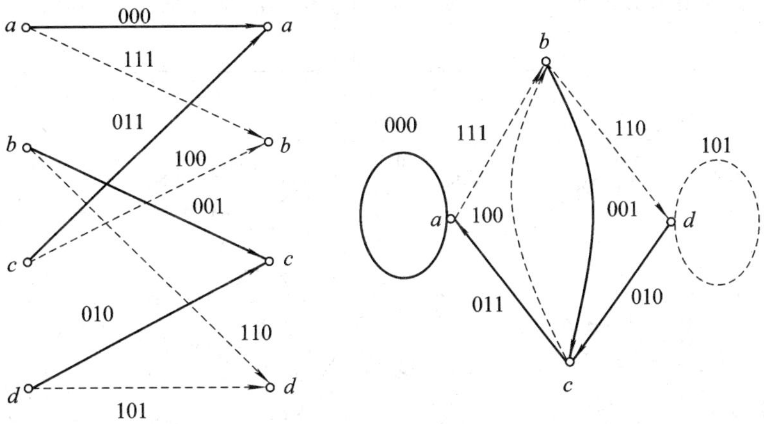

图 7.6.2　(3，1，3)卷积码状态图

2）码树图

图 7.6.3 所示为(3，1，3)卷积码的码树图。它描述了编码器工作过程中可能产生的各种序列和状态。最左边为起点，初始状态为 *a*，即 00，输入一位信息可能有两种状态。输入 0 时，输出状态为 *a*，编码器输出 000；输入 1 时，输出状态为 *b*，编码器输出 111；以此类推。当输入 1101000 时，其编码为 111、110、010、100 等。这与卷积码的状态图及表 7.6.1 所示的输出码组完全一致。

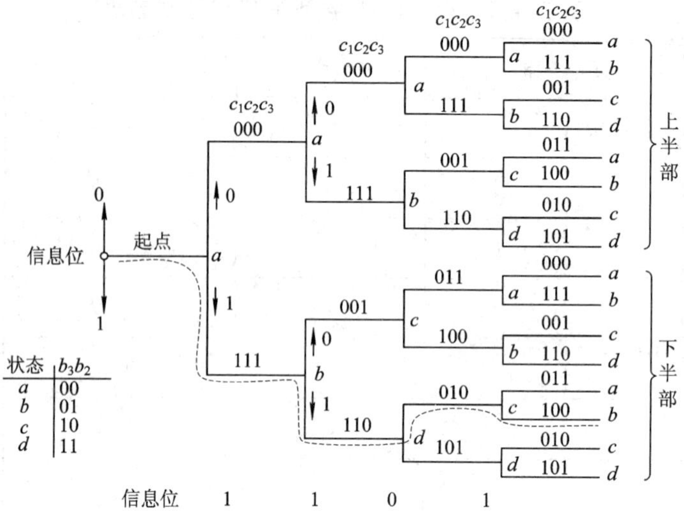

图 7.6.3 (3, 1, 3)卷积码码树图

3) 格状图

图 7.6.4 所示是图 7.6.3 所示卷积码码树图的另一种表示方式，称为(3, 1, 3)卷积码格状图。它就是码树图的简化，是将 a、b、c、d 这 4 个节点的相同点合并而得来的。例如，在例 7.6.1 中，输入 1101000 时，初始状态为 00，输入 1 时，状态为 01，编码为 111，标注在线上；再输入 1，则状态为 11，编码为 110；输入 0 时，状态为 10，编码为 010；再输入则沿图 7.6.4 中实线箭头方向演变，这种像格状的卷积码的状态图称为格状图。

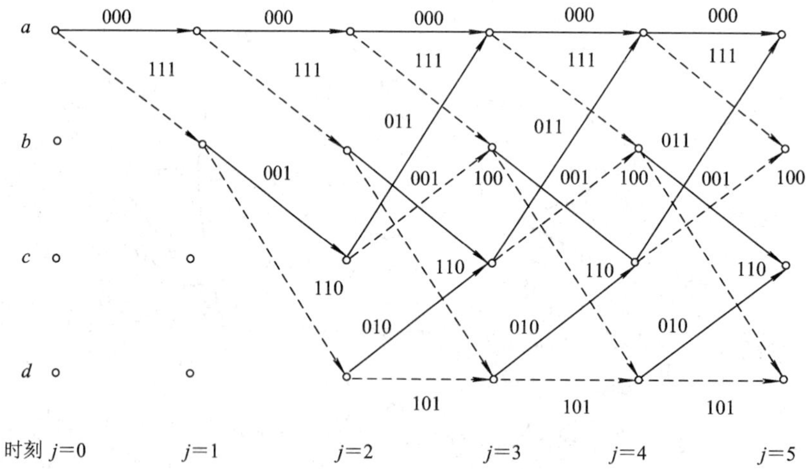

图 7.6.4 (3, 1, 3)卷积码格状图

3. 卷积码的译码

卷积码的译码分代数译码和概率译码两大类。代数译码由于没有充分利用卷积码的特点，目前很少应用。维特比译码和序列译码都属于概率译码。维特比译码方法适用于约束长度不太大的卷积码的译码。当约束长度较大时，采用序列译码能大大降低运算量，但其性能要比维特比译码的差些。维特比译码在通信领域有着广泛的应用，目前在数字通信的前向纠错系统中用得较多，在卫星深空通信中应用得更多。维特比译码算法在卫星通信中

已被作为标准技术，市场上已有实现维特比译码算法的超大规模集成电路。

维特比译码是一种最大似然译码，其基本思想是：将已经接收到的码组序列与所有可能的发送序列进行比较，选择其中码距最小的一个序列作为发送序列(即译码后的输出序列)。具体译码步骤如下(参见图 7.6.4)：

(1) 在格状图上，计算从起始时刻($j=0$)到 $j=m$ 时刻，每个状态的所有可能路径上的码组序列与接收到的前 m 个码组之间的码距，保存这些路径及码距。

(2) 从 $j=m$ 时刻到 $j=m+1$ 时刻共有 $2^k \cdot 2^m$ 条路径(状态数为 2^m 个，每个状态往下走各有 2^k 个分支)，计算每个分支上的码组与相应时间段内接收码组间的码距，分别与前面保存路径的码距相加，得到 $2^k \cdot 2^m$ 个路径的累计码距，与 $j=m+1$ 时刻各状态的路径进行比较，每个状态保存一条具有最小码距的路径及相应的码距。

(3) 按(2)的方法继续下去，直到比较完所有接收码组。

(4) 全部接收码组比较后，剩下 2^m 个路径(每个状态剩下一条路径)，选择最小码距的路径，此路径上的发送码组序列即为译码后的输出序列。

【例 7.6.2】 以(2，1，2)卷积码编码器为例，设发送码组序列为 0000000000，经信道传输后有错误，接收码组序列为 0100010000。显然，接收码组序列中有两个错误。现对此接收码组序列进行维特比译码，求译码后的输出序列。

解　(2，1，2)卷积码译码器及(2，1，2)卷积码的格状图如图 7.6.5 所示。由于(2，1，2)卷积码编码器的编码存储 $m=2$，应用译码方法中的步骤(1)，从(2，1，2)卷积码格状图的第 $j=m=2$ 时刻开始。由图 7.6.5 可见，$j=2$ 时刻有 4 个状态。从初始状态出发，到达这 4

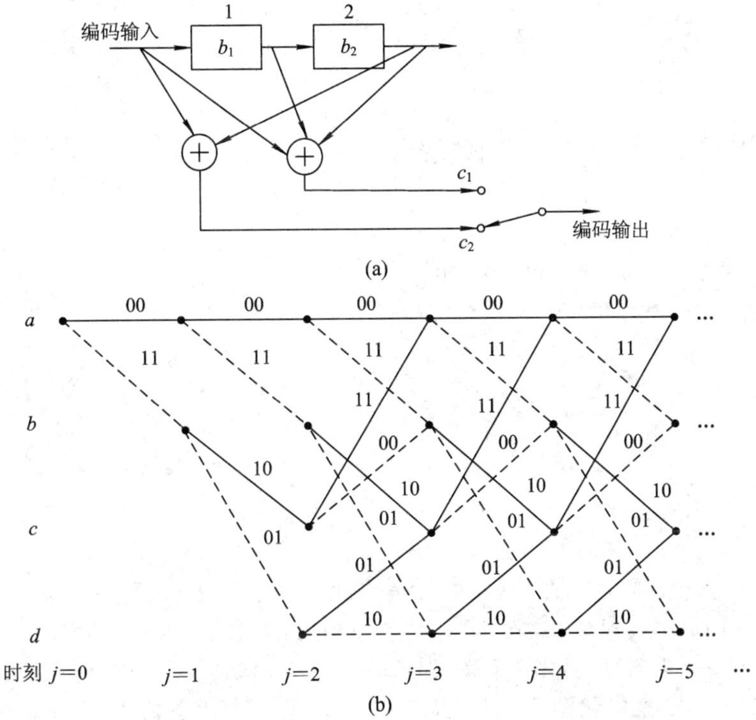

图 7.6.5　(2，1，2)卷积码编码器及(2，1，2)卷积码的格状图

(a) (2，1，2)卷积码编码器；(b) (2，1，2)卷积码的格状图

个状态的路径有 4 条，到达状态 a 的路径的码组序列为 0000，到达状态 b 的路径的码组序列为 0011，到达状态 c 的路径的码组序列为 1110，到达状态 d 的路径的码组序列为 1101，路径长度均为 2。这段时间内接收码组有 2 个，这 2 个码组为 01、00。4 条路径上可能发送的 2 个码组序列分别与接收的 2 个码组比较，得到 4 条路径的码距分别为 1、3、2、2，保留这 4 条路径及相应的码距，被保留下来的路径称为幸存路径，如图 7.6.6(a)所示。

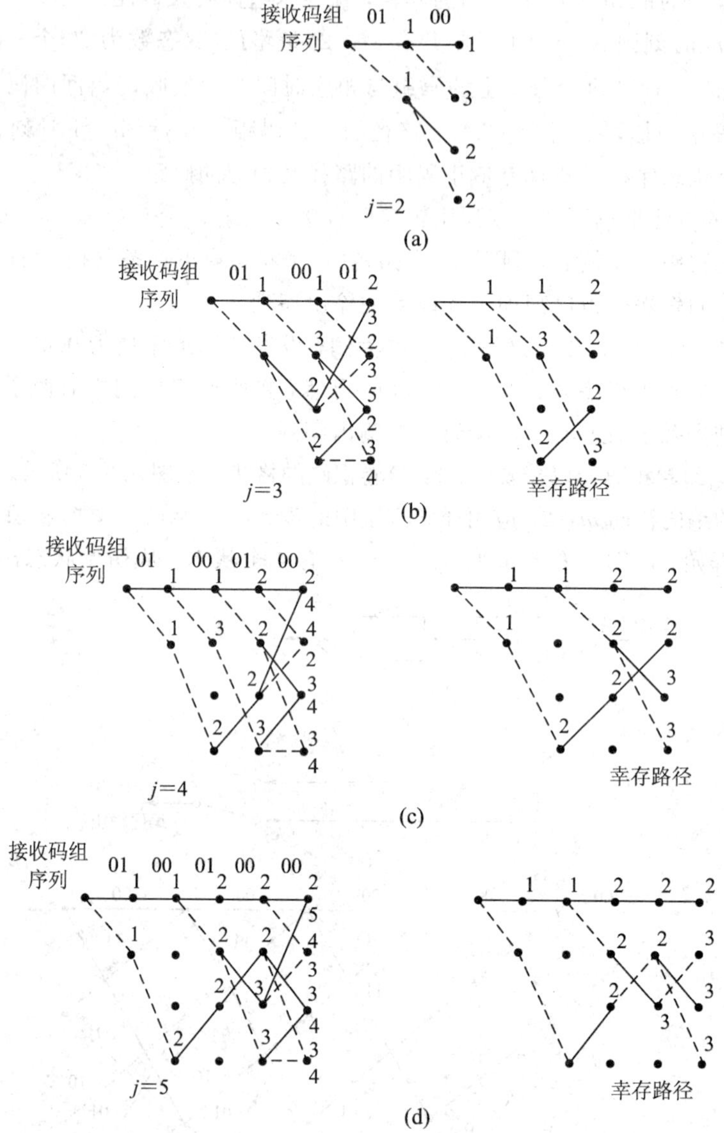

图 7.6.6 (2，1，2)卷积码的维特比译码过程

(a) $j=2$ 时刻的接收序列；(b) $j=3$ 时刻的接收序列及幸存路径；

(c) $j=4$ 时刻的接收序列及幸存路径；(d) $j=5$ 时刻的接收序列及幸存路径

应用步骤(2)。观察格状图 7.6.5，从 $j=2$ 时刻的 4 个状态到达 $j=3$ 时刻的 4 个状态共有 8 条路径，从状态 a 出发的 2 条路径上的码组分别为 00 和 11，和这期间接收的码组 01 相比，码距都为 1，将其分别加到状态 a 前面这段路径的码距上，得到 2 条延长路径

000000 和 000011，一条到达 $j=3$ 时刻的状态 a，另一条到达 $j=3$ 时刻的状态 b，这两条路径的码距都是 2。用相同的方法求得从 $j=2$ 时刻的状态 b、c、d 出发到达 $j=3$ 时刻各状态的 6 条路径的码距。同样将相应的码距也保留下来，如图 7.6.6(b)所示。

按上述方法继续计算到达 $j=4$、$j=5$ 时刻各状态路径的码距，并选择相应的保留路径及码距，如图 7.6.6(c)、(d)所示。

最后，在 $j=5$ 时刻的 4 条保留路径中选择与接收码组码距最小的一条路径，由图 7.6.6(d)可见，状态 a 是 00，码距最小的路径是 $aaaaa$，所对应的发送码组序列为 0000000000。

由此可见，通过上述维特比译码，接收码组序列 0100010000 中的 2 个错误得到了纠正。

7.7　信道编码在 LTE 通信系统中的应用

信源编码是为了提高系统的有效性而进行的编码，信道编码是为了提高系统的可靠性而进行的编码。信道编码处理的信号依然是基带信号，本节主要介绍信道编码在 LTE 通信系统中的应用。

7.7.1　LTE 通信系统中的信道

宏观上，LTE 通信系统中的信道可以分为物理信道、逻辑信道和传输信道。

物理信道是物理层用于传输信号的载体，也就是路。但是在这条路(物理信道)上传什么样的信息以及怎样传信息，是需要上层决定的，因此就有了逻辑信道(传什么样的信息)以及传输信道(怎样传信息)。另外，对于这些不同类型的信道的加密方式也是需要定义的，这就需要引入无线链路控制(Radio Link Control，RLC)层的概念。同理，对于传输信道的传输格式的选择以及优先级队列的调度也是需要定义的，因此也就有了媒质接入控制(Medium Access Control，MAC)层。这样做的目的就是更加高效地进行多资源调度、分配和管理，尽可能提高系统的处理效率。针对不同的信道，行使的权利不同，编码方式也不同，图 7.7.1 展示了信道不同层之间的关系。我们把从基站到终端称为下行，从终端到基站称为上行，与之对应的信道也称为下行信道和上行信道。下面对 LTE 通信系统的逻辑信道、传输信道和物理信道的功能逐一作介绍。

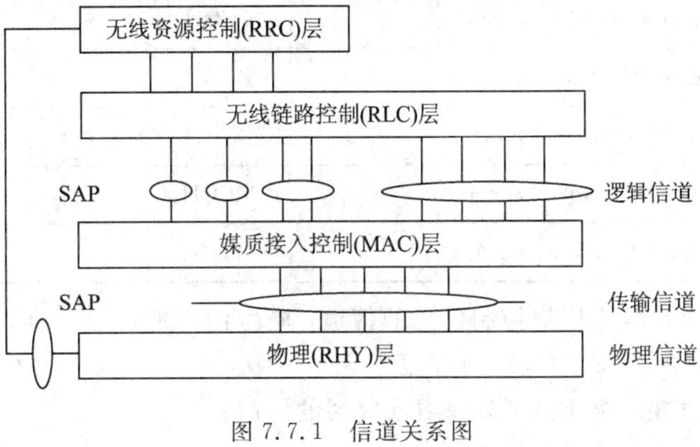

图 7.7.1　信道关系图

图 7.7.2 展示了下行信道和上行信道中逻辑信道、传输信道、物理信道各子信道之间的关系。

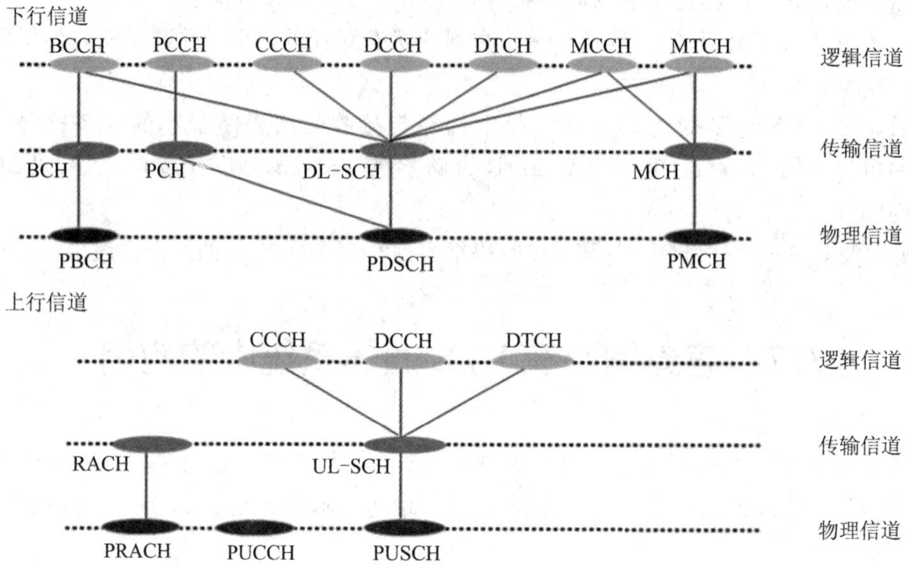

图 7.7.2 三种信道的逻辑关系

1. 逻辑信道

逻辑信道是介于 MAC 层和 RLC 层之间的接口通道。按照消息类别的不同，将业务和信令消息进行分类，获得相应的信道，称为逻辑信道，这种信道的定义只是逻辑上人为的定义。

按内容本身区分，MAC 层通过逻辑信道为上层提供数据传送服务。MAC 层支持的逻辑信道及其对应关系如表 7.7.1 所示。

表 7.7.1 MAC 层支持的逻辑信道及其对应关系

逻辑信道名	缩写	控制信道	业务信道
广播控制信道(Broadcast Control Channel)	BCCH	√	—
呼叫控制信道(Paging Control Channel)	PCCH	√	—
公共控制信道(Common Control Channel)	CCCH	√	—
专用控制信道(Dedicated Control Channel)	DCCH	√	—
专用业务信道(Dedicated Traffic Channel)	DTCH	—	√
多播控制信道(Multicast Control Channel)	MCCH	√	—
多播业务信道(Multicast Traffic Channel)	MTCH	—	√

BCCH：是一个小区中广播控制信息的信道，同生活中的广播一样，面对的是每一个人(用户设备)。

PCCH：是通过在多个小区群发来寻找终端的信道。

CCCH：无线资源控制(Radio Resource Control，RRC)连接建立前，用户终端设备(UE)与网络之间的双向控制信道。

DCCH：RRC 连接建立后，UE 与网络之间的双向控制信道。

DTCH：点到点的双向业务信道，用来承载专用无线承载(Dedicated Radio Bearer，DRB)信息，也就是 IP 数据包。

MCCH：用于传输请求接收 MTCH 信道的控制信息。

MTCH：用于发送下行的多媒体广播多播业务(Multimedia Broadcast Multicast Service，MBMS)信息。

2. 传输信道

传输信道是介于物理层和 MAC 层之间的接口通道。传输信道对应空中接口上不同信号的基带处理方式。根据不同的处理方式来描述信道的特性参数，即构成了传输信道的概念。具体来说，就是根据信号的信道编码、选择的交织方式(交织周期、块内块间交织方式等)、CRC 冗余校验以及块分段等过程的不同，定义了不同类别的传输信道。简单说就是定义调制与编码策略(Modulation and Coding Scheme，MCS)、编码方式等，也就是告诉物理层如何去传输这些信息。

按怎样传、传什么特征的数据区分，物理层通过传输信道为上层提供数据传输服务。物理层支持的传输信道及其对应关系如表 7.7.2 所示。

表 7.7.2　物理层对应的传输信道及其对应关系表

传输信道名	缩写	下行	上行
广播信道(Broadcast Channel)	BCH	√	—
下行共享信道(Downlink Shared Channel)	DL - SCH	√	—
呼叫信道(Paging Channel)	PCH	√	—
上行共享信道(Uplink Shared Channel)	UL - SCH	—	√
随机接入信道(Random Access Channel)	RACH	—	√
多播信道(Multicast Channel)	MCH	√	—

BCH：用于发送 BCCH 中的信息，有单独的传输格式，广播面向整个小区发送。

PCH：用于发送 PCCH 中的信息，支持不连续接收(DRX)省电模式，在整个小区中寻呼。

MCH：支持单频网络(SFN)合并和半静态资源分配(如分配长循环前缀(CP)帧)。

RACH：是一种上行信道，用于寻呼(PAGING)回答和移动台(MS)主叫/登录的接入等，不承载传输数据，存在竞争。

DL - SCH：用于发送下行数据，支持混合自动重传请求(HARQ)、自适应调制编码(AMC)，可以广播，可以赋形波束，也可以动态或半静态分配资源，支持不连续发射(DTX)和多媒体广播组播(MBMS)。

UL - SCH：与下行共享信道类似，支持 HARQ 与 AMC，可以赋形波束(可能不需要标准化)，也可以动态或半静态分配资源。

3. 物理信道

物理信道位于物理层，是空中接口的承载媒体，即在特定的频域与时域乃至码域上采用特定的调制编码等方式发送数据的通道。根据物理信道所承载的上层信息的不同，定义了不同类型的物理信道，如上行物理信道和下行物理信道。

7.7.2 LTE 通信系统中的信道编码

广义来说，信道编码是指信道整体编码情况，狭义上是指信道编码的某个步骤。通常，LTE 通信系统中的信道编码主要针对某个传输块(Transport Block，TB)。TB 是上层 MAC 层提供的信息块。由物理层进行典型传输的信道(下行共享信道)的处理流程(码块分段及 CRC 添加)如图 7.7.3 所示。对于不同的信道，其处理方式也不同。

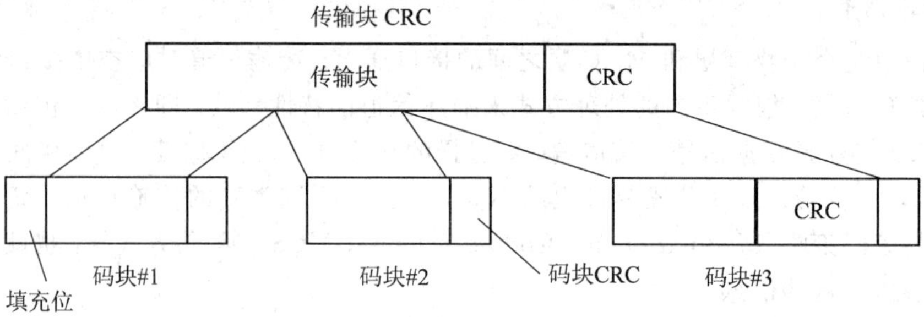

图 7.7.3 码块分段及 CRC 添加

例如，总长为 8000 bit 的传输块，初始分段大小为 4200 bit(包括 24 bit 传输块 CRC)＋3800 bit，分段后每块可得到 24 bit 码块 CRC，在传输块前要加 16 bit 的填充位。也就是说，分段后的总长度为 4200＋3800＋24＋24＋16＝8064 bit，比原来多发送了 64 bit，如图 7.7.4 所示。

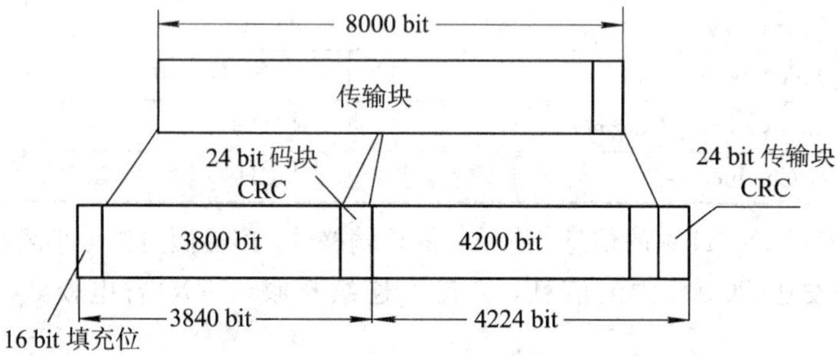

图 7.7.4 码块分段及 CRC 添加案例

LTE 通信系统中信道编码的功能为前向纠错，编码类型主要有重复码、块编码、咬尾卷积码、Turbo 编码 4 种。

在 DL-SCH、UL-SCH、PCH、MCH 中，信道编码用 Turbo 编码，在 BCH 中，信道编码用咬尾卷积码。

在控制信息中，下行控制信息(Downlink Control Information，DCI)用咬尾卷积码，控制格式指示(Control Format Indicator，CFI)用块编码，HARQ 指示符(HARQ Indicator，HI)用 3 位的重复码，上行链路控制信息(Uplink Control Information，UCI)用块编码和咬尾卷积码。

LTE TDD 系统采用了 4 种格式的 CRC，即 CRC24A、CRC24B、CRC16、CRC8，其生成多项式如下：

CRC24A：$g(x)=x^{24}+x^{23}+x^{18}+x^{17}+x^{14}+x^{11}+x^{10}+x^{7}+x^{6}+x^{5}+x^{4}+x^{3}+x+1$

CRC24B：$g(x)=x^{24}+x^{23}+x^{6}+x^{5}+x+1$

CRC16：$g(x)=x^{16}+x^{12}+x^{5}+1$

CRC8：$g(x)=x^{8}+x^{7}+x^{4}+x^{3}+x+1$

其中长度为 24 的 CRC24A 和 CRC24B 主要用于共享信道数据的传输，长度为 16 的 CRC16 主要用于下行控制信道和广播信道数据的传输，长度为 8 的 CRC8 主要用于控制质量信息(Control quality information，CQI)的传输。不同长度的 CRC 应用如表 7.7.3 所示。

表 7.7.3　不同长度的 CRC 应用

格　　式	使用的信道
CRC24A	PDSCH/PUSCH/PMCH/PCH
CRC24B	PDSCH/PUSCH/PMCH/PCH
CRC16	PBCH
CRC8	控制信令

具体的编码方式可以参见移动通信中的内容，在此不做过多叙述。

本章知识点小结

1. 差错控制编码的基本原理

(1) 差错控制编码的目的：降低通信系统的误码率和提高系统的可靠性，即提高系统的检错、纠错能力。

(2) 差错控制编码的基本原理：在传输的信息码元中附加一定数量的冗余码(通常称之为监督码元)，冗余码在整个编码中的位置及代码选择由事先确定的规则决定。接收端收到这样的编码后，根据已知的规则对接收信息进行检验，以发现、纠正和删除错误。

(3) 差错控制编码与信源编码的区别：信源编码是为提高系统的有效性而进行的编码，编码效率高，有效性好；而差错控制编码是为提高系统的可靠性而进行的编码，由于增加了冗余码，所以编码效率降低，但可靠性好。

(4) 常用概念。

① 码长(n)：码组中编码码元的总位数。例如，101101 的码长 $n=6$。

② 码重(W)：码组中码元为“1”的数量。例如，101101 的码重 $W=4$。

③ 码距(d)：两个码长相等的码组之间对应位置上码元不同的位数之和。例如，码组 101101 和 110111 之间的码距 $d=3$。

④ 最小码距(d_{min})：一组码组中所有码元之间码距的最小值。

⑤ 编码效率(η)：一个码组中信息码元的个数与码元的总码长的比值。若 $n=7$，$k=4$，则 $\eta=\frac{k}{n}=\frac{4}{7}$。

(5) 检错、纠错能力与最小码距的关系。

① 若只检出 e 个错误，则满足$d_{min} \geqslant e+1$；

② 若只纠正 t 个错误，则满足$d_{min} \geqslant 2t+1$；

③ 若同时检出 e 个错误、纠正 t 个错误，则满足$d_{min} \geqslant e+t+1$，且 $e>t$。

(6) 差错控制编码的工作方式。

① 前向纠错(FEC)：发送纠错码，只需要正向信道，实时性好，但编译码设备复杂。

② 检错重发(ARQ)：发送检错码，可靠性高，编译码设备简单，但需要反向信道，实时性差。

③ 混合纠错(HEC)：是 FEC 和 ARQ 的结合，发送检错码和纠错码，需要反向信道，实时性差。

④ 信息反馈(IF)：发送检错码，接收端校验检错，使发送端纠错，需要反向信道，实时性差。

2. 常用的检错码和纠错码

(1) 奇偶监督码。

特点：只有一位监督码元，且放在信息码元之后。

编码原则：在每个信息码组后添加一位监督码元，使码组中“1”的总个数为奇数(或偶数)。

最小码距：2。

检错、纠错能力：只能检错，不能纠错，且只能检出奇数个错误，不能检出偶数个错误。

(2) 二维奇偶监督码。

编码原则：首先将信息码排成一个矩阵，然后逐行、逐列进行奇监督编码或偶监督编码。

最小码距：2。

检错、纠错能力：能发现奇数个错误并可以纠正一行或一列中的奇数个错误。

(3) 重复码。

编码原则：重复信息码元偶数次，即编码后的总位数为奇数位。

最小码距：奇数位。

检错、纠错能力：至少检出 2 个错误，或纠正 1 个错误。

(4) 恒比码。

编码原则：许用码组中“1”的数目和“0”的数目之比保持恒定。

检错、纠错能力：能够检出码组中所有奇数个错误及部分偶数个错误，但不能纠错。

(5) 群计数码。

编码原则：对于分组后的信息码组，先计算出每个码组中“1”的个数，然后将该数的二进制编码作为监督码元，加在信息码组之后一起发送。

检错、纠错能力：只能检出奇数个错误，不能纠错。

3. 线性分组码

(1) 线性分组码的特点。

① 封闭性，即任意两个码组的和必为另一个码组。

② 任意两个码组之间的码距必等于其中一个码组的码重。

(2) 循环码的特点。

① 具有线性分组码的特点。

② 具有码组循环特性，即循环码中任一许用码组经过循环移位后，所得到的码组仍然是此循环码中的某一许用码组。

(3) 汉明码的特点。

① 只要给定监督码元个数 r，就可以确定线性分组码的码长，即满足 $2^r=n+1$，信息码元的个数 $k=n-r$。

② 最小码距 $d_{\min}=3$。在信息码元长度相同、纠正单个错误的线性分组码中，汉明码所用的监督码元个数最少，编码效率最高。

4. 卷积码

(1) (n, k, N)卷积码不仅与当前段的 k 位信息码元有关，还与前面的 $N-1$ 段的信息码元有关。其中 k 为信息码元的个数，n 为编码后码组的长度，N 为约束度。卷积码的编码效率为 k/n。

(2) 卷积码的编码。可以用状态图、码树图、格状图来描述卷积码编码器的工作过程。

(3) 卷积码的译码。采用维特比译码进行卷积码的译码。

习　题

一、填空题

1. 差错控制编码是为了降低(　　)，提高数字通信的(　　)而采取的编码。它通过(　　)来减少误码率。显然，信道编码以降低(　　)为代价，用系统的(　　)换取可靠性。

2. 信源编码是为了提高数字信号的(　　)以及使模拟信号数字化而采取的编码。

3. 若信息码元为 1101001，则其奇监督码元为(　　)，偶监督码元为(　　)。

4. 码组 11010010 的码重为(　　)，它与码组 00101100 之间的码距为(　　)。

5. (51，33)线性分组码的编码效率为(　　)，(2，1，7)卷积码的编码效率为(　　)。

6. 常见的恒比码有(　　)和(　　)。我国电传通信中普遍采用(　　)，它的每个码组都由(　　)个“1”、(　　)个“0”共(　　)个码元组成，其许用码组的数目为(　　)个，正好可以唯一表示(　　)个阿拉伯数字。

二、多选题

1. 信源编码的目的是减少或消除待发消息中的冗余信息，提高系统的有效性。其实质就是寻求一种最佳概率分布，使信源熵 $H(x)$达到最大。一般而言，信源编码步骤包括(　　)。

A. 发送端增加冗余监督码，提高系统抗干扰能力

B. 接收端进行校验，发现或纠正错码

C. 符号独立化，解除各符号间的相关性

D. 概率均匀化，使各符号出现概率相等

2. 常见的差错控制编码的工作方式有(　　)。

A. 前向纠错(FEC)　　B. 检错重发(ARQ)

C. 混合纠错(HEC)　　D. 信息反馈(IF)

3. 按照编码用途的不同，差错控制编码可分为(　　)；按照码组中信息码元在编码前后的位置是否发生变化，差错控制编码又可分为(　　)。

A. 检错码　　B. 纠错码　　C. 纠删码　　D. 循环码

E. 卷积码　　F. 线性分组码　　G. 系统码　　H. 非系统码

4. 下列有关最小码距 d_{min} 与检错码和纠错码的检错、纠错能力之间的关系，正确的是(　　)。

A. 要纠正 t 个错误且检出 e 个错误($e>t$)，必须满足条件 $d_{min}\geqslant t+2e+1$

B. 要纠正 t 个错误且检出 e 个错误($e>t$)，必须满足条件 $d_{min}\geqslant 2t+e+1$

C. 要检出 e 个错误，必须满足条件 $d_{min}\geqslant e+1$

D. 要纠正 t 个错误且检出 e 个错误($e>t$)，必须满足条件 $d_{min}\geqslant t+e+1$

5. 线性分组码具有(　　)性质。

A. 循环性：码组中的码元位置可以任意按次序循环，所得编码仍是许用码组

B. 封闭性：任意两个许用码组相加后，所得码组仍是许用码组

C. 最小码距 d_{min} 等于除全零码组以外的最小码重

D. 系统性：在编码生成的码组中，原信息码元的位置关系保持不变

6. 设(n，k)汉明码的监督码元位数为 r，则它具有的特性是(　　)。

A. 只能纠正 1 个错误

B. 只要给定 r，就可确定码长 n 及信息码元的个数 k

C. 在信息码元长度相同、可纠正单个错误的线性分组码中，汉明码的编码效率较低

D. 无论码长 n 为多少，汉明码的最小码距 $d_{min}\equiv 3$

三、判断题

1. (　　)纠删码同时具有纠错和检错能力，当发现不可纠正的错误时，将发出错误指示或将该错误码元删除。

2. (　　)最小码距 d_{min} 越大，编码的检错、纠错能力越弱。

3. (　　)重复码的编码效率最高可达 80%左右。

4. (　　)二维奇偶监督码除了能检出每一行以及每一列中的奇数个错误，还能发现长度不大于行数或列数的突发错误。

四、计算题

1. (9，1)重复码若用于检错，最多能检出几位错码？若用于纠错，最多能纠正几位错码？若同时用于检错和纠错，则最多能检出几位错码？纠出几位错码？

2. 若(7，4)线性分组码中的信息码元为 $D=[1010]$，循环码的生成多项式为 $g(x)=x^3+x+1$，计算监督码多项式和所有系统码码组。

3. 某卷积码的编码器结构如图所示，输出时 c_1、c_2 交替输出。

(1) 画出该卷积码的状态图；

(2) 输入为 010111000…和输入为 111000100…所对应的两个输出路径的码距为多少？

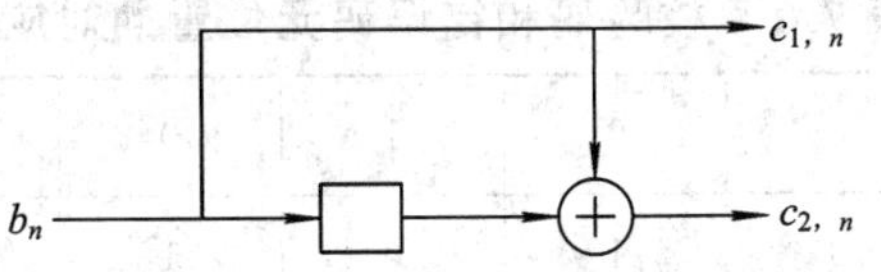

题 4 图

五、简答题

1. 信源编码和差错控制编码的区别是什么？
2. 差错控制编码的工作方式有哪几种？
3. 对于常用的纠错和检错码中，哪种只能检错？哪种既可以检错也可以纠错？
4. 汉明码的编码规律是什么？
5. 分组码与卷积码的区别是什么？

实训 10　汉明码验证

一、实训目的

(1) 了解差错控制编码的基本原理。
(2) 掌握汉明码的编码规则。

二、实训内容

(1) 验证汉明码的编码规则，观察校验码与错误码元之间的关系。
(2) 验证汉明码译码还原是否正确。

三、实训设备与工具

根据各自实验设计方案确定设备，可以通过硬件搭建平台实现和通过实验箱实现，也可以通过各类软件编程实现。硬件实验箱环境需要双踪示波器一台。

四、实训原理

1. 汉明码的编码

以(7，4)汉明码为例，我们用 a_6、a_5、a_4、a_3、a_2、a_1、a_0 表示这 7 个码元，监督码元与信息码元之间的约束关系为

$$\begin{cases} a_2 = a_6 \oplus a_5 \oplus a_4 \\ a_1 = a_5 \oplus a_4 \oplus a_3 \\ a_0 = a_6 \oplus a_5 \oplus a_3 \end{cases}$$

用 s_2、s_1、s_0 表示 3 个监督关系式中的校验码，即

$$\begin{cases} s_2 = a_6 \oplus a_5 \oplus a_4 \oplus a_2 \\ s_1 = a_5 \oplus a_4 \oplus a_3 \oplus a_1 \\ s_0 = a_6 \oplus a_5 \oplus a_3 \oplus a_0 \end{cases}$$

检验码(s_2、s_1、s_0)与错误码元位置的对应关系如实训表 7.1 所示。

实训表 7.1 校验码和错误码元位置的对应关系表

s_2	0	0	0	1	0	1	1	1
s_1	0	0	1	0	1	1	1	0
s_0	0	1	0	0	1	0	1	1
错误码元位置	无错	a_0	a_1	a_2	a_3	a_4	a_5	a_6

接收端收到每个码组后，先计算出 s_2、s_1、s_0，再按实训表 7.1 判断错误码元情况。例如，若接收码组为 0000011，计算得 $s_2=0$，$s_1=1$，$s_0=1$，查表知 $s_2s_1s_0$ 为 011 时在 a_3 位有一错误码元。

发送端给定信息码元后，可以直接按实训表 7.2 查得监督码元。

实训表 7.2 监督位计算结果

信息码元				监督码元			信息码元				监督码元		
a_6	a_5	a_4	a_3	a_2	a_1	a_0	a_6	a_5	a_4	a_3	a_2	a_1	a_0
0	0	0	0	0	0	0	1	0	0	0	1	0	1
0	0	0	1	0	1	1	1	0	0	1	1	1	0
0	0	1	0	1	1	0	1	0	1	0	0	1	1
0	0	1	1	1	0	1	1	0	1	1	0	0	0
0	1	0	0	1	1	1	1	1	0	0	0	1	0
0	1	0	1	1	0	0	1	1	0	1	0	0	1
0	1	1	0	0	0	1	1	1	1	0	1	0	0
0	1	1	1	0	1	0	1	1	1	1	1	1	1

2. 汉明码的译码

译码是编码的反过程，其电路原理图如实训图 7.1 所示。

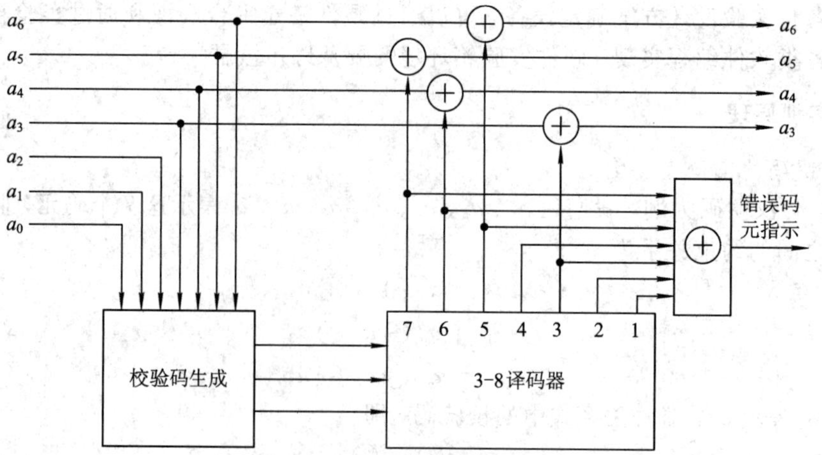

实训图 7.1 汉明码译码电路原理图

五、思考题

(1) 汉明码的编码规则一定是上述关系吗？说明原因。

(2) 如果汉明码是 1101011，则其符合编码规则吗？错在哪位？

(3) 如果汉明码为 1101001，则译码为哪几位码？

(4) 如果汉明码为 15 位，则其信息码元和监督码元是什么？

第8章 同步原理

本章学习目标

(1) 掌握同步的概念和原理。
(2) 理解载波同步的原理。
(3) 理解位同步的原理。
(4) 了解群(帧)同步的原理。
(5) 了解载波同步系统和位同步系统的性能指标。
(6) 了解网同步的原理。

本章内容

- 载波同步
- 位同步
- 群(帧)同步
- 网同步

本章重点

- 同步的分类
- 载波同步的概念及原理
- 位同步的概念及原理
- 自同步与外同步的概念

本章难点

- 载波同步
- 位同步

本章学时
6 学时

所谓同步，就是指通信系统的收、发双方在时间上步调一致。在通信系统中，同步是一个非常重要的问题。只有收、发双方工作步调一致，系统才能真正实现通信功能。因此，同步系统的好坏直接影响通信质量的好坏，甚至会影响通信能否正常进行。举个例子，如果某位同学手表上的时间与其他人的不一致，那么他就会迟到，工作和学习就会不正常。通信系统也一样，如果在时间上没有统一的收、发步调，就会导致接收端无法收到发送端发送的信息，从而使整个系统通信不正常。

在通信系统中，从不同的角度把同步可分成不同的类型。

按照同步功能的不同，同步可分为载波同步、位同步、群(帧)同步和网同步4种。其中载波同步主要用于调制、解调中的相干检测；位同步指的是数字通信中的每个比特的同步；群同步指一帧数据(包含多个比特)的同步。如果把一列火车上的每个座位号比喻成位同步的话，那么每一节车厢的编号就可以比喻成群同步，有了座位号和车厢号，我们就可以根据火车票找到座位，所以有了位同步和群同步，我们就可以准确地接收数据。此外，现代通信网络还需要网同步，有了网同步，整个通信网络才能正常工作。

按照传输同步信息方式的不同，同步可分为外同步和自同步。不论是外同步还是自同步，都是针对接收端而言的。所谓外同步，就是发送端专门发送同步信息，接收端从该信息中提取同步信号；而自同步，就是发送端不专门发送同步信息，只发送需要传输的信息，接收端自动从这些信息中提取同步信号。

由于通信系统能否正常工作在很大程度取决于同步的好坏，因此通常我们要求同步信息传输的可靠性高于普通信息传输的可靠性。

本章将重点介绍载波同步、位同步、群(帧)同步和网同步的概念及原理。

8.1　载波同步

在前面讲过的调幅、调频和调相系统中，如果接收端采用相干解调，则需要一个与发送端载波同频、同相的载波。如何获得这个由接收端产生且与发送端载波同频、同相的载波，这就是载波同步技术要解决的问题。

载波同步的方法主要有直接法(自同步法)和插入导频法(外同步法)。

直接法就是接收端直接从发送的有用信号中提取载波的方法，又称为自同步法。

插入导频法就是在发送有用信号的同时，在适当的频率位置上插入一个(或多个)称为导频的正弦波，接收端根据导频提取出与发送端载波同频、同相的正弦波的方法。由于发送端专门发送了导频信息，因此插入导频法又称为外同步法。

8.1.1　直接法(自同步法)

在利用直接法进行载波同步的系统中，由于发送端不专门发送载波信息，因此接收端只能根据发送端发送的有用信息提取载波。

如果接收信号本身就含有载波分量，比如AM信号，则可以直接用滤波器把载波分量与接收信号的其他分量分离开来，显然这是最简单的直接法。此外，有的信号虽然本身不含载波分量，比如双边带调制(DSB)信号、相移键控(PSK)信号，但是通过对这些信号进行某些线性变换后，可以获得载波分量，从而达到载波同步的目的，这种方法也属于直接法。

下面介绍几种实现直接提取载波的方法。

1. 平方变换法

对于双边带调制(DSB)信号，可以按照图 8.1.1 所示的平方变换法提取载波。图 8.1.1 中的信号表达式分别为

$$s_{DSB}(t) = f(t)\cos\omega_c t \tag{8-1-1}$$

$$e(t) = s_{DSB}^2(t) = f^2(t)\cos^2\omega_c t = \frac{1}{2}f^2(t) + \frac{1}{2}f^2(t)\cos 2\omega_c t \tag{8-1-2}$$

图 8.1.1 利用平方变换法提取载波

2. 平方环法

平方环法就是在平方变换法的基础上，把 $2\omega_c$ 窄带滤波器改成锁相环来提取载波的方法。其基本原理是，在接收端利用鉴相器比较接收载波和本地载波的相位，如果二者的相位不一致，则鉴相器产生误差信号并调整本地载波的相位，直到二者精确同步为止。图 8.1.2 所示是利用平方环法提取载波的方框图。

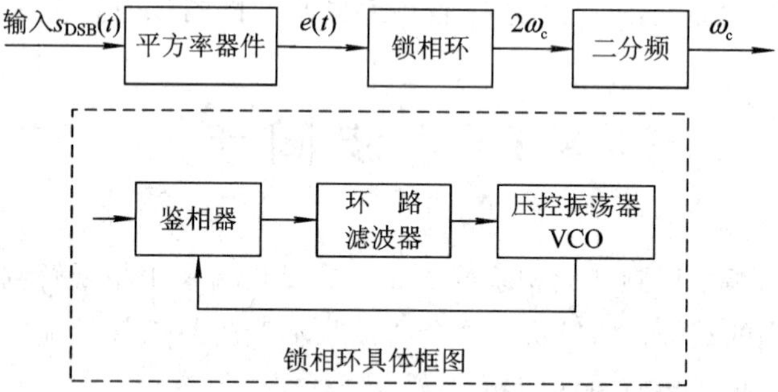

图 8.1.2 利用平方环法提取载波的方框图

由于平方环法采用了锁相环，可以随时根据相位的误差调整本地载波的相位，因此平方环法比平方变换法具有更好的同步性能，其应用也更为广泛。

8.1.2 插入导频法(外同步法)

对于前面讲到的 DSB 信号和 PSK 信号，由于信号中没有载波成分，一方面可以利用直接法(自同步法)通过某些线性变换提取载波，另一方面也可以利用插入导频法(外同步法)获得载波同步。由于单边带调制(SSB)信号和残留边带调制(VSB)信号中没有载波成分，同时也不易通过某种变换获得载波，因此不能利用直接法提取载波，而只能利用插入导频法获得载波同步。插入导频法主要有频域插入导频法和时域插入导频法两种。

1. 频域插入导频法

所谓频域插入导频法，就是在信号中增加导频。导频包含接收端载波同步需要的信息，这样导频信号和有用信号同时传输，接收端通过滤波等手段提取导频信息，恢复载波，从而达到载波同步的目的。显然，插入的导频信息不能影响有用信号，否则导频与信号的频谱会混在一起，无法分离，所以插入导频的位置应该在信号的频谱为零的位置。图8.1.3所示是频域插入导频法的频谱示意图。

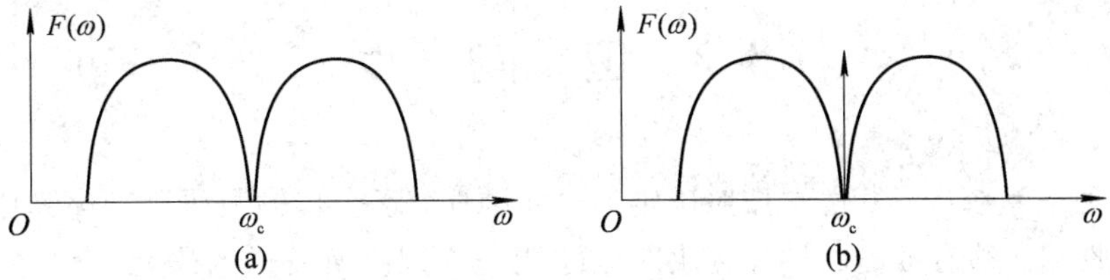

图8.1.3　频域插入导频法的频谱示意图

(a) 双边带调制信号的频谱；(b) 插入导频后信号的频谱

2. 时域插入导频法

时域插入导频法则是在有用信息传输之前，先传输包含载波信息的导频信号，接收端收到该载波信息之后，再进行有用信息的传输。时域插入导数法如图8.1.4所示。

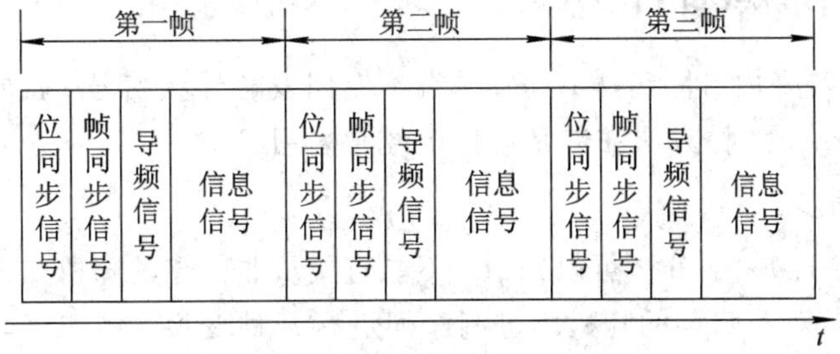

图8.1.4　时域插入导频法

从图8.1.4所示可知，时域插入导频法是断续传输导频的，即只在专用的时间段里传输导频，而在其他时间段内则只传输有用信息。这是时域插入导频法与频域插入导频法的最大区别。频域插入导频法中的导频是混在有用信息中传输的，是连续传输的。

由于时域插入导频法在专用的时间段内传输导频，导频信号与有用信号不会互相干扰，因此一般直接选择 ω_c 作为导频频率。由于接收端断断续续收到导频信号，因此在收到导频信号时，就用平方环法跟踪载波，而在没有收到导频信号时，就保持振荡，从而产生载波信号。这相当于每过一段时间，接收端就用接收到的导频信号校准一次自己产生的载波信号，从而保证整个通信过程的载波同步。

8.1.3　载波同步系统的性能指标

载波同步系统的主要性能指标有效率、精度、同步建立时间和同步保持时间等。

(1) 效率：用于衡量采用同步方法时系统消耗的发送功率。由于直接法没有专门发送导频，因此采用直接法时系统的效率要高于采用插入导频法时系统的效率。

(2) 精度：用于衡量载波同步后接收端载波与发送端载波之间的相位误差。显然精度越高，系统的同步性能越好。

(3) 同步建立时间：系统从开机到实现同步或从失步状态到同步状态所需要的时间。显然同步建立时间越短越好。

(4) 同步保持时间：同步状态下，同步信号消失后系统还能维持同步的时间。显然同步保持时间越长越好。

8.2 位 同 步

在数字通信系统中，发送端按照确定的时间顺序，逐个传输数码脉冲序列中的每个码元，而在接收端必须有准确的抽样判决时刻才能正确判决所发送的码元。因此，接收端必须提供一个确定抽样判决时刻的定时脉冲序列。这个定时脉冲序列的重复频率必须与发送的数码脉冲序列的一致，同时在最佳判决时刻(或称为最佳相位时刻)对接收码元进行抽样判决。把在接收端产生这样的定时脉冲序列的过程称为码元同步，或称位同步。

实现位同步的方法和实现载波同步的方法类似，也有直接位同步法(自同步法)和插入导频的位同步法(外同步法)两种，直接位同步法又分为滤波法和锁相法。

8.2.1 直接位同步法(自同步法)

当系统的位同步采用自同步法时，发送端不专门发送导频信号，接收端直接从数字信号中提取位同步信号，这种方法在数字通信中经常采用。

1. 滤波法位同步

通过对基带信号的频谱分析可以知道，不能直接从非归零的随机二进制序列中滤出位同步信号。但是，若对非归零的随机二进制序列进行某种变换，例如将其变成单极性归零脉冲序列，则该序列中就有频率为 $f=1/T_b$ 的位同步信号分量。利用一个窄带滤波器可将此位同步信号分量滤出，该位同步信号通过一移相器调整相位后，就可以形成位同步脉冲。这种方法的方框图如图8.2.1 所示。滤波法位同步的特点是先形成含有位同步信息的信号，再用滤波器将其滤出。而对于单极性归零脉冲序列，由于其包含频率为 $f=1/T_b$ 的位同步信号分量，因此其一般用作提取位同步信号的中间序列。

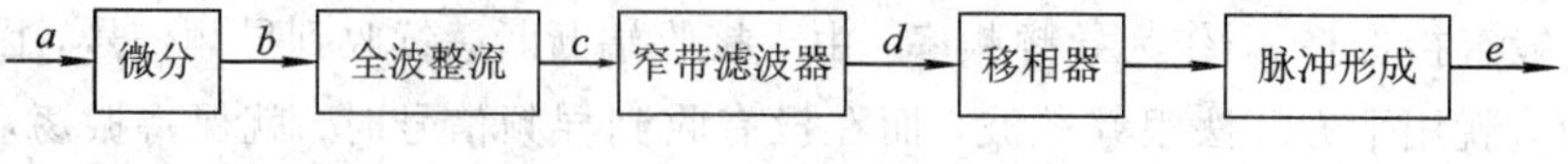

图 8.2.1 滤波法位同步原理框图

图 8.2.1 所示各个部分输出的波形如图 8.2.2 所示。

另一种常用的波形变换方法是对带限信号进行包络检波。通常，某些数字微波中继通信系统在中频上对频带受限的 2PSK 信号进行包络检波，以提取位同步信号。由于频带受限，在相邻码元的相位变换点附近会产生幅度的平滑“陷落”，因此经包络检波后可以得到位同步信号。图 8.2.3 所示是包络检波位同步的原理框图。图 8.2.3 所示各个部分输出的波形如图 8.2.4 所示。

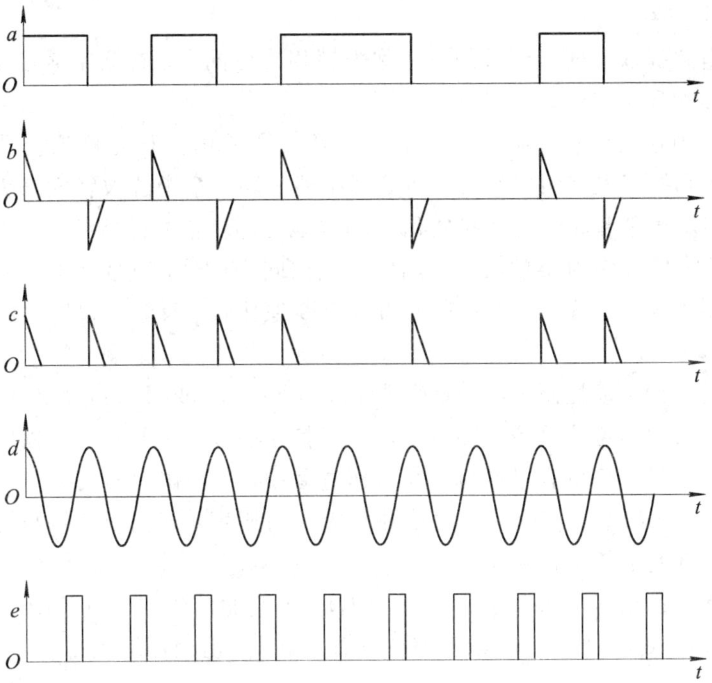

图 8.2.2　滤波法位同步的波形图

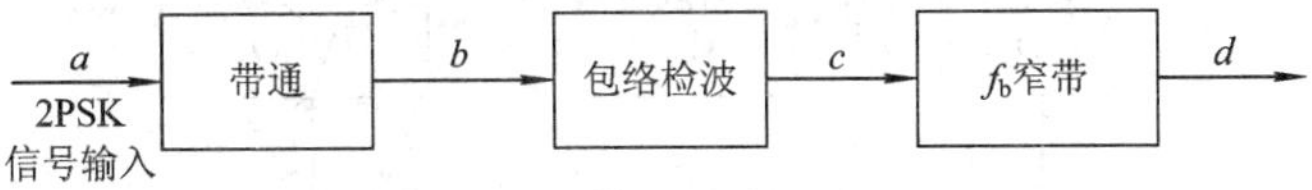

图 8.2.3　包络检波位同步的原理框图

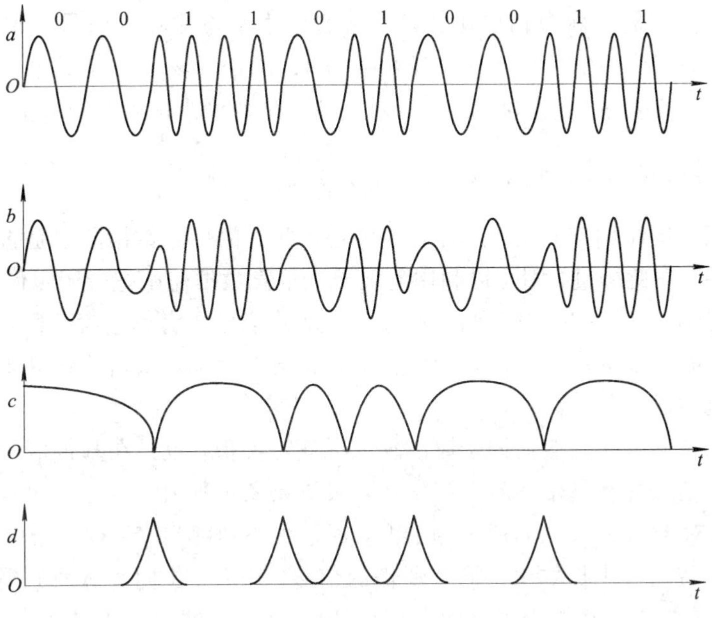

图 8.2.4　包络检波位同步的波形图

2. 锁相法位同步

利用锁相电路提取位同步信号的方法称为锁相法位同步。在数字通信系统中，锁相电路常采用数字锁相环来实现。

接收机采用锁相法提取位同步信号的锁相环路主要由高稳定度振荡器(晶振)、分频器、相位比较器和控制电路组成。该电路是利用锁相环的窄带滤波特性来提取位同步信息的。锁相法位同步通过鉴相器比较接收信号和本地位同步信号的相位，其输出为两个信号的相位差。该输出信号作为误差信号去调整本地位同步信号，直到本地位同步信号与接收信号的相位差小于规定值为止。也就是说通过不断地比较、反馈、调整和控制达到二者同步的目的。

锁相环路是一种反馈控制电路，简称锁相环(Phase-Locked Loop，PLL)。锁相环的特点是利用外部输入的参考信号控制环路内部振荡信号的频率和相位。锁相环可以实现输出信号频率对输入信号频率的自动跟踪。在工作过程中，当输出信号的频率与输入信号的频率相等时，锁相环输出信号与输入信号的相位差保持固定，即输出信号与输入信号的相位被锁住，这就是锁相环名称的由来。

锁相环通常由鉴相器(Phase Detector，PD)、环路滤波器(Loop Filter，LF)和压控振荡器(Voltage Controlled Oscillator，VCO)三部分组成，锁相环组成的原理框图如图 8.2.5 所示。

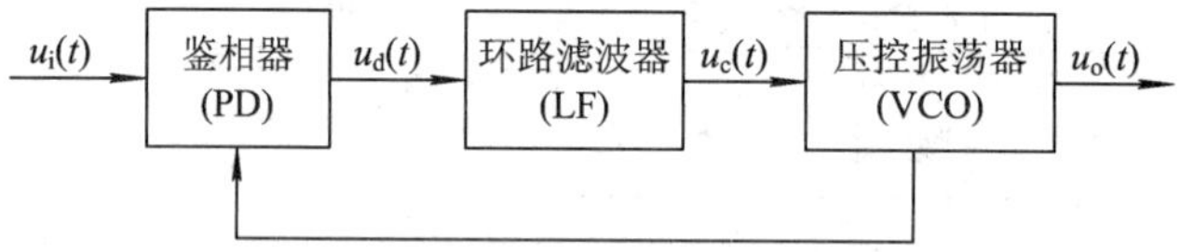

图 8.2.5 锁相环组成原理图

锁相环中的鉴相器又称为相位比较器，它的作用是检测输入信号和输出信号的相位差，并将检测出的相位差信号转换成电压信号 $u_d(t)$输出，该信号经低通滤波器滤除高频分量后形成压控振荡器的控制电压 $u_c(t)$，对压控振荡器输出信号的频率实施控制。

8.2.2 插入导频的位同步法(外同步法)

为了得到码元同步的定时信号，首先要确定接收到的信息数据流中是否包含位同步的频率分量。如果存在此分量，则可以利用滤波器从信息数据流中把位同步信息提取出来。

若基带信号为随机的二进制非归零码序列，这种信号本身不包含位同步信号，为了获得位同步信号，需在基带信号中插入用于位同步的导频信号，或者对该基带信号进行某种码型变换以得到位同步信息。

插入导频的位同步法与载波同步时的插入导频法类似，也是在基带信号频谱的零点处插入所需的导频信号并和基带信号一起发送，如图 8.2.6 所示。

在接收端，对于图 8.2.6(a)所示的情况，通过中心频率为 $f=1/T_b$ 的窄带滤波器，就可从解调后的基带信号中提取出位同步所需的信号。这时，位同步脉冲的周期与插入的导频的周期是一致的。对于图 8.2.6(b)所示的情况，窄带滤波器的中心频率 f 应为 $1/2T_b$。因为这时位同步脉冲的周期为插入导频的周期的 1/2，故需将插入的导频二倍频，才能获

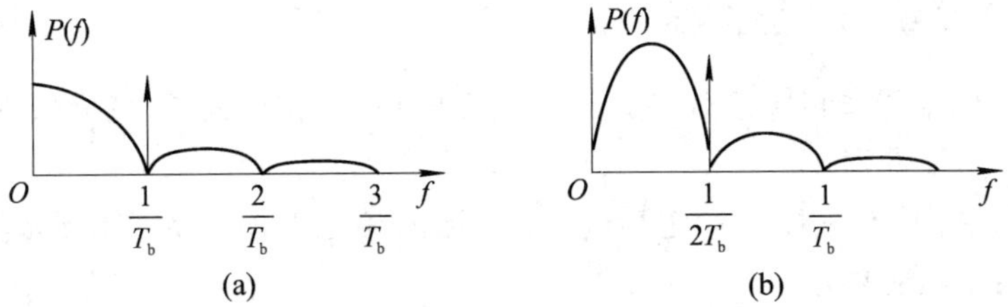

图 8.2.6　插入导频的位同步法的频谱图

(a) 窄带滤波器的中心频率为$\frac{1}{T_b}$；(b) 窄带滤波器的中心频率为$\frac{1}{2T_b}$

得所需的位同步脉冲。

图 8.2.7 给出了插入导频的位同步法的方框图。在图 8.2.7(a)中，基带信号经相关编码器处理后，其频谱在 $f=1/2T_b$ 处为零，这样就可以在 $f=1/2T_b$ 处插入位同步导频。接收端的原理框图如图 8.2.7(b)所示。从该图可以看出，由窄带滤波器取出的一路导频 $f_b/2$ 经过移相器和倒相器后，再经过相加器把基带数字信号中的导频成分抵消。由窄带滤波器取出的另一路导频，经过移相、放大限幅、微分全波整流和整形等电路后产生位同步脉冲。微分全波整流电路起倍频器的作用，因此虽然导频是 $f_b/2$，但同步脉冲的重复频率则变为与码元速率相同的 f_b。两个移相器都用于消除由窄带滤波器等引起的相移，这两个移相器可以合用。

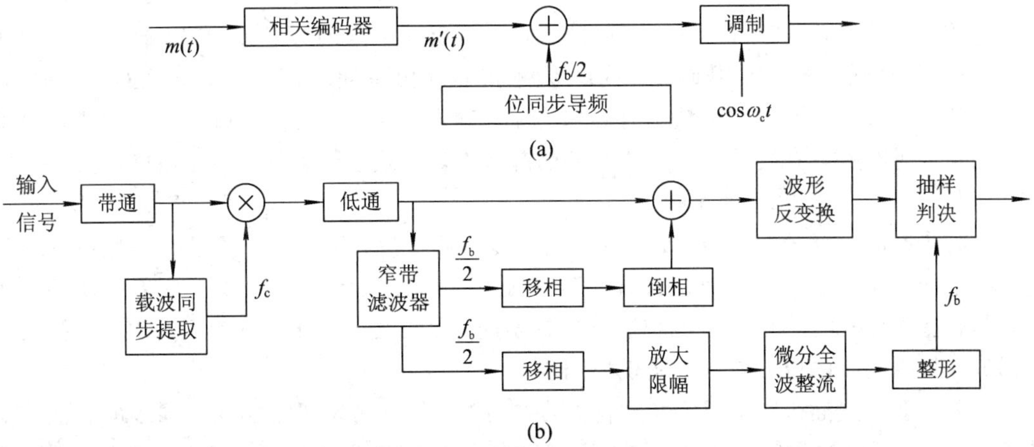

图 8.2.7　插入导频的位同步法的方框图

(a) 发送端；(b) 接收端

插入导频的位同步法的另一种形式是使数字信号的包络按位同步信号的某种波形变化。PSK 信号和 FSK 信号都是包络不变的等幅波，因此，将位导频信号调制到它们的包络上，接收端就可用普通的包络检波器恢复出位同步信号。

事实上，同步信号也可以在时域内插入，这时载波同步信号、位同步信号和数据信号等信息分别被配置在不同的时间段内传送。时域插入导频的位同步法与时域插入导频的载波同步法的原理是一样的。

8.2.3 位同步系统的性能指标

位同步系统的性能指标除了效率，主要有以下4个：相位误差(精度)、同步建立时间、同步保持时间、同步带宽。

(1) 相位误差。同步建立并稳定后，收、发端的相位偏差称为相位误差。相位误差越小，系统的位同步性能越好。

(2) 同步建立时间。同步建立时间即失去同步后重建同步所需的最长时间。系统的同步建立时间越短越好，这样，系统才能更快地正常工作。

(3) 同步保持时间。同步建立后，遇到特殊情况(如信号中断，信号为长"0"或长"1"信号)时，接收端的同步电路无法正常工作，此时接收端仍能正常抽样判决的时间，即从接收端无法收到位同步信号开始，到接收端失步，导致无法正确抽样判决为止的这段时间称为同步保持时间。显然，同步保持时间越长越好。

(4) 同步带宽。同步带宽是指位同步频率与码元速率之差。如果同步带宽超过一定范围，就会导致位同步不正常。同步带宽越宽越好，这样，位同步就会相对稳定，不会因为一点点偏差就无法工作。

8.3 群(帧)同步

在数字通信时，一般总是以一定数目的码元组成一个个的"字"或"句"，即组成一个个的"群"进行传输的。因此，群同步信号的频率很容易由位同步信号经分频而得出。但是，每个群的开头和末尾时刻却无法由分频器的输出确定。群同步的任务就是在位同步信息的基础上，识别出数字信息群("字"或"句")的起止时刻，或者说给出每个群的"开头"和"末尾"时刻。

群同步有时也称为帧同步。为了实现群同步，可以在数字信息流中插入一些特殊码字作为每个群的头、尾标记，这些特殊码字不应该在信息码元序列中出现，或者即使偶然出现，也不会重复出现，此时只要将这个特殊码字连发几次，接收端就能识别出来。接收端根据这些特殊码字的位置就可以实现群同步。

本节主要讲述插入特殊码字实现群同步的方法。插入特殊码字实现群同步的方法有两种，即连贯式插入法和间隔式插入法，本书只介绍连贯式插入法。在介绍连贯式插入法之前，先简单介绍一种在电传机中广泛使用的起止同步法。

8.3.1 起止同步法

目前，在电传机中广泛使用的同步方法就是起止同步法。下面就以电传机为例，简要地介绍一下这种群同步法的工作原理。

电传报文的一个字由7.5个码元组成。假设电传报文传送的数字序列为10010，则其码元结构如图8.3.1所示。从图中可以看到，在每个字开头，先发1个码元的起脉冲(负值)，中间5个码元是信息，字的末尾是1.5码元宽度的止脉冲(正值)。接收端根据正电平第一次转到负电平的这一特殊规律，确定一个字的起始位置，因而就实现了群同步。由于这种同步方式中的止脉冲宽度与码元宽度不一致，因此会给同步数字传输带来不便。另外，在这种同步方式中，7.5个码元中只有5个码元用于传递信息，因此编码效率较低。但起止同步法的优点是结构简单，易于实现，特别适合于异步低速数字传输方式。

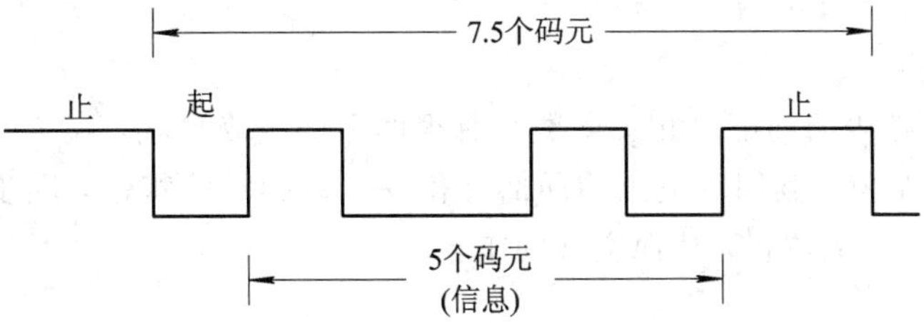

图 8.3.1　电传报文的码元结构

8.3.2　连贯式插入法

连贯式插入法就是在每个群的开头集中插入群同步码字的同步方法。特殊码字作为群同步码字具有以下特性：① 作为群同步码字的特殊码字应该具有尖锐单峰特性的局部自相关特性；② 该特殊码字在信息码元序列中不易出现以便被识别；③ 识别该特殊码字的群同步识别器应尽量简单。目前，已经找到的最常用的群同步码字就是巴克码。

巴克码的特殊规律是：n 位巴克码 $x_1x_2\cdots x_n$ 的每个码元 x_i 只可能取+1或−1，且满足下列条件

$$R(j)=\sum_{i=1}^{n-j}a_ia_{i+j}=\begin{cases}n, & j=0\\0,\ +1,\ -1, & j\neq 0\end{cases}\tag{8-3-1}$$

式中 $R(j)$ 称为局部自相关函数。

从计算巴克码的局部自相关函数可以看到，它满足作为群同步码字的第一条特性，也就是说，巴克码的局部自相关函数具有尖锐单峰特性。从后面的分析可以看出，巴克码的群同步识别器的结构非常简单。目前人们已找到了多个巴克码字，具体情况如表8.3.1所示。表中“+”表示“+1”，“−”表示−1。

表 8.3.1　巴 克 码 字

位数 n	巴 克 码 字
2	+　+；　−　+
3	+　+　−
4	+　+　+　−；　+　+　−　+
5	+　+　+　−　+
7	+　+　+　−　−　+　−
11	+　+　+　−　−　−　+　−　−　+　−
13	+　+　+　+　+　−　−　+　+　−　+　−　+

例如，5位巴克码的局部自相关函数计算如下：

$$R(0)=a_1^2+a_2^2+a_3^2+a_4^2+a_5^2=1^2+1^2+1^2+(-1)^2+1^2=5$$

$$R(1)=a_1a_2+a_2a_3+a_3a_4+a_4a_5=1\cdot1+1\cdot1+1\cdot(-1)+(-1)\cdot1=0$$

$$R(2)=a_1a_3+a_2a_4+a_3a_5=1\cdot1+1\cdot(-1)+1\cdot1=1$$

$$R(3)=a_1a_4+a_2a_5=1\cdot(-1)+1\cdot1=0$$

$$R(4)=a_1a_5=1\cdot1=1$$

$$R(5)=0$$

由此可见，巴克码的局部自相关函数具有很明显的单峰形状，在 $j=0$ 时达到最大值，如图 8.3.2 所示。显然，利用巴克码的局部自相关函数的单峰特性，同步系统就很容易找到最大值对应的 $j=0$ 的位置，从而实现同步。

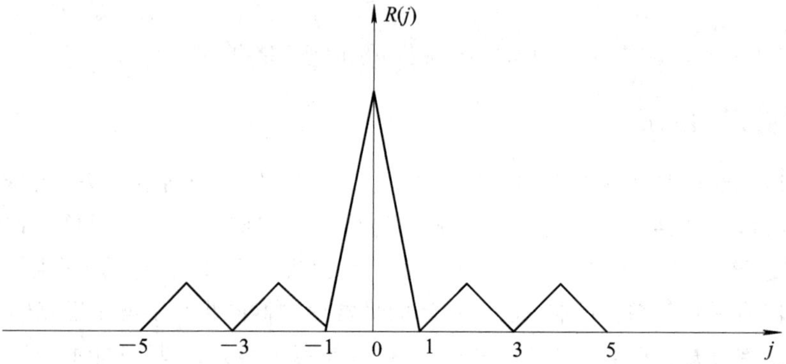

图 8.3.2　5 位巴克码的局部自相关函数曲线

图 8.3.3 是 7 位巴克码的局部自相关函数的曲线图，其单峰特性十分明显，而且其峰值比 5 位巴克码的还要高。通过推导可知，巴克码的位数越高，其自相关函数的单峰的峰值也越高，同步特性也越好。无线局域网的 IEEE 802.11 标准中采用的就是 11 位巴克码同步。

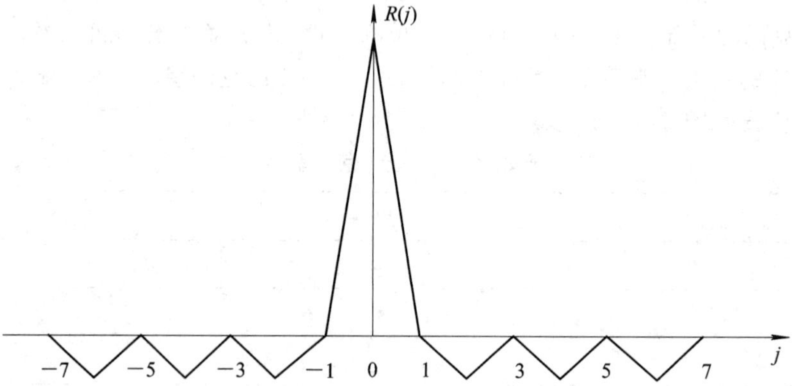

图 8.3.3　7 位巴克码的局部自相关函数曲线

8.4 网同步

前面讲过的载波同步、位同步和群同步都是解决点对点之间通信的同步方式，但是现代通信系统是一个庞大且复杂的通信网，不管是移动通信、光纤通信还是卫星通信等通信系统，都有许多站点相互连接。为了保证网络中各站点之间能可靠地通信，使不同速率的信息码在同一通信网中进行正确地传输、交换和接收，必须在网内建立一个统一的时间标准，称为网同步，即网同步就是通信网中各站点之间时钟的同步。

要想实现网同步，同步时钟必须具备以下最基本的要求：

(1) 长期的稳定性。当一部分发生故障时，对其他部分的影响很小。

(2) 具有较高的同步质量。

(3) 适应于网络的扩展。

典型的网同步方法可以分为同步法和准同步法两大类。

8.4.1　同步法

同步法又可以分为主从同步法、相互同步法及主从相互同步法3种。

1. 主从同步法

主从同步法是指在网内某交换节点设立一个高精度时钟作为基准时钟，然后通过树状(星状)结构的时钟分配网并利用传输线路，将时钟信号送至网内各交换节点；各节点通过一个带有变频振荡器的锁相环把本地网的时钟频率锁定在基准时钟频率上，从而实现网内节点的时钟信号都与主节点的时钟信号(也即全网的时钟信号)同步。简单的主从同步时钟网组成如图8.4.1所示。

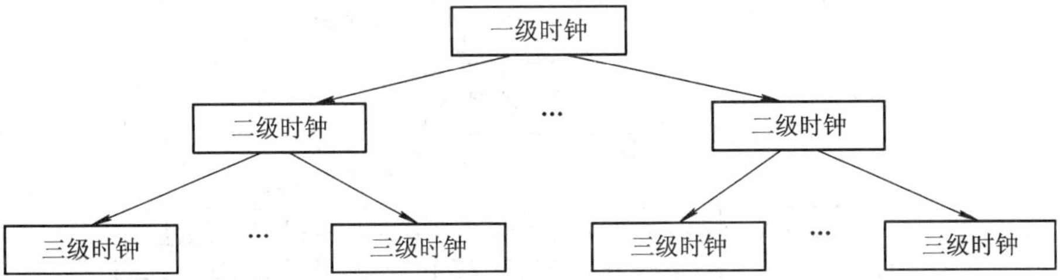

图8.4.1　主从同步时钟网组成

主从同步法的优点是基准时钟精度高、设备简单、经济实用，能避免准同步网中固有的周期性滑动；只需要较低频率精度的锁相环路，降低了费用；控制简单，特别适用于星形或树形网。

主从同步法的缺点是过分依赖基准时钟，一旦基准时钟发生故障，将导致整个通信网停顿。系统采用单端控制，任何传输链路中的抖动及漂移都将导致定时基准的抖动和漂移。这种抖动将沿着传输链路逐段累积，直接影响数字网定时信号的质量。而且，一旦主节点基准时钟和传输链路发生故障，将造成从节点定时基准的丢失，导致全系统或局部系统丧失网同步能力。因此，主节点基准时钟须采用多重备份以提高可靠性。

2. 相互同步法

相互同步法是指数字网中没有特定的主节点和基准时钟，网中每一个节点的本地时钟通过锁相环路受所有接收到的外来数字链路定时信号的共同加权控制。因此，节点的锁相环路是一个具有多个输入信号的环路，而相互同步网将多输入锁相环路连接成一个复杂的多路反馈系统。简单的相互同步时钟网组成如图8.4.2所示。

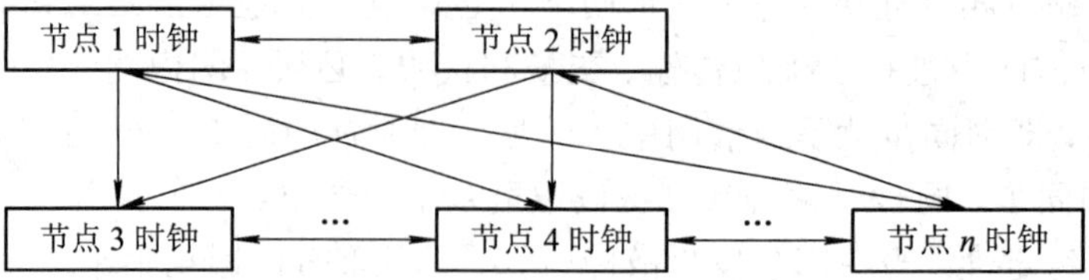

图 8.4.2　相互同步时钟网组成

相互同步法的主要优点是：当某些传输链路或节点时钟发生故障时，网络仍然处于同步工作状态；可以降低对节点时钟频率稳定度的要求，使设备较便宜。相互同步法的主要缺点是：由于系统稳定频率的不确定性，相互同步法很难与其他同步法兼容；而且，由于整个同步网构成一个闭路反馈系统，系统参数的变化容易引起系统性能变化，甚至引起系统不稳定。

3. 主从相互同步法

主从相互同步法是指将数字网中所有节点分级，网中设立一个基准时钟，级与级之间的同步采用主从同步法；同级之间的节点通过传输链路联结，它们之间的同步采用相互同步法。全网各节点的时钟频率都锁定在基准时钟频率上。这种方法具有主从同步法和相互同步法的优点，主从相互同步法控制技术的复杂程度和相互同步法的相当。主从相互同步时钟网组成如图 8.4.3 所示。

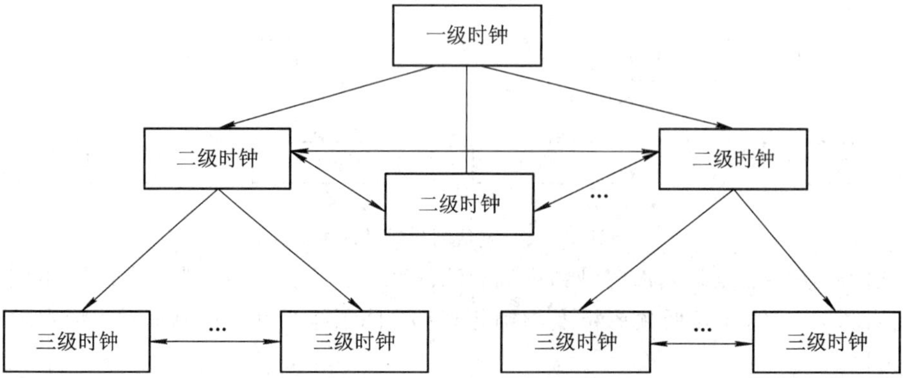

图 8.4.3　主从相互同步时钟网组成

8.4.2　准同步法

准同步法是指各交换节点的时钟彼此是独立的，但它们的频率精度被要求保持在极窄的频率容差之中，各节点处设立一个高精度的时钟(采用铯原子钟，频率精度达 10^{-12})。这样，滑动的影响就可以忽略不计，网络状态接近于同步工作状态。

准同步法的优点是：网络结构简单，各节点时钟相互独立工作，节点之间不需要有控制信号来校准时钟精度，网络的增设和改动都很灵活。准同步法的缺点是：不论时钟的精度有多高，由于各节点是独立工作的，因此在节点入口处总会产生周期性滑动(CCITT 规定滑动周期大于 70 天一次)，且铯原子钟需要较大的投资和较高的维护费用。准同步时钟网组成如图 8.4.4 所示。

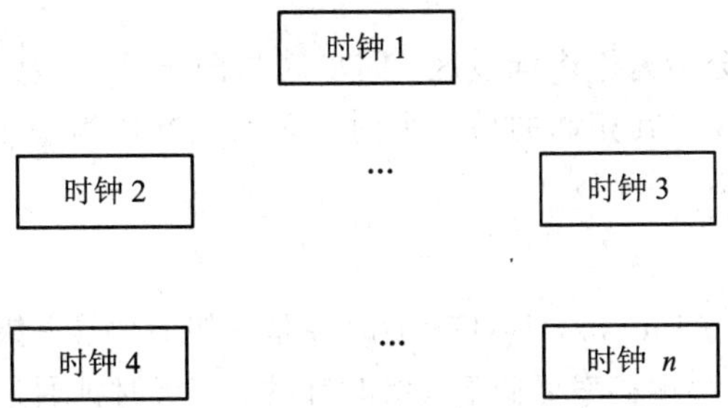

图 8.4.4　准同步时钟网组成

目前，国际网络采用准同步法，其定时准确度可达 1×10^{-12}。

8.4.3　我国数字同步网的等级结构

我国数字同步网是一个“多基准时钟、分区等级主从同步”的网络，按照时钟性能可划分为 4 级，如图 8.4.5 所示，具体说明如下。

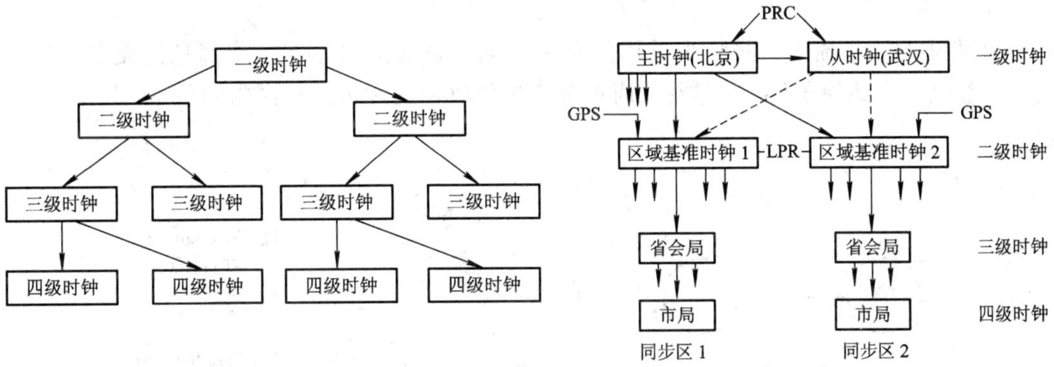

图 8.4.5　我国数字同步网关系图

1. 一级时钟

一级时钟是基准时钟，由铯(原子)钟或 GPS 配铷钟组成。它是数字同步网中最高等级的时钟，是其他所有时钟的唯一基准。在北京、武汉各建立了一个以铯钟为主的，包括 GPS 接收机的高精度基准时钟，称为全国基础时钟(PRC)。基准时钟的精度可达到 10^{-11}。

2. 二级时钟

二级时钟为有保持功能的高稳时钟(受控铷钟和高稳定度晶体钟)，分为 A 类时钟和 B 类时钟。

上海、南京、西安、沈阳、广州、成都等 6 个大区中心及乌鲁木齐、拉萨、昆明、哈尔滨、海口等 5 个边远省会中心配置地区级基准时钟(即二级标准时钟，LPR)，此外还增配 GPS 定时接收设备，它们均属于 A 类时钟。A 类时钟通过同步链路直接与基准时钟同步。

全国各省、市、自治区中心的长途通信大楼内安装的大楼综合定时供给系统，以铷(原子)钟或高稳定度晶体钟作为二级 B 类时钟。B 类时钟应通过同步链路受 A 类时钟控制，间接地与基准时钟同步。

各省间的同步网划分为若干个同步区。同步区是同步网的最大子网，可作为一个独立的实体对待，也可以接收与其相邻的另一个同步区的基准作为备用。转接局时钟的精度可达 5×10^{-9}。

3. 三级时钟

各省内设置在汇接局(Tm)和端局(C5)的时钟是三级时钟。三级时钟采用有保持功能的高稳定度晶体时钟，其频率偏移率可低于二级时钟的。三级时钟通过同步链路与二级时钟或同等级时钟同步，需要时可设置局内综合定时供给设备，端局时钟的精度可达 1×10^{-7}。

4. 四级时钟

四级时钟是一般晶体时钟，其通过同步链路与三级时钟同步，设置在远端模块、数字终端设备和数字用户交换设备当中。同步数字体系(SDH)网络单元时钟的精度可达 4.6×10^{-6}。

所有数字同步网的节点时钟均使用大楼综合定时供给系统(BITS)设备而不使用业务设备时钟，局间定时传输链路一般采用准同步数字体系(PDH)。

8.4.4 移动通信系统中的网同步

在移动通信系统中的网同步采用的是主从同步法，主站备有一个高稳定度的主时钟源，一般是一台铯原子钟，主站将主时钟源产生的时钟逐站传送至网内的各站，如图 8.4.6 所示。

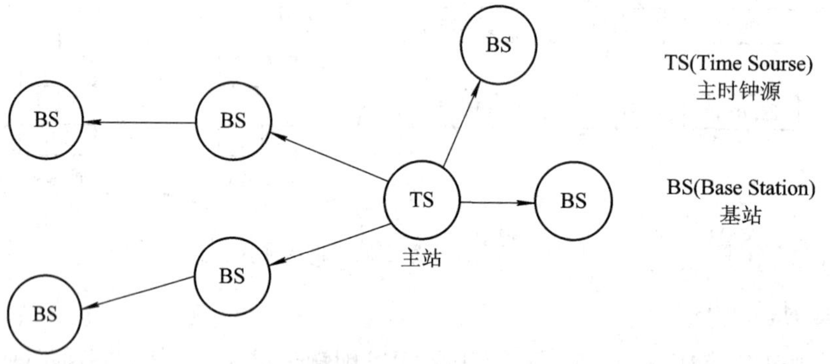

图 8.4.6 移动通信系统中的时钟关系

各个基站的定时脉冲频率都直接或间接来自主时钟源，所以网内各站的时钟频率相同，各基站时钟的频率通过各自的锁相环和主站的主时钟源的频率保持一致。由于主时钟源到各站的传输线路长度不等，会使各基站引入不同的时延，因此各基站都设置了时延调整电路，以补偿不同的时延，使各基站的时钟不仅频率相同，且相位也一致。

在移动通信系统中采用主从同步法的主要缺点是：当主时钟发生故障时会使全网无法工作；当某一中间站发生故障时，不仅该站不能工作，其后的各站都因失步而无法工作；铯原子钟的造价十分昂贵。

移动通信网络的提供者引入了全球定位系统(Global Position System，GPS)。将 GPS 精确的定时信号用在通信网络中，可使网络完全同步。

利用 GPS 同步的移动通信系统如图 8.4.7 所示。

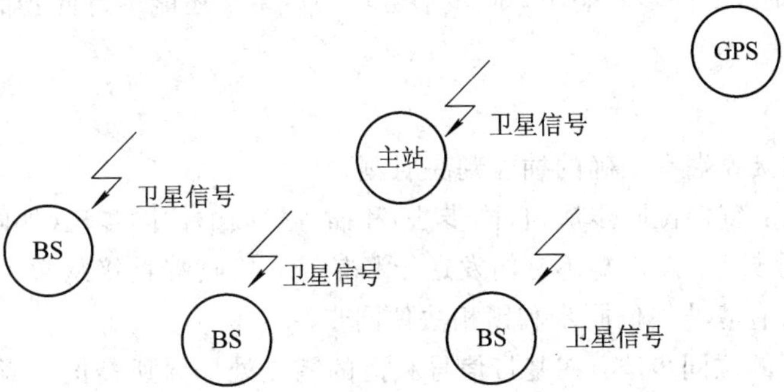

图 8.4.7　利用 GPS 同步的移动通信系统

对比上述两种方法可以明显地看出，利用 GPS 同步的移动通信系统有明显的优点：

(1) 除非 GPS 产生故障，否则主时钟源不会出现问题。

(2) 无论是主站还是基站，对于同步信号的接收具有同等的地位，一个单点故障不会影响其他基站。

(3) GPS 本身消除了由于各个基站的位置不同引起的相位偏差，不再需要另加的延时。而且，运用 GPS 进行同步，其成本也要比采用主从同步法的低，这也是制造商在同步技术中引入 GPS 的主要原因。

本章知识点小结

1. 同步的基本概念

(1) 定义：通信系统的收、发双方在时间上步调一致。

(2) 分类：按照同步功能的不同，同步可分为载波同步、位同步、帧(群)同步和网同步。

2. 载波同步

(1) 作用：相干解调时在接收端需要一个与发送端载波同频、同相的载波。

(2) 实现方法：直接法(自同步法)和插入导频法(外同步法)。

(3) 直接法：接收端根据发送端发送的有用信息提取载波，包括平方变换法和平方环法。

(4) 插入导频法：将导频插入信号中一起发送，在接收端滤出导频作为载波，包括时域插入导频法和频域插入导频法。

(5) 载波同步系统的性能指标：效率、精度、同步建立时间和同步保持时间。

① 效率：用于衡量采用同步方法时系统消耗的功率。采用直接法时系统的效率高于采用插入导频法时系统的效率。

② 精度：用于衡量载波同步后接收端载波与发送端载波之间的相位差。精度越高，系统的同步性能越好。

③ 同步建立时间：系统从开机到实现同步或从失步状态到同步状态所需要的时间。同

步建立时间越短越好。

④ 同步保持时间：同步状态下，同步信号消失后系统还能维持同步的时间。同步保持时间越长越好。

3. 位同步

(1) 作用：在接收端有准确的抽样判决时刻。

(2) 实现方法：直接位同步法(自同步法)和插入导频的位同步法(外同步法)。

(3) 直接位同步法：发送端不专门发送导频信号，接收端直接从数字信号中提取位同步信号。常用方法有滤波法位同步和锁相法位同步。

(4) 插入导频的位同步法：在基带信号频谱的零点处插入所需的导频信号并和基带信号一起发送。

(5) 位同步系统的性能指标：相位误差、同步建立时间、同步保持时间、同步带宽。

4. 群同步

(1) 作用：实现接收码元序列的正确分组。

(2) 实现方法：起止同步法(广泛用于电传机中)、连贯式插入法、间隔式插入法(本书未做介绍)。

(3) 起止同步法：在信息码元的开始和结尾部分加特殊码字，以辨别一帧的开始和结束。

(4) 连贯式插入法：在每个群的开头集中插入群同步码字。

5. 网同步

(1) 作用：实现通信网中各站点之间时钟的同步。

(2) 实现方法：同步法和准同步法。

(3) 同步法：又可分为主从同步法、相互同步法和主从相互同步法。

① 主从同步法：在网内某交换节点设立一个高精度时钟作为基准时钟，然后通过树状(星状)结构的时钟分配网并利用传输线路，将时钟信号送至网内各交换节点；各节点通过一个带有变频振荡器的锁相环把本地网的时钟频率锁定在基准时钟频率上，从而实现网内节点时钟信号都与主节点的时钟信号(也即全网的时钟信号)同步。

优点：基准时钟精度高、设备简单、经济实用。

缺点：过分依赖基准时钟。

② 相互同步法：数字网中没有特定的主节点和基准时钟，网中每一个节点的本地时钟通过锁相环路受所有接收到的外来数字链路定时信号的共同加权控制。

优点：当某些传输链路或节点时钟发生故障时，网络仍然处于同步工作状态；可以降低对节点时钟频率稳定度的要求，使设备较便宜。

缺点：由于系统稳定频率的不确定性，很难与其他同步法兼容；而且，由于整个同步网构成一个闭路反馈系统，系统参数的变化容易引起系统性能变化，甚至引起系统不稳定。

③ 主从相互同步法：数字网中所有节点分级，网中设立一个基准时钟，级与级之间的同步采用主从同步法；同级之间的节点通过传输链路联结，它们之间的同步采用相互同步法。

(4) 准同步法：各交换节点的时钟彼此是独立的，但它们的频率精度被要求保持在极窄的频率容差之中，各节点处设立一个高精度的时钟(采用铯原子钟，频率精度达 10^{-12})。这样，滑动的影响就可以忽略不计，网络状态接近于同步工作状态。

优点：网络结构简单，各节点时钟相互独立工作，节点之间不需要有控制信号来校准时钟精度，网络的增设和改动都很灵活。

缺点：不论时钟的精度有多高，由于各节点是独立工作的，因此在节点入口处总会产生周期性滑动，且铯原子钟需要较大的投资和较高的维护费用。

习　题

一、选择题

1. 由发送端发送专门的同步信息，接收端把这个专门的同步信息检测出来作为同步信号的方法称为(　　)。

A. 外同步法　　B. 自同步法

C. 位同步法　　D. 群同步法

2. 下列信号中同步时可以采用直接法的是(　　)。

A. DSB　　B. AM

C. PM　　D. FM

3. 在相干解调中，要求接收端信号与发送端实现(　　)，解调后的脉冲信号对准最佳取样判决位置的过程叫(　　)，把各组数据区别开来则需要(　　)，为了保证各用户建立可靠的通信，还必须实现(　　)。

A. 位同步　　B. 载波同步

C. 网同步　　D. 群同步

4. 在 PCM30/32 的 E1 帧结构中，第 0 时隙通常用于同步，属于(　　)。

A. 位同步　　B. 载波同步

C. 网同步　　D. 群同步

5. 在无线局域网中，无线信号在帧头部分插入 11 位巴克码进行同步，这种同步方法属于(　　)。

A. 位同步　　B. 载波同步

C. 网同步　　D. 群同步

二、简答题

1. 同步主要有哪几种？各种同步信号主要有什么作用？

2. 简述主从同步法、相互同步法和主从相互同步法的区别及各自的优点与缺点。

3. 简述载波同步系统和位同步系统的性能指标。

附录 误差函数和互补误差函数表

x	erf(x)	erfc(x)	x	erf(x)	erfc(x)
0.05	0.056 37	0.943 63	1.65	0.980 37	0.019 63
0.10	0.112 46	0.887 45	1.70	0.983 79	0.016 21
0.15	0.167 99	0.832 01	1.75	0.986 67	0.013 33
0.20	0.222 70	0.777 30	1.80	0.989 09	0.010 91
0.25	0.276 32	0.723 68	1.85	0.991 11	0.008 89
0.30	0.328 62	0.671 38	1.90	0.992 79	0.007 21
0.35	0.379 38	0.620 62	1.95	0.994 18	0.005 82
0.40	0.428 39	0.571 63	2.00	0.995 32	0.004 68
0.45	0.475 48	0.524 52	2.05	0.996 26	0.003 74
0.50	0.520 50	0.479 50	2.10	0.997 02	0.002 98
0.55	0.563 32	0.436 68	2.15	0.997 63	0.002 37
0.60	0.603 85	0.396 15	2.20	0.998 14	0.001 86
0.65	0.642 03	0.357 97	2.25	0.998 54	0.001 46
0.70	0.677 80	0.322 20	2.30	0.998 86	0.001 14
0.75	0.711 15	0.288 85	2.35	0.999 11	8.9×10^{-4}
0.80	0.742 10	0.257 90	2.40	0.999 31	6.9×10^{-4}
0.85	0.770 66	0.229 34	2.45	0.999 47	5.3×10^{-4}
0.90	0.796 91	0.203 09	2.50	0.999 59	4.1×10^{-4}
0.95	0.820 89	0.179 11	2.55	0.999 69	3.1×10^{-4}
1.00	0.842 70	0.157 30	2.60	0.999 76	2.4×10^{-4}
1.05	0.862 44	0.137 56	2.65	0.999 82	1.8×10^{-4}
1.10	0.880 20	0.119 80	2.70	0.999 87	1.3×10^{-4}
1.15	0.899 12	0.103 88	2.75	0.999 90	1×10^{-4}
1.20	0.910 31	0.089 69	2.80	0.999 925	7.5×10^{-5}
1.25	0.922 90	0.077 10	2.85	0.999 944	5.6×10^{-5}
1.30	0.934 01	0.065 99	2.90	0.999 959	4.1×10^{-5}
1.35	0.943 76	0.056 24	2.95	0.999 970	3×10^{-5}
1.40	0.952 28	0.047 72	3.00	0.999 978	2.2×10^{-5}
1.45	0.959 69	0.040 31	3.50	0.999 993	7×10^{-7}
1.50	0.966 10	0.033 90	4.00	0.999 999 984	1.6×10^{-8}
1.55	0.971 62	0.028 38	4.50	0.999 999 999 8	2×10^{-10}
1.60	0.976 35	0.023 65	5.00	0.999 999 999 998 5	1.5×10^{-12}

参 考 文 献

[1] 樊昌信，曹丽娜．通信原理：精编本[M]．7版．北京：国防工业出版社，2021.
[2] 陶亚雄．现代通信原理[M]．5版．北京：电子工业出版社，2017.
[3] 黄葆华，杨晓静，吕晶．通信原理[M]．3版．西安：西安电子科技大学出版社，2019.
[4] 张海君，郑伟，李杰．大话移动通信[M]．2版，北京：清华大学出版社，2015.
[5] 李晓峰，周宁，周亮，等．通信原理[M]．2版．北京：清华大学出版社，2014.
[6] 蒋青，范馨月，陈善学．通信原理[M]．北京：科学出版社，2014.
[7] 汤子瀛，哲凤屏，汤小丹，等．计算机网络技术及其应用[M]．2版．成都：电子科技大学出版社，1999.
[8] 陈爱军．深入浅出通信原理[M]．北京：清华大学出版社，2018.